高等院校计算机专业精品教材

Android 应用开发技术

李春平　主　审
张淑荣　陈卓恒　孔立斌　主　编
李　财　陈小文　陈海华　邵名菊　副主编

電子工業出版社
Publishing House of Electronics Industry
北京•BEIJING

内 容 简 介

本书系统介绍了 Android 应用开发技术的基本理论、方法及实践应用，涵盖了 Android 简介与应用开发环境搭建、Android 布局管理器、Android 常用控件、Activity 与 Intent、Android 高级控件、Android 数据存储与处理、ContentProvider、Service 与 IntentService、BroadcastReceiver，以及网络编程共 10 章内容。每章均配有对应的拓展实践及习题。这些拓展实践均已经过验证，简明易学，逻辑清晰，可操作性强。

本书既可作为高等院校计算机专业相关课程的教材，又可作为Android应用开发兴趣爱好者的参考书。

图书在版编目（CIP）数据

Android 应用开发技术 / 张淑荣，陈卓恒，孔立斌主编. —北京：电子工业出版社，2024.6

ISBN 978-7-121-47964-9

Ⅰ. ①A… Ⅱ. ①张… ②陈… ③孔… Ⅲ. ①移动终端－应用程序－程序设计 Ⅳ. ①TN929.53

中国国家版本馆 CIP 数据核字（2024）第 107427 号

责任编辑：孟　宇
印　　刷：大厂回族自治县聚鑫印刷有限责任公司
装　　订：大厂回族自治县聚鑫印刷有限责任公司
出版发行：电子工业出版社
　　　　　北京市海淀区万寿路 173 信箱　　　邮编：100036
开　　本：787×1092　1/16　印张：19.75　字数：481 千字
版　　次：2024 年 6 月第 1 版
印　　次：2025 年 2 月第 2 次印刷
定　　价：69.80 元

凡所购买电子工业出版社图书有缺损问题，请向购买书店调换。若书店售缺，请与本社发行部联系，联系及邮购电话：（010）88254888，88258888。

质量投诉请发邮件至 zlts@phei.com.cn，盗版侵权举报请发邮件至 dbqq@phei.com.cn。

本书咨询联系方式：mengyu@phei.com.cn。

随着移动互联网的普及，基于手机、平板计算机等移动终端的应用为人们的工作和生活带来了诸多的便利。Android 应用开发作为移动应用开发的一种重要方式，一直在不断发展和创新。随着技术的不断进步，新技术也不断涌现，这为 Android 开发者带来了更多的选择。本书旨在介绍 Android 应用开发技术的基本理论、方法及实践应用，并在此基础上拓展介绍 Android 应用开发的前沿技术，致力于为 Android 开发者、Android 工程师提供一本既有系统理论又有经典实践案例的指导书。

全书共 10 章，系统介绍了 Android 应用开发技术的基本理论、方法及实践应用。各章具体内容如下。

第 1 章介绍了 Android 简介与应用开发环境搭建，包括 Android 简介、Android 应用开发环境的搭建、第 1 个 Android 项目的开发、资源的管理和引用 4 个方面的内容。

第 2 章介绍了 Android 布局管理器，包括布局概述、布局管理器 2 个方面的内容。

第 3 章介绍了 Android 常用控件，包括文本控件、按钮控件、Toast、图形图像控件、选择控件 5 个方面的内容。

第 4 章介绍了 Activity 与 Intent，包括 Activity 简介、Activity 的配置与创建、Activity 的生命周期、Activity 的启动模式、Intent、Fragment 5 个方面的内容。

第 5 章介绍了 Android 高级控件，包括容器、菜单和对话框 3 个方面的内容。

第 6 章介绍了 Android 数据存储与处理，包括 Android 数据存储方式、SharedPreferences 数据存储与处理、SQLite 数据存储与处理 3 个方面的内容。

第 7 章介绍了 ContentProvider，包括 ContentProvider 简介、使用 ContentProvider 共享数据、使用 ContentResolver 操作数据、使用 ContentObserver 监听数据 4 个方面的内容。

第 8 章介绍了 Service 与 IntentService，包括 Service、IntentService 2 个方面的内容。

第 9 章介绍了 BroadcastReceiver，包括发送与监听广播、管理事件、创建桌面应用 3 个方面的内容。

第 10 章介绍了网络编程，包括 HTTP 与网络连接、前端分离架构与 JSON 协议、OkHttp 网络编程 3 个方面的内容。

本书突出实践应用，各章均提供了拓展实践，相关实践示例均在 Android Studio Flamingo 2022.2.1 开发环境中通过验证。读者可以参照实验指导进行拓展练习，以提高自己的实践操作及应用开发能力。

本书由张淑荣、陈卓恒、孔立斌担任主编，由李财、陈小文、陈海华、邵名菊担任副主编。全书由张淑荣负责统稿，由李春平担任主审。在编写过程中，本书得到了广东白云学院白云宏产业学院、广东白云学院大数据与计算机学院智能信息技术教学团队的支持，以及诸多同行的指导和帮助，在此对他们表示衷心的感谢。由于编者水平有限，书中难免存在一些疏漏之处，敬请广大读者批评指正。

编者

2024 年 2 月

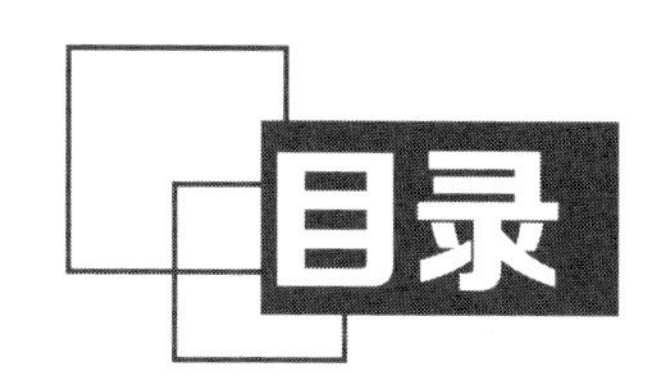

目录

第 1 章

Android 简介与应用开发环境搭建

Android 是一款基于 Linux 内核的开源操作系统，专门为移动设备设计，旨在为手机、平板计算机和其他智能移动设备提供一个灵活且易于使用的平台。Android 由 Google 领导的开放手持设备联盟（Open Handset Alliance）推出，其推出后凭借开放性和易用性迅速成为全球受欢迎的智能手机操作系统之一。

Android 是一个开放的平台，能让开发者在不同类型的智能设备（如手机、平板计算机、智能手表、智能电视）之上构建丰富多彩的应用（App）。Android 提供了完善的开发工具和 API，能让开发者轻松地调用设备的硬件、封装复杂的功能、自定义简洁的用户界面。

1.1 Android 简介

1.1.1 Android 的由来

Android 这个词语最先出现在法国作家维里耶德利尔·亚当于 1886 年发表的科幻小说《未来的夏娃》中，作者把外表像人类的机器起名为 Android。

Android 的由来最早可以追溯到 2003 年，当时的 Andy Rubin、Rich Miner、Nick Sears、Chris White 借用了 Android 这个词语共同创建了 Android，他们的目标是开发一种基于 Linux 内核的移动设备操作系统。这种名为 Android 的操作系统最初计划是专门为数码相机设计的，但后来他们发现数码相机的市场规模太小而智能手机却展现出巨大的发展潜力，于是将目标从数码相机转向了智能手机。

2005 年，Google 收购了 Android，至此 Android 的发展进入了一个新阶段。Google 之所以收购 Android，也是看到了移动设备市场巨大的发展潜力，决定将 Android 开源，并成立了开放手持设备联盟以推动 Android 的发展。

2008 年，全球第一款基于 Android 的手机 T-Mobile G1 由 HTC 制造生产，标志着 Android

进入了消费者市场。从此之后，Android 凭借着自由开放、简洁易用、功能强大等优势迅速在全球范围内取得成功，成为受欢迎的智能手机操作系统之一。

1.1.2 Android 的发展历程

自从第一款 Android 手机诞生以来，Android 前进的步伐就从未停歇，经过多年的发展，Android 前后推出了多个版本，不断自我迭代和升级。有趣的是，Android 10 以前，每个版本都按照字母表的顺序，以甜品名称命名，给人以愉悦的感觉。Android 的发展历程如图 1-1 所示。

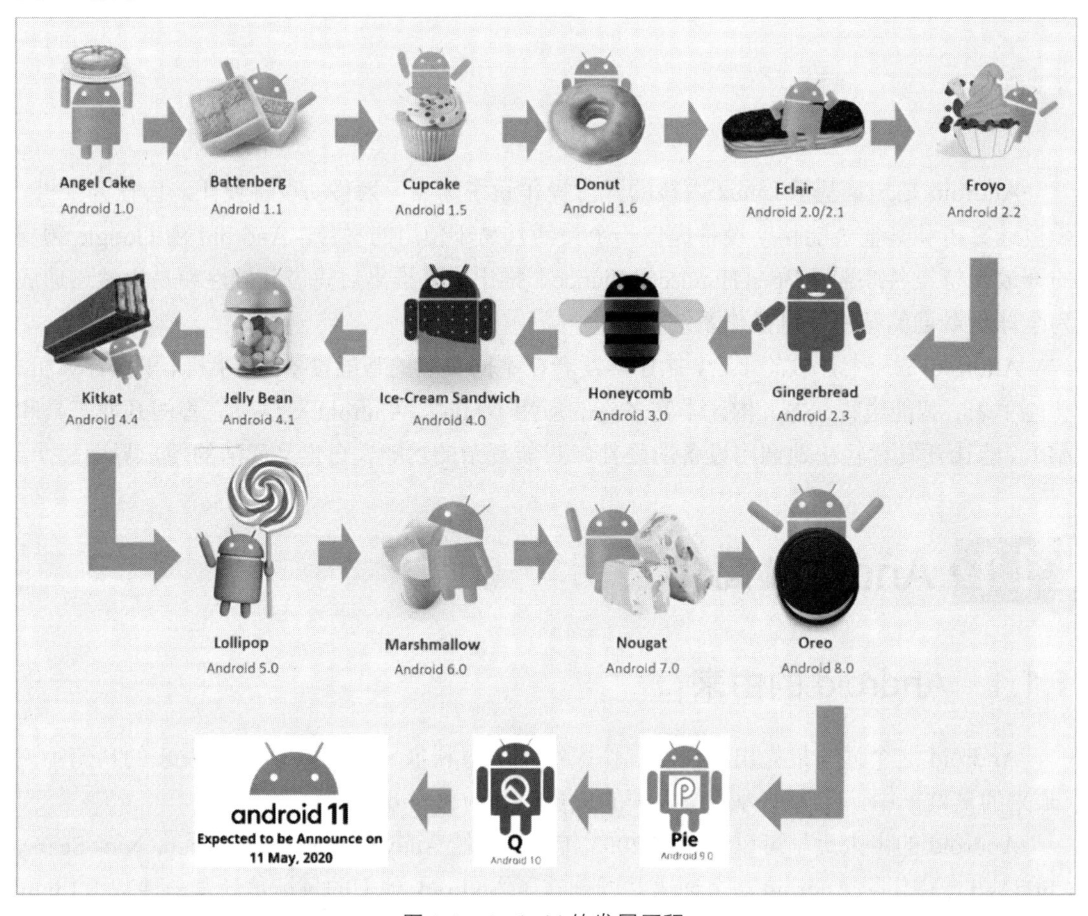

图 1-1 Android 的发展历程

2008 年，T-Mobile G1（也称 HTC Dream）作为第一款基于 Android 的智能手机发布，标志着 Android 进入消费者市场。

2009 年，Android 1.5 发布，引入了许多重要功能，如虚拟键盘、视频录制和上拉通知栏。

2010 年，Android 2.2 发布，引入了移动热点、应用存储在 SD 卡上等功能，并支持 Adobe Flash。

2011 年，Android 4.0 发布，将手机和平板计算机的功能整合在一起，引入了全新的用户界面和更多的多任务处理功能。

2014 年，Android 5.0 发布，引入了全新的 Material Design 界面风格，提高了性能和安全性。

2016 年，Android 7.0 发布，引入了分屏多任务处理、通知增强和 Doze 电池优化等功能。

2017 年，Android 8.0 发布，引入了自适应图标、通知渠道和画中画等功能，进一步改善了用户体验。

2018 年，Android 9.0 发布，引入了手势导航、数字健康和智能电池管理等功能。

2019 年，Android 10 发布，引入了暗黑模式、隐私控制和全新的手势导航等功能。

2020 年，Android 11 发布，加强了隐私保护，提高了安全性，引入了对 5G 和折叠式设备的支持。

2021 年，Android 12 发布，进一步加强了隐私保护、通知管理，引入了全新的界面设计元素。

随着时间的推移，Android 不断升级和改进，为用户和开发者提供了更好的功能与体验。Android 和 SDK 的版本如表 1-1 所示。

表 1-1 Android 和 SDK 的版本

名称	Android 版本	SDK 版本	发行日期
Android Angel Cake	1.0	1	2008 年 9 月
Android Battenberg	1.1	2	2009 年 2 月
Android Cupcake	1.5	3	2009 年 4 月
Android Donut	1.6	4	2009 年 9 月
Android Eclair	2.0 / 2.1	5～7	2009 年 10 月
Android Froyo	2.2	8	2010 年 5 月
Android Gingerbread	2.3	9～10	2010 年 12 月
Android Honeycomb	3.0	11～13	2011 年 2 月
Android Ice-Cream Sandwich	4.0	14～15	2011 年 10 月
Android Jelly Bean	4.1	16～18	2012 年 7 月
Android Kitkat	4.4	19～20	2013 年 10 月
Android Lollipop	5.0	21～22	2014 年 11 月
Android Marshmallow	6.0	23	2015 年 10 月
Android Nougat	7.0	24～25	2016 年 8 月
Android Oreo	8.0	26～27	2017 年 8 月
Android Pie	9.0	28	2018 年 8 月
Android Q	10	29	2019 年 9 月
Android 11	11	30	2020 年 9 月
Android 12	12	31～32	2021 年 10 月

1.1.3 Android 的应用领域

Android 的应用领域非常广泛。

1. Android 应用覆盖众多领域

（1）移动通信：Android 是智能手机操作系统，支持通话、短信、多媒体消息等通信功能。

（2）社交媒体：Android 上有各种社交媒体应用，如微信、QQ、微博、小红书等。通过这些应用，用户可以与朋友、家人和全球社区保持联系。

（3）娱乐和媒体：Android 提供了广泛的娱乐和媒体应用，包括音乐播放器、视频流媒体服务（如优酷、腾讯视频）、游戏等。

（4）生产和工作：Android 上有许多生产力工具，如日历、电子邮件、办公套件（如 Microsoft Office 和 Google Docs）等，可以帮助用户进行工作和管理任务。

（5）教育和学习：Android 提供了许多教育和学习工具，包括在线课程平台、电子书阅读器、语言学习应用等，可以帮助用户扩展知识和提升技能。

（6）健康和健身：Android 上有各种健康和健身应用，如计步器、饮食管理应用等，可以帮助用户保持健康的生活方式。

（7）旅游和导航：Android 提供了导航、地图和旅游指南等工具，可以帮助用户在旅游中找到路线、发现景点和预订住宿。

（8）银行和金融：许多银行和金融机构提供 Android 应用。通过这些 Android 应用，用户可以进行在线银行交易、管理账户和支付账单。

（9）零售和电子商务：许多零售和电子商务平台提供 Android 应用。通过这些 Android 应用，用户可以在线购物、浏览商品和进行支付。

以上只是 Android 应用的一些常见领域，随着技术的发展和创新，Android 应用覆盖的领域在不断扩大和演变。

2. 除了智能手机，Android 还被广泛应用于其他智能设备

（1）平板计算机：Android 提供了专门为平板计算机设计的界面和功能，许多平板计算机使用 Android。

（2）智能手表和智能穿戴设备：Android Wear 是专门为智能手表和智能穿戴设备开发的 Android 版本，提供特定于可穿戴设备的功能和界面。

（3）汽车娱乐系统：许多汽车制造商将 Android 集成到汽车娱乐系统中，提供导航、多媒体、通信和车辆控制等功能。

（4）智能电视和机顶盒：Android TV 是专门为智能电视和机顶盒设计的 Android 版本。

（5）智能家居设备：Android 可以应用于智能家居设备，如智能音箱、智能灯泡、智能插座等，提供远程控制和智能化功能。

（6）智能摄像头：Android 可以应用于一些智能摄像头，提供远程监控、警报和云存储等功能。

（7）游戏机和游戏控制器：Android 可以应用于游戏机和游戏控制器，提供游戏体验和娱乐功能。

除了以上列举的智能设备，Android 还可以应用于许多其他类型的硬件设备，如智能家电、无人机、AR/VR 设备等。Android 因具有开源性和灵活性而使得开发者可以根据需要将其适配到各种硬件设备上。

1.1.4　Android 的体系结构

要学习 Android 应用的开发，首先要知道 Android 应用是怎样运行起来的，这就需要了解 Android 的体系结构。

Android 的体系结构有 4 层，分别为应用层（Applications）、应用框架层（Application Framework）、系统运行库层及 Linux 内核层（Linux Kernel），如图 1-2 所示。

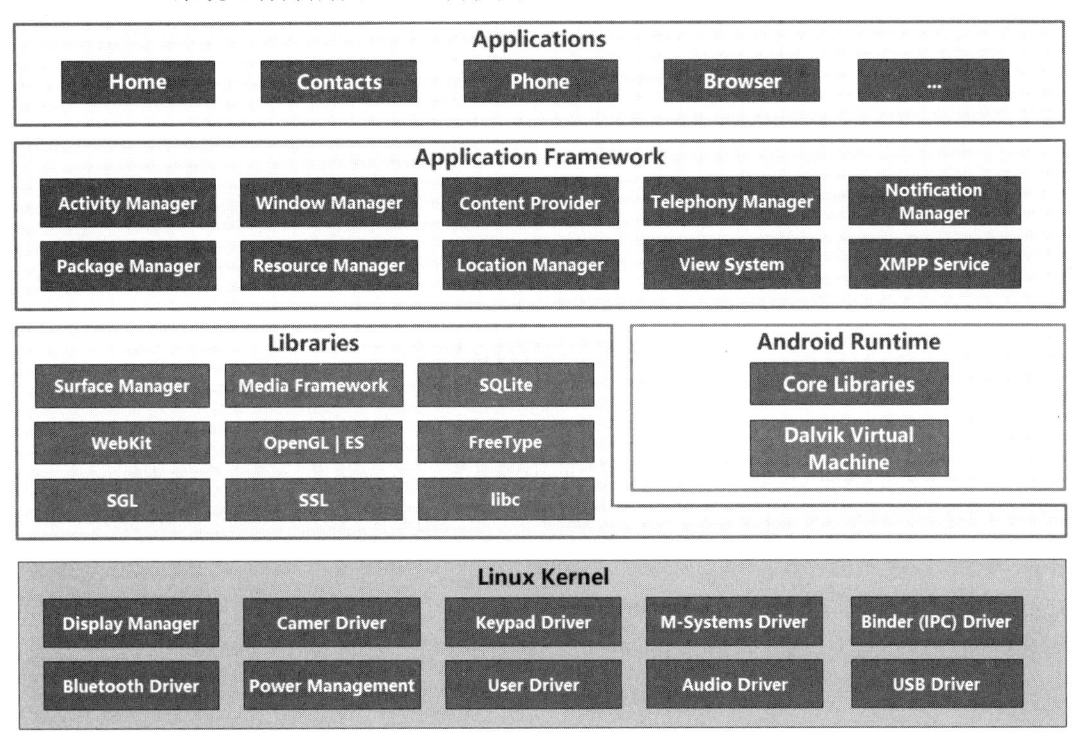

图 1-2　Android 的体系结构

1．应用层

应用层是 Android 的体系结构的顶层，也是与用户直接交互的部分，人们平日使用的应用都在这一层。这些应用包括 Android 内置应用（如电话、短信、浏览器等）和第三方应用（如微信、微博、QQ 等）。应用层是基于 Java 技术构建的，开发者可以使用 Java 或 Kotlin 等编程语言来构建自己的应用，本书后续介绍的应用开发就是在这一层实现的。

2．应用框架层

应用框架层为开发者提供了构建应用所需的各种框架、API、类库和工具。它包含许多关键组件，如活动管理器（Activity Manager）、窗口管理器（Window Manager）、内容提供程序（Content Provider）和视图系统（View System）等。应用框架层也是基于 Java 技术构建的。

3．系统运行库层

系统运行库层由两个部分组成，即系统运行库（Libraries）和 Android 运行时库（Android Runtime）。

（1）系统运行库：包括一系列的 C/C++库，提供了许多核心功能，如图形渲染、数据库支持、媒体播放和网络通信等。

（2）Android 运行时库：包括 Dalvik 虚拟机和底层的 Java 类库。由于 Android 应用是基于 Java 技术实现的，因此需要运行在虚拟机中。与 Oracle 官方的 JRE 和 JVM 不同，Android 的 Java 类库和 Dalvik 虚拟机由 Google 重新定制。

4．Linux 内核层

Linux 内核层被作为底部的硬件抽象层。Linux 内核层提供了设备驱动、内存管理、进程管理和网络等核心服务。

1.2 Android 应用开发环境的搭建

“磨刀不误砍柴工”，要学习 Android 应用的开发，首先就要搭建一个好用的应用开发环境。搭建应用开发环境往往是初学者的第一个“拦路虎”，应用开发环境种类繁多，新版本层出不穷，不同的环境要配合不同版本的 SDK，新手很容易“还未入门便放弃”。幸好，Android 应用开发环境（即 Android Studio）是 Google 官方定制好的，不仅免费提供，而且有详细的安装向导。只要在 Android 开发者官网上下载，并按指引一步步执行安装向导，就可以快速地完成 Android 应用开发环境的搭建。

1.2.1 安装 Android Studio

（1）访问 Android 开发者官网，下载 Android Studio 安装包，这里下载目前官网推荐的“Android Studio Flamingo 2022.2.1 补丁 1”安装包作为演示，如图 1-3 所示。

（2）Android Studio 安装包下载完成后，运行该安装包，即“android-studio-2022.2.1.20-windows.exe”，如图 1-4 所示。

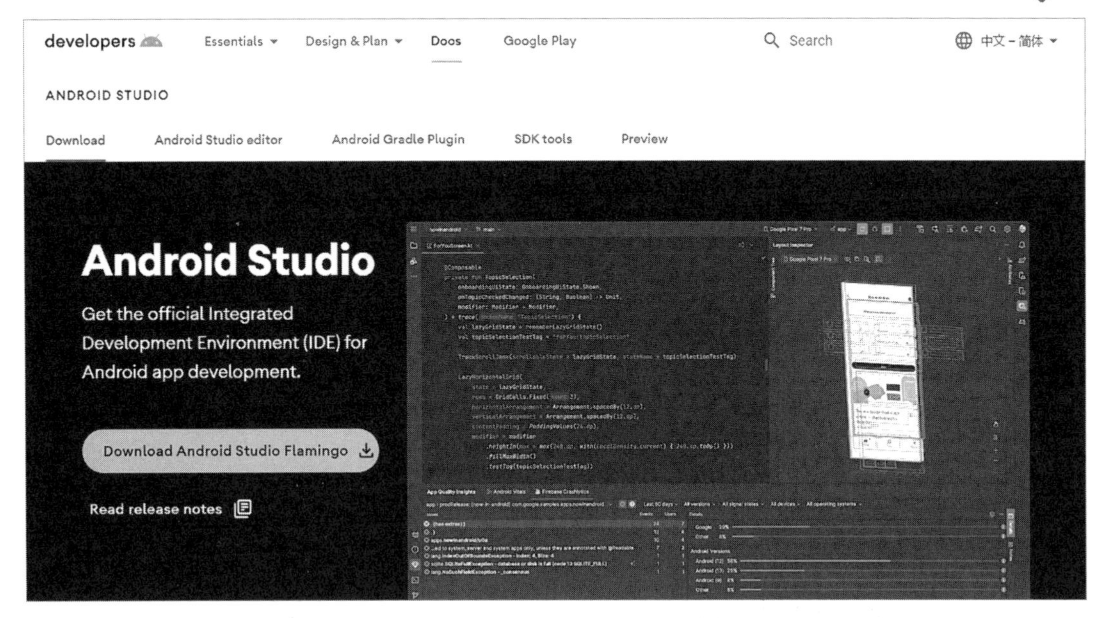

图 1-3　下载 Android Studio 安装包

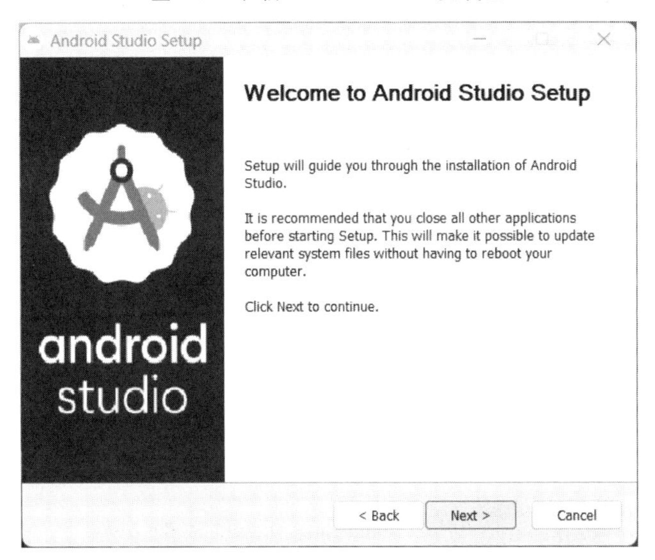

图 1-4　运行 Android Studio 安装包

（3）分别勾选“Android Studio”及“Android Virtual Device”复选框，点击“Next”按钮，如图 1-5 所示。

（4）开发环境大概需要 3～4GB 的磁盘空间，选择空间充足的安装位置，点击“Next”按钮，如图 1-6 所示。

耐心等待 Android Studio 安装完成。

（5）Android Studio 安装完成后，勾选“Start Android Studio”复选框，点击“Finish”按钮，首次启动 Android Studio，如图 1-7 所示。

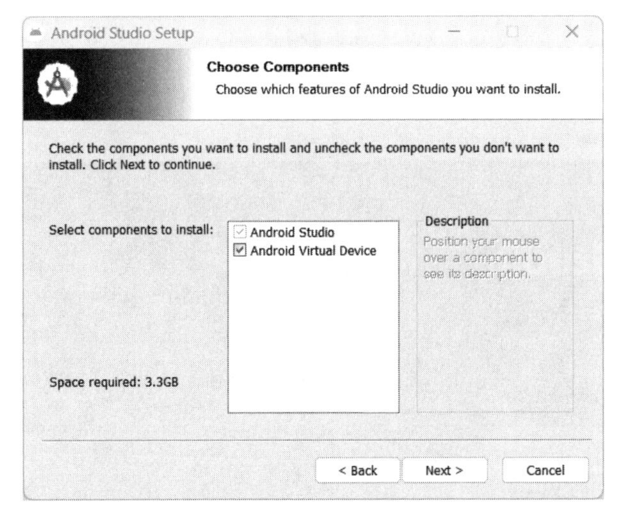

图 1-5　选择需要安装的组件

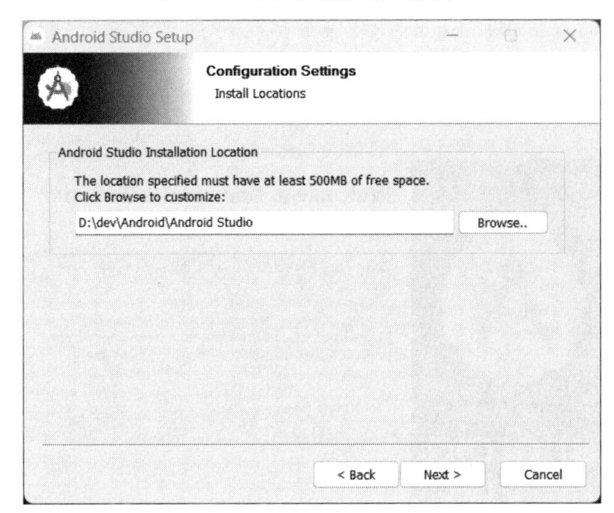

图 1-6　选择安装位置

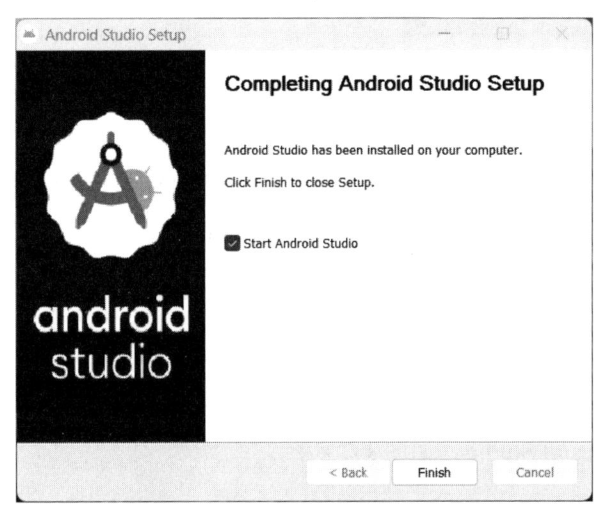

图 1-7　首次启动 Android Studio

（6）首次启动 Android Studio 后，当发现没有安装 SDK 时，会弹出 SDK 安装向导提示框，先点击"Cancel"按钮，再点击"Next"按钮，进入 SDK 安装向导，如图 1-8 所示。

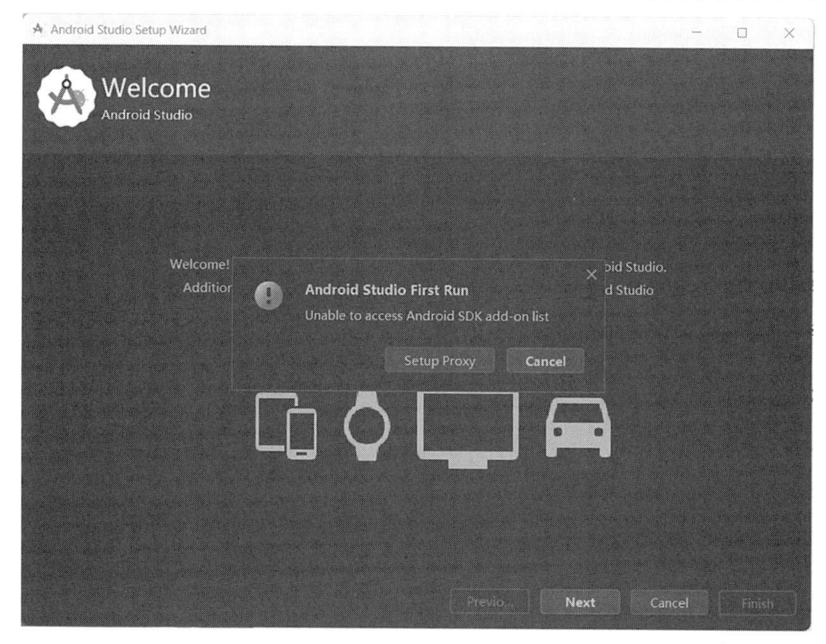

图 1-8　进入 SDK 安装向导

这里简单地解释一下，Android 应用开发中的 SDK 可以理解为 Java 平台的 JDK，SDK 包含 Android 应用开发和运行时需要的 Android 核心类库、运行时的环境和 Dalvik 虚拟机等，这些是 Android 应用开发的核心支持。

（7）选中"Custom"单选按钮，点击"Next"按钮，如图 1-9 所示。

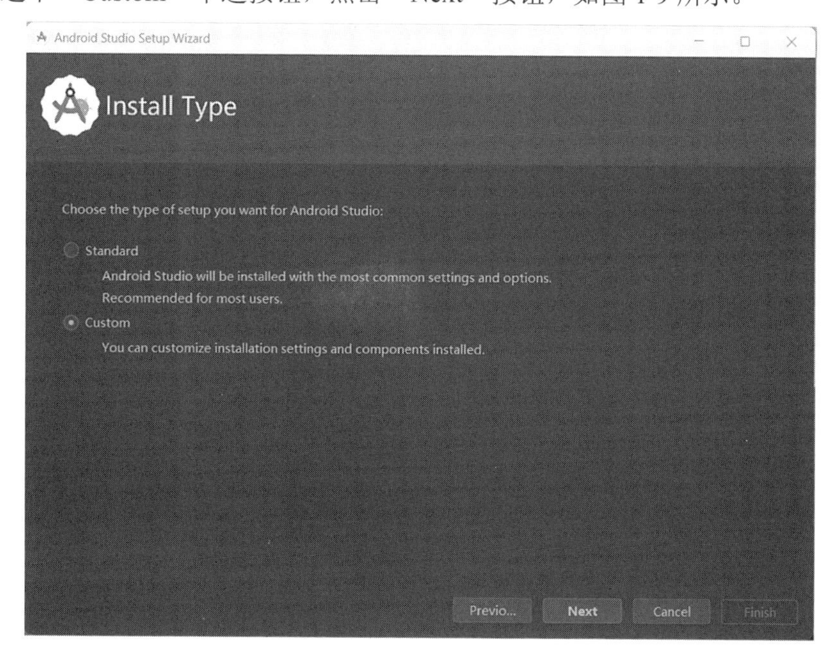

图 1-9　选择安装类型

（8）选择 JDK 安装路径，点击“Next”按钮，如图 1-10 所示。

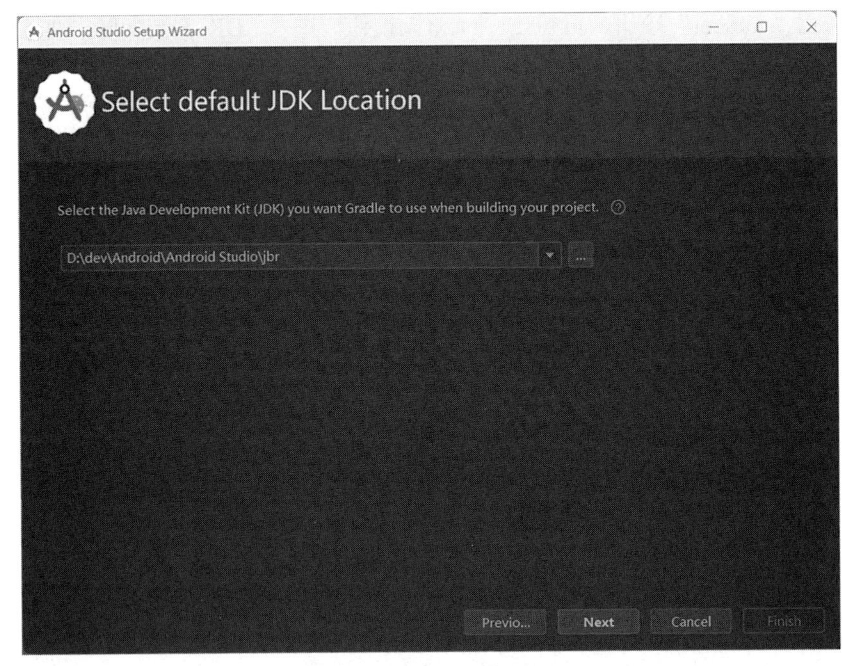

图 1-10　选择 JDK 安装路径

（9）选择 SDK 版本及安装路径，点击“Next”按钮，如图 1-11 所示。

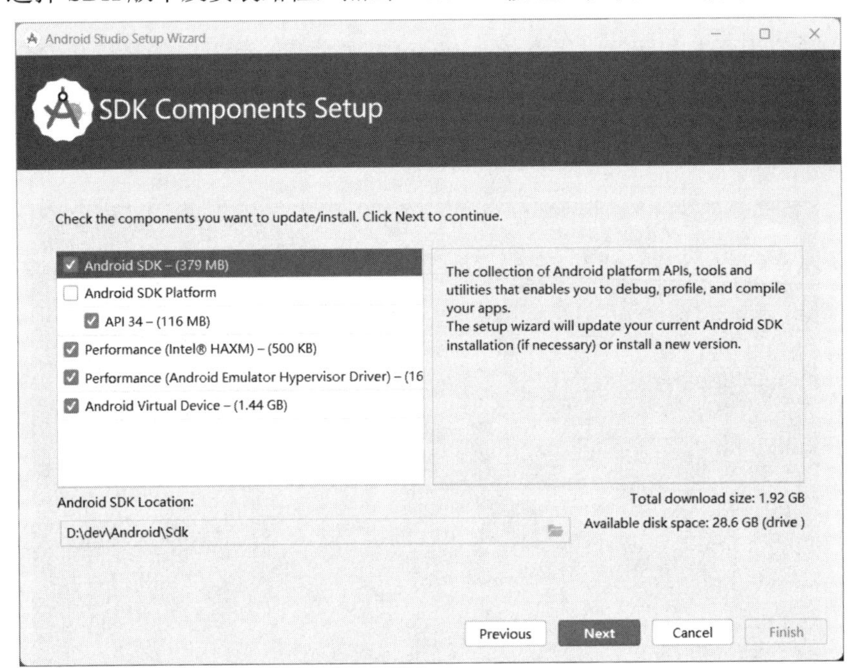

图 1-11　选择 SDK 版本及安装路径

（10）选中“Accept”单选按钮，点击“Finish”按钮，接受协议并开始安装 SDK，如图 1-12 所示。

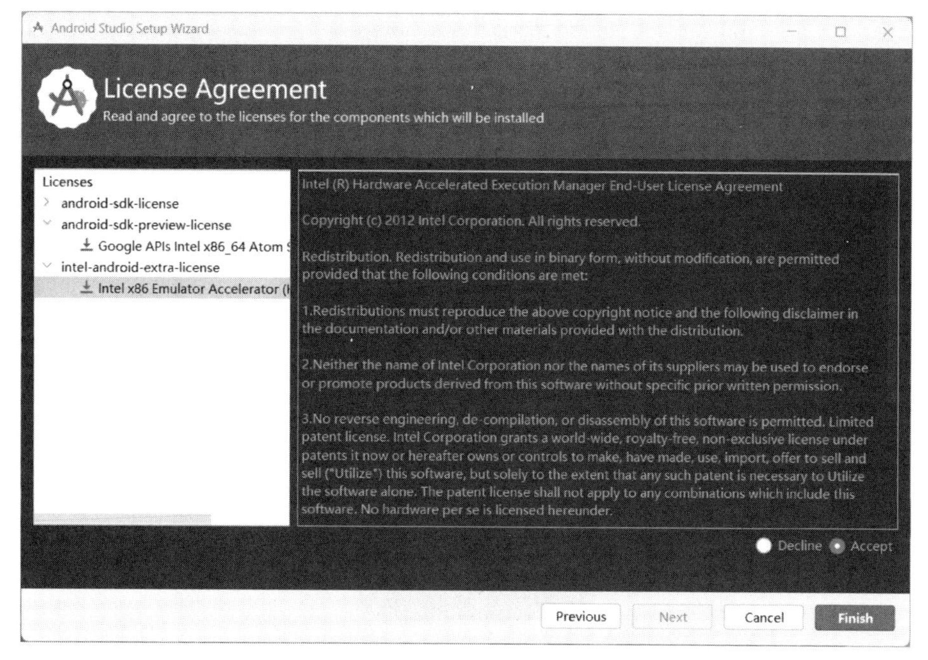

图 1-12　接受协议并开始安装 SDK

耐心等待 SDK 安装结束。至此，Android 应用开发环境基本搭建完成。

1.2.2　创建模拟器

在 Android 应用开发过程中经常需要实时运行 Android 应用，测试它的外观和功能是否符合预期。这时，就需要一台 Android 设备。固然可以连接真实的 Android 手机进行测试，但更多时候，会选择在计算机上运行模拟器，使用模拟器进行测试。官方将模拟器称为 Android 虚拟设备（Android Virtual Device，AVD），它是一种专门为 Android 应用开发提供模拟运行环境和界面的虚拟机软件。

如果顺利地完成了 Android Studio 的安装，那么，开发环境中就已经默认安装好了一款模拟器，选择“Tools”→“Device Manager”命令，打开设备管理器，从设备管理器中可以查看配置好的模拟器，这里为“Pixel_3a_API_34_extension_level_7_x86_64”，如图 1-13 所示。

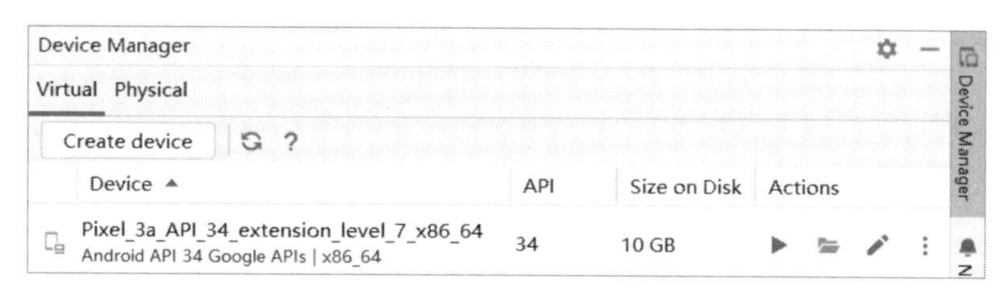

图 1-13　查看模拟器

在设备管理器中点击“运行”按钮即可运行选中的模拟器。模拟器运行效果如图 1-14 所示。

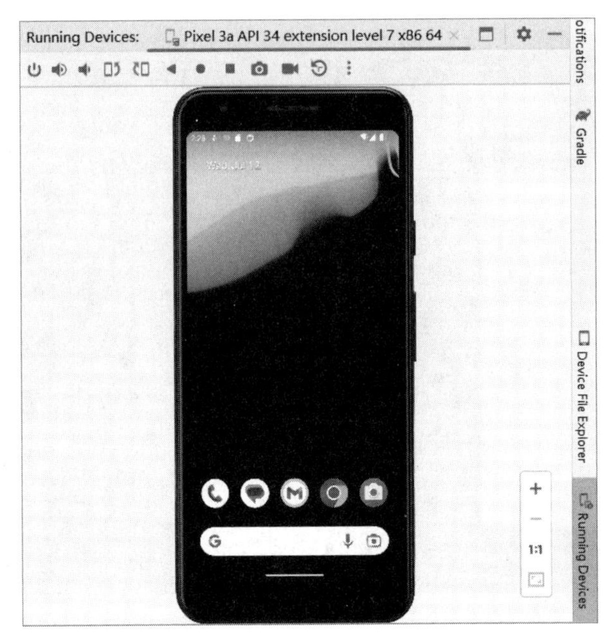

图 1-14　模拟器运行效果

当在设备管理器中没有看到模拟器时也不必着急，可以通过点击“Create device”按钮，创建模拟器。

首先，在“Select Hardware”界面中选择需要创建的模拟器类型和硬件参数，如图 1-15 所示。

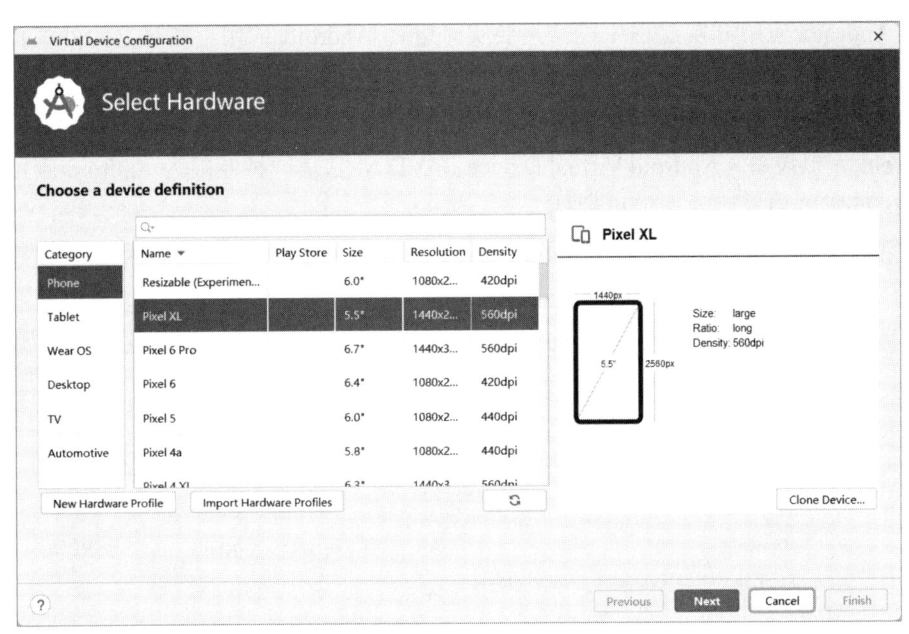

图 1-15　选择模拟器类型和硬件参数

其次，在“System Image”界面中选择模拟器需要安装的操作系统镜像版本，如图 1-16 所示。之后，等待操作系统镜像下载结束，模拟器自动创建即可。

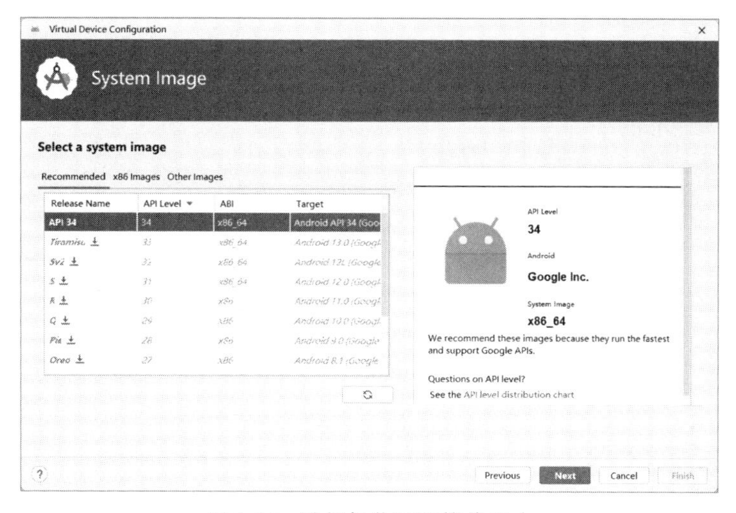

图 1-16 选择操作系统镜像版本

1.2.3 升级管理 SDK

Android Studio 安装完成后，开发环境已经默认安装好了特定版本的 SDK。但在后续的开发过程中，随时可能根据用户的需求选择其他版本的 SDK，这时可以通过 SDK 管理器对 SDK 进行升级管理。

选择“Tools”→“SDK Manager”命令，打开 SDK 管理器，勾选需要安装的 SDK 版本，也可以取消勾选需要删除的 SDK 版本，即可完成 SDK 的升级管理，如图 1-17 所示。

值得注意的是，SDK 管理器中除了可以通过“SDK Platforms”选项卡升级 SDK 平台，还可以通过“SDK Tools”选项卡升级 SDK，如图 1-18 所示。一般来说，升级的 SDK 平台的版本和 SDK 的版本应该保持对应。

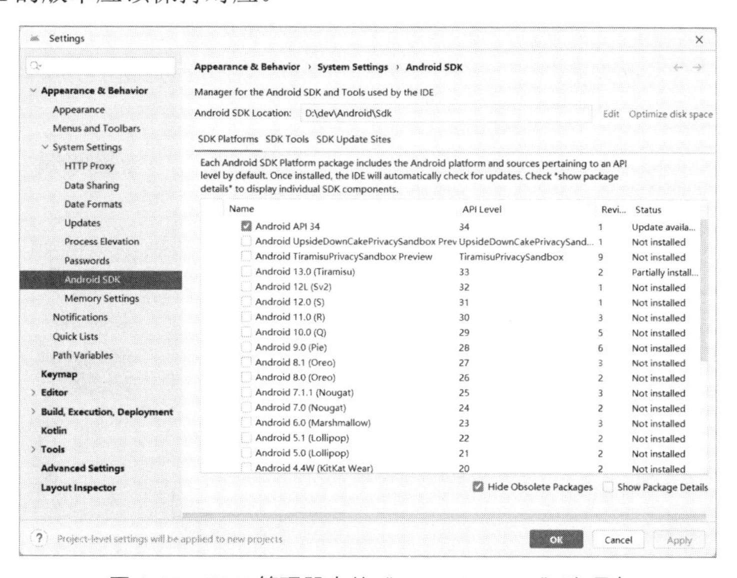

图 1-17 SDK 管理器中的“SDK Platforms”选项卡

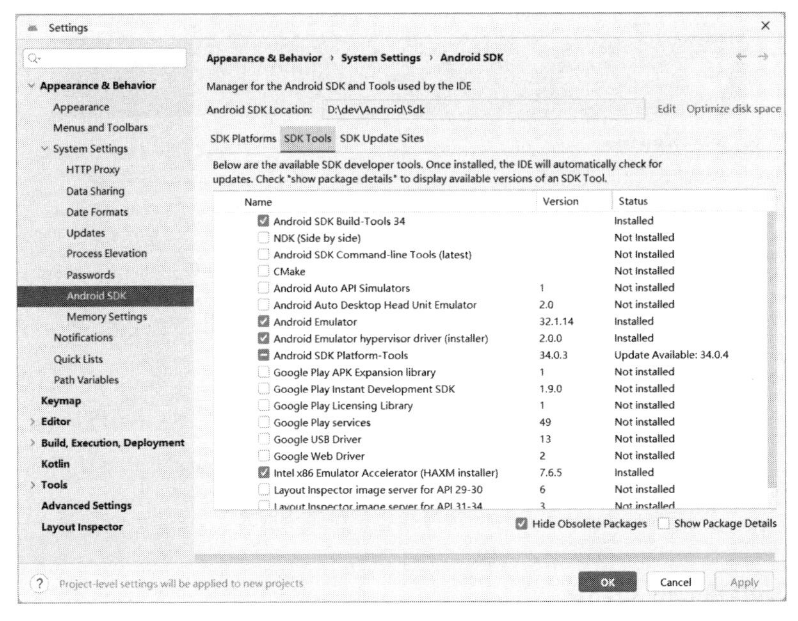

图 1-18　SDK 管理器中的“SDK Tools”选项卡

1.3 第一个 Android 项目的开发

搭建好 Android 应用开发环境后，就可以“小试牛刀”了。下面通过 Android Studio 开发第一个 Android 项目。

1. 创建并运行 Android 项目

启动 Android Studio，选择“New Project”选项，进入新建项目向导。

选择“Empty Views Activity”选项，点击“Next”按钮，如图 1-19 所示。

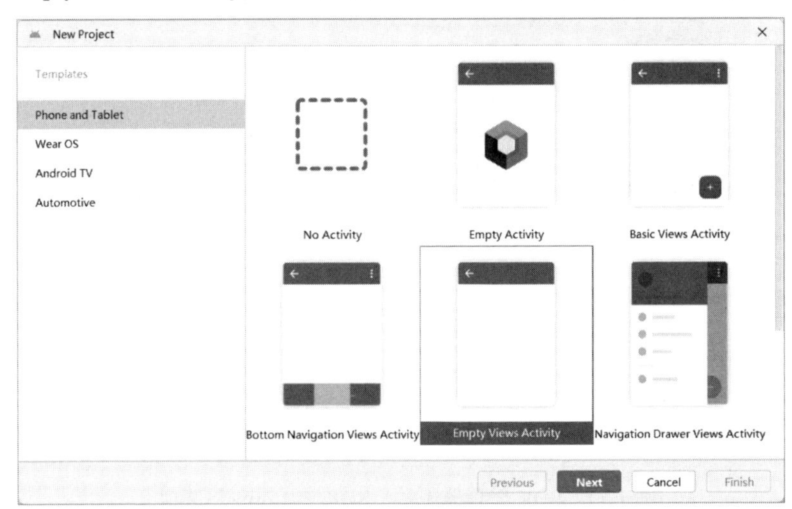

图 1-19　选择项目类型

在弹出的界面中设置项目基本信息，点击“Finish”按钮，如图 1-20 所示。

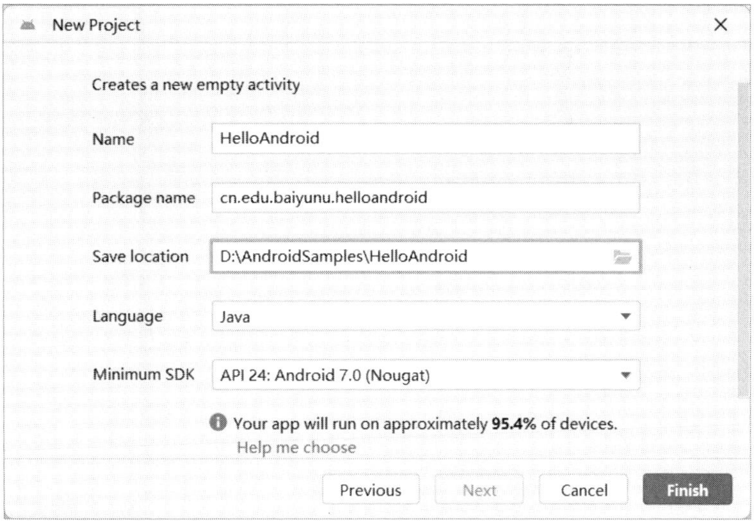

图 1-20　设置项目基本信息

注意，在图 1-20 中，应设置项目名称、项目的主包名、项目保存路径、开发语言（这里选择 Java）和最低支持的 SDK 版本。

至此，开始创建项目。

Android Studio 在首次创建项目时，可能需要等待较长的时间，这是因为 Android Studio 需要下载并导入 Gradle，这个过程可以在“Background Tasks”对话框中观察，如图 1-21 所示。

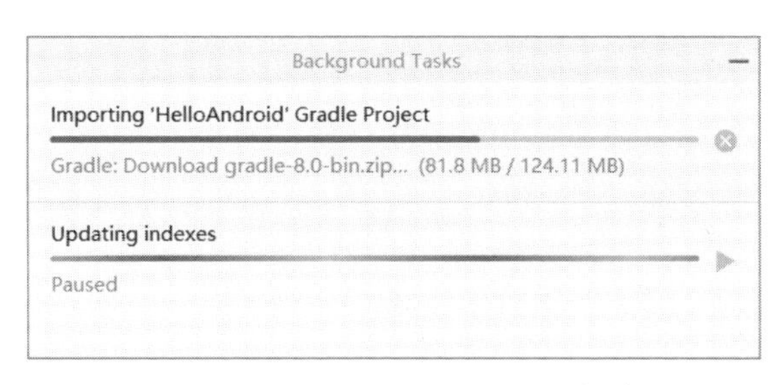

图 1-21　“Background Tasks”对话框

Gradle 是一种构建 Java 项目的管理工具，是基于 Apache 的开源工具 Maven 的概念创建的。与 Maven 的功能相似，使用 Gradle 有助于管理项目中的依赖、编译、打包和部署等过程。对于初学者而言，Gradle 最重要的功能是管理依赖，就是根据提供的“依赖坐标”，自动从互联网 Java 开源仓库中下载需要的 jar 包（Java 组件），自动管理包与包之间的复杂依赖关系，以从复杂的项目依赖管理中解放出来。关于 Gradle 和 Maven 的详细用法，属于 Java 平台的基础知识，不在本书的介绍范围内，读者可以自行了解。

项目创建完成之后，点击“运行”按钮，即可在模拟器上运行刚刚创建的项目，如图 1-22 所示。

项目运行效果如图 1-23 所示。

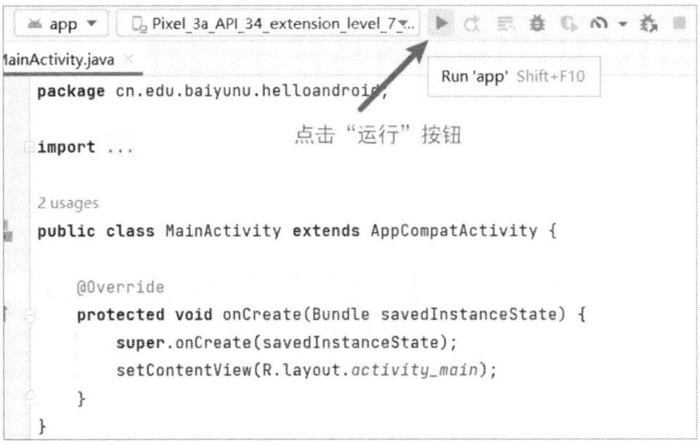

```
app ▾   Pixel_3a_API_34_extension_level_7 ▾
MainActivity.java
package cn.edu.baiyunu.helloandroid;

import ...

2 usages
public class MainActivity extends AppCompatActivity {

    @Override
    protected void onCreate(Bundle savedInstanceState) {
        super.onCreate(savedInstanceState);
        setContentView(R.layout.activity_main);
    }
}
```

Run 'app' Shift+F10

点击“运行”按钮

图 1-22　运行项目

图 1-23　项目运行效果

2．Android 项目的基本结构

打开 Android Studio 的“Project”视图，可以看到 Android 项目的基本结构，如图 1-24 所示。

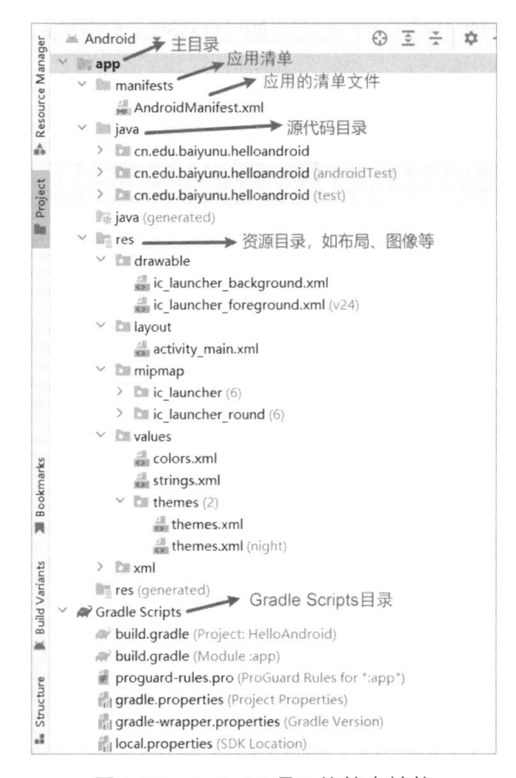

图 1-24　Android 项目的基本结构

每个 Android 项目都应遵循该基本结构，Android 项目由若干个特定的目录和文件组成，这些特定的目录和文件各司其职。下面简单介绍它们的作用。

（1）app 目录：主目录，包含应用清单、源代码目录和资源目录。

① AndroidManifest.xml 文件：应用的清单文件，包含应用的各种配置信息，如权限、活动声明等。

② java 目录：源代码目录，编写应用功能的源代码存放的位置。在该目录中 Java 包作为子目录，每个 Java 类应该被放在适当的包目录中。

③ res 目录：资源目录，包含应用的各种资源文件，如布局文件、图片文件等。

- drawable 目录：图片目录，存放应用的图片文件。
- layout 目录：布局目录，存放应用的布局文件，用于定义界面的布局外观。
- mipmap 目录：图标目录，存放应用的图标文件。
- values 目录：常量目录，存放定义常量、样式和字符串的 XML 文件。

（2）Gradle Scripts 目录：存放使用 Gradle 构建系统的各种配置文件。

① build.gradle 文件：项目的 Gradle 配置文件，用于指定项目的构建参数和依赖项。

② local.properties 文件：指定 Android 项目使用的 SDK 目录。

3. 使用 Logcat 输出日志

Logcat 是 Android 应用开发中非常重要的日志管理工具，可以帮助开发者实时了解应用的运行状态。在应用开发的过程中，开发者可以通过 Logcat 输出不同级别的日志，这些日志对于调试代码和定位异常错误非常有帮助。而在运行应用时，可以通过设置过滤条件选择只显示相关的日志，避免日志过于冗余。合理地使用 Logcat 的各种功能，如级别过滤、日志搜索等，可以极大地提高开发和调试的效率。熟练地使用 Logcat 是每一位 Android 开发者必备的技能。

在 Android 应用开发中，使用 Log 类的静态方法可以输出不同级别的日志。常用的使用 Logcat 输出日志的级别有 5 个，优先级从低到高分别是 Verbose（详情）、Debug（调试）、Info（信息）、Warn（警告）和 Error（错误），对应的日志输出方法分别是 Log.v()、Log.d()、Log.i()、Log.w()和 Log.e()。在 Android 应用开发中，可以根据日志的重要程度选择相应的日志输出方法。

1）日志的输出

在前面创建好的 Android 项目中找到 MainActivity，在该类的 onCreate()方法中添加输出日志的程序代码。

```
public class MainActivity extends AppCompatActivity {
    @Override
    protected void onCreate(Bundle savedInstanceState) {
        super.onCreate(savedInstanceState);
        setContentView(R.layout.activity_main);
        //输出日志，方法签名皆为 Log.d("日志标签","具体的日志")
        Log.v("LogcatTag","Verbose 日志");
```

```
        Log.d("LogcatTag","Debug 日志");
        Log.i("LogcatTag","Info 日志");
        Log.w("LogcatTag","Warn 日志");
        Log.e("LogcatTag","Error 日志");
    }
}
```

重新运行程序后，通过 Logcat 可以查看输出的日志，如图 1-25 所示。

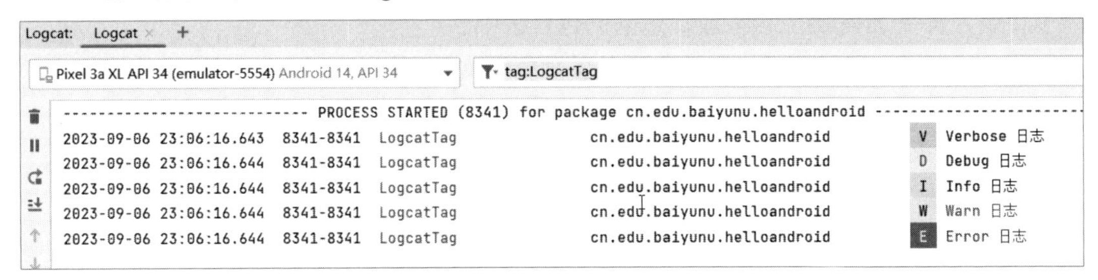

图 1-25　查看输出的日志

2）日志的过滤

Logcat 在运行应用时会输出大量日志，如果不加以过滤，那么很难找到有价值的日志。可以在 Logcat 的过滤输入框中添加筛选条件 tag:LogcatTag，代表只显示日志标签等于 LogcatTag 的日志。另外，也可以通过日志的级别过滤日志，level:debug & tag:LogcatTag 代表显示 Debug 以上级别的日志，level:info & tag:LogcatTag 代表显示 Info 以上级别的日志，level:Error & tag:LogcatTag 代表显示 Error 以上级别的日志，如图 1-26 所示。

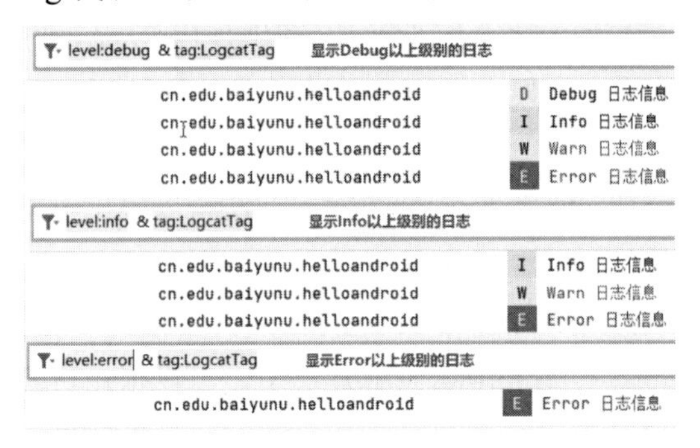

图 1-26　通过日志级别过滤日志

在后续的 Android 应用开发中，会常常使用 Logcat 调试程序或检查异常。

1.4 资源的管理和引用

在 Android 应用中，资源是指编程中使用的附加文件和静态内容，如图像、布局定义、界面字符串、动画等。在进行 Android 应用开发时，建议将应用的资源与源代码分开维护。这样做有以下几个优点。

（1）易于维护：通过分离程序的功能代码和外观资源使程序更容易维护。

（2）多语言支持：通过使用不同的资源文件支持多语言和国际化。

（3）屏幕适配：通过不同分辨率的图片和布局文件确保不同屏幕的适配性。

（4）风格统一：通过定义样式和主题资源确保应用外观的整体一致性。

1.4.1 资源的种类

Android 项目的资源统一被存储在 res 目录中。按种类的不同，资源又分别被存储在 res 目录下的不同子目录中。

（1）图片资源：被存储在 drawable 目录中，该目录存放图片文件，如位图文件、矢量图文件。

（2）布局资源：被存储在 layout 目录中，该目录存放应用的布局文件，用于定义界面的布局外观。

（3）常量资源：被存储在 values 目录中，该目录有效定义常量、样式和字符串的 XML 文件，用于定义不同类型的值，如字符串、颜色、尺寸和样式。

（4）图标资源：被存储在 mipmap 目录中，该目录存放应用的图标文件。

（5）动画资源：被存储在 anim 目录中，该目录存放应用的动画效果文件。

（6）菜单资源：被存储在 menu 目录中，该目录有效定义应用的菜单布局文件。

（7）原始资源：被存储在 raw 目录中，该目录存放原始文件，如音频文件、视频文件。

（8）其他 XML 资源：被存储在 xml 目录中，该目录存放其他类型的 XML 文件。

1.4.2 管理和引用资源的方法

介绍了资源的种类之后，下面介绍如何管理和引用资源。

1. 图片资源

1）图片资源的管理

Android 应用界面常常会出现大量的图片，这些图片可以作为图片资源被存储在 res 目录中，可以是 jpg、png、gif、bmp 等格式的常见位图文件或矢量图文件，在编程时，这些图片可以作为静态资源被引用。

根据图片的用途，Android 把它们分成了应用图标资源和界面图片资源。用作应用图标资源的文件被存储在 mipmap 目录中，而用作界面图片资源的文件则被存储在 drawable 目录中。

在实际生活中，Android 设备五花八门，其屏幕像素密度（分辨率）各不相同，为了让不同屏幕像素密度的设备都能清晰地显示图片资源，Android 进一步地在 mipmap 目录和 drawable 目录中划分出了不同屏幕像素密度的子目录。在运行程序时，根据设备的屏幕像素密度，Android 会自动选择合适的图片资源进行显示，以确保在不同设备上获得最佳的视觉效果。这些不同屏幕像素密度子目录的命名和匹配规则如表 1-2 所示。

表 1-2　不同屏幕像素密度子目录的命名和匹配规则

屏幕像素密度	mipmap 目录的子目录	drawable 目录的子目录
120～160dpi	mipmap_mdpi	drawable_mdpi
160～240dpi	mipmap_hdpi	drawable_hdpi
240～320dpi	mipmap_xdpi	drawable_xdpi
320～480dpi	mipmap_xxdpi	drawable_xxdpi
480～640dpi	mipmap_xxxdpi	drawable_xxxdpi

2）图片资源的引用

可以直接在程序中引用，保存好的图片资源。要在程序中引用图片资源可以通过资源名来实现。如果资源名为 my_image，那么在 XML 文件中可以使用@drawable/my_image 来引用图片资源，而在 Java 代码中则可以使用 R.drawable.my_image 来引用图片资源。

以下是在 XML 文件中引用图片资源。

```
<ImageView
    android:id="@+id/imageView"
    android:layout_width="wrap_content"
    android:layout_height="wrap_content"
    android:src="@drawable/my_image" />
```

以下是在 Java 代码中引用图片资源。

```
ImageView imageView = findViewById(R.id.imageView);
imageView.setImageResource(R.drawable.my_image);
```

2. 布局资源

1）布局资源的管理

布局资源用于定义应用界面的结构。以下是管理布局资源的基本方法。

（1）创建布局文件。在 Android 项目的 layout 目录中创建一个布局文件，将其命名为 my_layout.xml。这个布局文件用于定义界面的布局外观。

（2）编辑布局文件。使用 XML 编辑布局文件，描述界面中的视图控件和其他元素。可以使用各种布局容器（如 LinearLayout、RelativeLayout、ConstraintLayout 等）和视图控件（如 TextView、Button、ImageView 等）来构建界面。

2）布局资源的引用

要在程序中引用布局资源可以通过资源名来实现。如果资源名为 my_layout，那么在 XML 文件中可以使用@layout/my_layout 来引用布局资源，而在 Java 代码中则可以使用 R.layout.my_layout 来引用布局资源。

以下是在 XML 文件中引用布局资源。

```
<include layout="@layout/my_layout" />
```

以下是在 Java 代码中引用布局资源。

```
setContentView(R.layout.my_layout);
```

关于 Android 的布局，在下一章中将详细介绍，这里只简单地介绍。

3. 字符串资源

1）字符串资源的管理

把程序中显示给用户的文本保存到字符串资源中，可以使程序中的文本易于维护和国际化。所谓国际化，简单的理解就是只做一套程序，在不同的地区和文化背景下使用不同的资源文件显示不同的语言文字。以下是在 Android 项目中管理字符串资源的基本方法。

（1）创建字符串文件。在 Android 项目的 values 目录中创建一个字符串文件，将其命名为 strings.xml（可以自定义）。这个字符串文件用于存放程序中使用的字符串资源。

（2）编辑字符串文件。打开 strings.xml 文件，使用<string>元素定义字符串资源。每个字符串资源都需要唯一的名称（标识符），并且包含一个相应的值。例如：

```
<resources>
    <string name="app_name">My App</string>
    <string name="welcome_message">Welcome to my app!</string>
    <string name="button_label">Click Me</string>
</resources>
```

2）字符串资源的引用

要在程序中引用字符串资源可以通过资源名来实现。如果资源名为 welcome_message，那么在 XML 文件中可以使用@string/welcome_message 来引用字符串资源，而在 Java 代码中则可以使用 R.string.welcome_message 来引用字符串资源。

以下是在 XML 文件中引用字符串资源。

```
<TextView
    android:id="@+id/textView"
    android:layout_width="wrap_content"
    android:layout_height="wrap_content"
    android:text="@string/welcome_message" />
```

以下是在 Java 代码中引用字符串资源。

```
String welcomeMessage = getString(R.string.welcome_message);
```

使用字符串资源，可以更好地维护和国际化程序中的文本，提高程序的可维护性和适应性。

4. 颜色资源

1）颜色资源的管理

由于同一个程序的多个界面往往有统一的配色方案，因此有必要进行颜色资源的管理。以下是在 Android 项目中管理颜色资源的基本方法。

（1）创建颜色文件。在 Android 项目的 values 目录中创建一个颜色文件，将其命名为 colors.xml（可以自定义）。这个颜色文件用于存放程序中使用的颜色资源。

（2）编辑颜色文件。打开 colors.xml 文件，使用<color>元素定义颜色资源。每个颜色资源都需要唯一的名称（标识符），并且包含一个相应的值。值可以使用十六进制形式表示，如#RRGGBB（RGB 颜色）或#AARRGGBB（有透明度的 RGB 颜色）。例如：

```
<resources>
```

```
    <color name="primary_color">#FF4081</color>
    <color name="accent_color">#3F51B5</color>
    <color name="transparent_color">#00FFFFFF</color>
</resources>
```

2）颜色资源的引用

要在程序中引用颜色资源可以通过资源名来实现。如果资源名为 primary_color，那么在 XML 文件中可以使用@color/primary_color 来引用颜色资源，而在 Java 代码中则可以使用 R.color.primary_color 来引用颜色资源。

以下是在 XML 文件中引用颜色资源。

```
<Button
    android:id="@+id/myButton"
    android:layout_width="wrap_content"
    android:layout_height="wrap_content"
    android:text="Click Me"
    android:background="@color/primary_color" />
```

以下是在 Java 代码中引用颜色资源。

```
int primaryColor = ContextCompat.getColor(this, R.color.primary_color);
```

使用颜色资源，可以更好地维护重复使用程序中使用的颜色资源，以保持一致性并易于维护。

5. 样式资源

1）样式资源的管理

在 Android 应用开发中。经常要为相同功能的一组视图控件定制相同的界面外观属性。为了简化代码和便于维护，可以把外观属性定义成样式资源。样式资源用于定义应用中的视图样式和外观。以下是在 Android 项目中管理样式资源的基本方法。

（1）创建样式文件。在 Android 项目的 values 目录中创建一个新样式文件，将其命名为 styles.xml（可以自定义）。这个文件用于存放程序中使用的样式资源。

（2）编辑样式文件。打开 styles.xml 文件，使用<style>元素定义样式资源。每个样式资源都需要唯一的名称（标识符），并且包含一系列的样式属性。以下定义了两个样式资源，即 AppTheme 和 ButtonStyle。

```
<resources>
    <style name="AppTheme" parent="Theme.AppCompat.Light">
        <item name="android:windowBackground">@color/white</item>
        <item name="android:textColorPrimary">@color/black</item>
    </style>
    <style name="ButtonStyle" parent="Widget.AppCompat.Button">
        <item name="android:textColor">@color/white</item>
        <item name="android:textSize">30sp</item>
    </style>
</resources>
```

2）样式资源的引用

要在程序中引用样式资源可以通过资源名来实现。如果资源名为 ButtonStyle。那么在 XML 文件中可以使用@style/ButtonStyle 来引用样式资源。

以下是在 XML 文件中引用样式资源。

```
<Button
    android:id="@+id/myButton"
    android:layout_width="wrap_content"
    android:layout_height="wrap_content"
    android:text="Click Me"
    style="@style/ButtonStyle" />
```

使用样式资源，可以定义一组相同的界面外观，以保持一致性并易于维护。

本章小结

本章中的内容主要为后续的 Android 应用开发打下基础。首先，介绍了 Android 的由来、Android 的发展历程、Android 的应用领域和 Android 的体系结构；其次，重点讲解了 Android 应用开发环境的搭建；再次，通过介绍第一个 Android 项目的开发展示了 Android 项目的基本结构；最后，详细地介绍了 Android 项目中各种资源的管理和引用。“工欲善其事，必先利其器”，希望通过学习本章，读者能够独立搭建 Android 应用开发环境并使用模拟器运行创建好的项目。

拓展实践

请在自己的计算机中搭建 Android 应用开发环境，配置 SDK 和模拟器，并尝试实现以下功能：当用户点击应用中的“Hello”按钮时，弹出一个 Toast，显示“Welcome to the world of Android.”。程序运行效果如图 1-27 所示。

图 1-27　拓展实践的程序运行效果

本章习题

一、选择题

1. 以下不是手机操作系统的是（　　）。

A. Android　　B. Window Mobile　　C. iOS　　D. Window 10

2. 应用程序员编写的 Android 应用程序，主要通过调用（　　）提供的接口实现。

A. 系统运行库层　　B. 应用层　　C. Linux 内核层　　D. 应用框架层

3. Dalvik 虚拟机位于 Android 的体系结构中的（　　）。

A. 系统运行库层　　B. 应用层　　C. Linux 内核层　　D. 应用框架层

4. （　　）是 SDK。

A. Java 开发包　　B. Android 软件开发工具包

C. 集成开发工具　　D. 模拟器

5. 要完成 Android 应用开发环境的搭建，不需要在计算机上安装（　　）。

A. JDK　　B. SDK

C. 集成开发工具（如 Android Studio 等）　　D. SQLite

6. 布局文件应该被存储在（　　）中。

A. layout 目录　　B. main 目录　　C. values 目录　　D. 任意文件夹

7. 图片资源应该被保存在（　　）目录中。

A. mipmap　　B. drawable　　C. layout　　D. values

8. 图标资源应该被保存在（　　）目录中。

A. mipmap　　B. drawable　　C. layout　　D. values

二、填空题

1. ________是应用的清单文件，包含应用的各种配置信息，如权限、活动声明等。

2. Android 的体系结构有 4 层：________、________、________及________。

3. 在 Android 项目的基本结构中，_______文件是项目的 Gradle 配置文件，用于指定项目的构建参数和依赖项。

4. 在 XML 文件中，可以使用________引用名为 my_image 的图片资源。

5. 在 Java 代码中，可以使用________引用名为 welcome_message 的字符串资源。

三、简答题

1. 什么是 Gradle？Gradle 在 Android 应用开发中起什么作用？

2. Android 应用开发中有哪些常见的资源？为什么要把资源与源代码分开管理？

Android 布局管理器

布局管理器是一种用于管理界面布局的技术，是能够使程序适应不同屏幕尺寸和分辨率的设备。

使用布局管理器可以使界面设计更加灵活和可扩展，布局管理器能够适应不同设备的屏幕尺寸和分辨率。

使用 XML 文件声明界面布局是将程序的表现层和控制层分离的一种方式，这可以使程序的结构更加清晰，使程序更便于维护和修改。同时，使用布局管理器可以根据屏幕尺寸管理容器内的控件在界面中的位置，以使程序适应不同的屏幕尺寸和分辨率。

2.1 布局概述

2.1.1 View 与 ViewGroup

布局管理器中的 View 和 ViewGroup 是 Android UI 设计的基础组件。

View 是 Android UI 设计的所有基础组件的基类。它提供了视图的基本功能，包括绘制、事件处理等。View 具有一些基本属性，如宽度、高度、位置、背景等。View 主要处理自己绘制的内容，以及用户输入事件（如触摸等）。

示例 1：端砚研墨

activity_main.xml 文件的程序代码如下。

```
<?xml version="1.0" encoding="utf-8"?>
<FrameLayout xmlns:android="http://schemas.android.com/apk/res/android"
    xmlns:tools="http://schemas.android.com/tools"
    android:layout_width="match_parent"
    android:layout_height="match_parent"
    android:background="@mipmap/bg"
```

```
    android:paddingBottom="@dimen/activity_vertical_margin"
    android:paddingLeft="@dimen/activity_horizontal_margin"
    android:paddingRight="@dimen/activity_horizontal_margin"
    android:paddingTop="@dimen/activity_vertical_margin"
    tools:context="com.mingrisoft.MainActivity" >

    <TextView
        android:layout_width="wrap_content"
        android:layout_height="wrap_content"
        android:layout_gravity="center"
        android:textSize="18sp"
        android:textColor="#115572"
        android:text="@string/start" />

</FrameLayout>
```

strings.xml 文件的程序代码如下。

```
<resources>
        <string name="app_name">端砚研墨</string>
        <string name="start">开始研墨</string>
</resources>
```

程序运行效果如图 2-1 所示。

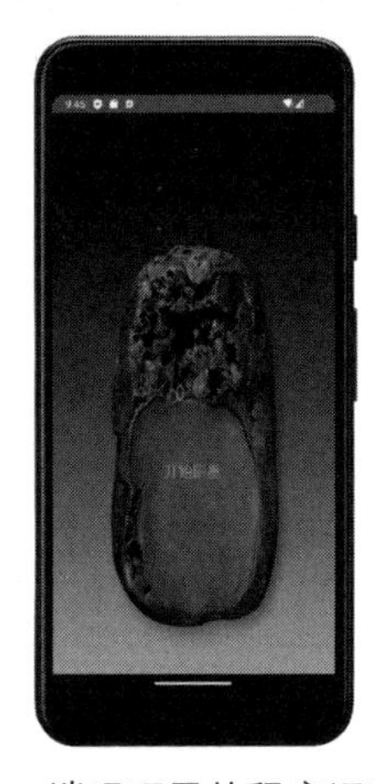

图 2-1　端砚研墨的程序运行效果

示例 2：让端砚研墨动起来

activity_main.xml 文件的程序代码如下。

```
<?xml version="1.0" encoding="utf-8"?>
<FrameLayout xmlns:android="http://schemas.android.com/apk/res/android"
    xmlns:tools="http://schemas.android.com/tools"
    android:layout_width="match_parent"
    android:layout_height="match_parent"
    android:background="@mipmap/background"
```

```
    android:id="@+id/mylayout"
    tools:context=".MainActivity" >

</FrameLayout>
```

DuanyanView 的程序代码如下。

```
package cn.edu.baiyunu;
import android.content.Context;
import android.graphics.Bitmap;
import android.graphics.BitmapFactory;
import android.graphics.Canvas;
import android.graphics.Paint;
import android.view.View;
public class DuanyanView  extends View {
    public float bitmapX;                           // 声明墨块的显示位置的 X 坐标
    public float bitmapY;                           // 声明墨块的显示位置的 Y 坐标
    public DuanyanView(Context context) {           // 重写构造方法
        super(context);
        bitmapX = 290;                              // 设置墨块的默认显示位置的 X 坐标
        bitmapY = 130;                              // 设置墨块的默认显示位置的 Y 坐标
    }
    @Override
    protected void onDraw(Canvas canvas) {
        super.onDraw(canvas);
        Paint paint = new Paint();                  // 创建并实例化 Paint 对象
        Bitmap bitmap = BitmapFactory.decodeResource(this.getResources(),
                R.mipmap.mo2);                      // 根据图片生成 Bitmap 对象
        canvas.drawBitmap(bitmap, bitmapX, bitmapY, paint); // 绘制墨块
        if (bitmap.isRecycled()) {                  // 判断图片是否回收
            bitmap.recycle();                       // 强制回收图片
        }
    }
}
```

MainActivity 的程序代码如下。

```
package cn.edu.baiyunu;
import androidx.appcompat.app.AppCompatActivity;
import android.os.Bundle;
import android.view.MotionEvent;
import android.view.View;
import android.widget.FrameLayout;

public class MainActivity extends AppCompatActivity {

    @Override
```

```
    protected void onCreate(Bundle savedInstanceState) {
        super.onCreate(savedInstanceState);
        setContentView(R.layout.activity_main);
        // 获取帧布局管理器
        FrameLayout frameLayout=(FrameLayout)findViewById(R.id.mylayout);
        // 创建并实例化 DuanyanView
        final DuanyanView duanyan=new DuanyanView(this);
        //为墨块添加触摸事件监听
        duanyan.setOnTouchListener(new View.OnTouchListener() {

            @Override
            public boolean onTouch(View v, MotionEvent event) {
                duanyan.bitmapX=event.getX();    // 设置墨块的显示位置的 X 坐标
                duanyan.bitmapY=event.getY();    // 设置墨块的显示位置的 Y 坐标
                duanyan.invalidate();            // 重绘组件
                return true;
            }
        });
        frameLayout.addView(duanyan);
    }
}
```

程序运行效果如图 2-2 所示。

图 2-2 让端砚研墨动起来的程序运行效果

ViewGroup 是 View 的子类，是一种特殊的 View，主要用来充当 View 的容器，可以包含和管理多个子 View 和子 ViewGroup。由于 ViewGroup 本身也是一个视图，因此它可以被添加到布局中。与 View 相比，ViewGroup 更注重组织和管理子视图。ViewGroup 提供了一些额外的功能，如布局参数的传递、焦点的管理、测量等。

ViewGroup 和 View 的关系是：ViewGroup 可以包含多个 View，而 View 也可以是 ViewGroup 的子 View。在布局过程中，先由根节点（通常是 RelativeLayout 或 LinearLayout）创建一个 ViewGroup，然后将这个 ViewGroup 作为根节点添加到布局中，最后向这个 ViewGroup 中添加各种 View 或其他 ViewGroup（也就是子 ViewGroup）。

总之，View 和 ViewGroup 在布局中都扮演着重要的角色。View 是所有 Android UI 基础组件的基类，用于提供基本的视图功能；而 ViewGroup 则是一种特殊的 View，用于容纳和管理多个子视图，提供布局和管理的额外功能。

以下是一个使用 RelativeLayout 的示例，用于展示岭南文化中的端砚。

```
<RelativeLayout
    xmlns:android="http://schemas.android.com/apk/res/android"
    android:layout_width="match_parent"
    android:layout_height="match_parent">

    <ImageView
        android:id="@+id/iv_端砚"
        android:layout_width="match_parent"
        android:layout_height="200dp"
        android:src="@drawable/端砚" />

    <ImageView
        android:id="@+id/iv_墨块"
        android:layout_below="@id/iv_端砚"
        android:layout_width="wrap_content"
        android:layout_height="wrap_content"
        android:src="@drawable/墨块" />

    <ImageView
        android:id="@+id/iv_毛笔"
        android:layout_toRightOf="@id/iv_墨块"
        android:layout_width="wrap_content"
        android:layout_height="wrap_content"
        android:src="@drawable/毛笔" />

    <ImageView
        android:id="@+id/iv_宣纸"
        android:layout_below="@id/iv_端砚"
        android:layout_width="match_parent"
        android:layout_height="100dp"
        android:src="@drawable/宣纸" />

    <ImageView
        android:id="@+id/iv_墨汁"
```

```
        android:layout_toRightOf="@id/iv_宣纸"
        android:layout_width="wrap_content"
        android:layout_height="wrap_content"
        android:src="@drawable/墨汁" />

</RelativeLayout>
```

上述程序代码使用了 RelativeLayout。首先，端砚被放到屏幕中央，并占据 200dp 的高度。其次，墨块、毛笔和宣纸分别被放到端砚下方和右侧，使用了相对位置的属性。最后，墨汁被放到宣纸右侧。

使用布局管理器，可以轻松地实现界面布局。上述示例展示了如何使用 RelativeLayout 来组织以岭南文化端砚为主题的界面，用户可以根据实际需求进行调整和扩展。

2.1.2 布局规范

在 Android 应用开发中，布局管理器用于组织和控制应用的用户界面元素。为了实现一致和可预测的界面效果，建议遵循以下布局规范。

1．避免复杂的嵌套布局

由于嵌套过多的布局管理器会产生性能问题，因此建议尽量使用简单的布局结构。在必要时，可以通过组合布局来替代复杂的嵌套布局。

2．尽量使用 RelativeLayout

使用 RelativeLayout 可以根据其他组件的位置来定位自身或其他组件，这使得界面布局更加灵活。然而，由于在大型项目中使用 RelativeLayout 可能会产生复杂的布局结构，因此需要根据实际情况进行权衡。

3．合理使用 LinearLayout

使用 LinearLayout 可以将子组按照垂直或水平方向排列。然而，在进行线性布局组件数量较多时，可能会使界面换行或出现空白区域。建议在进行线性布局时，考虑使用其他布局管理器。

4．根据屏幕尺寸和分辨率选择合适的布局管理器

不同的屏幕尺寸和分辨率需要使用不同的布局管理器。建议根据目标设备的屏幕尺寸和分辨率，选择合适的布局管理器，以确保界面在不同的设备上呈现一致的效果。

5．优化布局的性能

在 Android 应用开发中，需要考虑布局的性能问题。例如，避免在布局中频繁进行复杂的计算和渲染操作，避免出现不必要的视图切换和动画效果等。

综上所述，建议用户根据实际情况选择合适的布局管理器，并遵循布局规范。

2.2 布局管理器

布局管理器是用于控制 Android 界面组件在屏幕中布局方式的类。布局管理器提供了一种方式，使得开发者可以通过对界面元素进行定位和排列，创建出各种不同形状和风格的界面。

常用的布局管理器有以下几种。

LinearLayout：线性布局管理器，用于将子组件按照垂直或水平方向排列。通过设置 LinearLayout 的属性，可以指定布局方向、对齐方式等。

RelativeLayout：相对布局管理器，用于根据其他组件的位置来定位自身或其他组件。通过设置 RelativeLayout 的属性，可以指定组件相对于其他组件的位置。

TableLayout：表格布局管理器，用于将子组件按照行、列的方式排列，形成表格。通过设置 TableLayout 的属性，可以控制表格的行数和列数。

GridLayout：网格布局管理器，用于将子组件按照网格的方式排列。通过设置 GridLayout 的属性，可以控制网格的行数和列数、子组件的布局位置等。

FrameLayout：帧布局管理器，用于将子组件按照堆叠的方式排列，类似于画布上的绘图方式。所有组件都会被放到容器的左上角，按照添加的顺序依次堆叠。

ConstraintLayout：约束布局管理器，是一种灵活的布局管理器。使用 ConstraintLayout 可以很方便地实现复杂的界面布局。通过设置 ConstraintLayout 的约束条件，可以控制子组件的位置和大小。

这些布局管理器各有特点，适用于不同的场景。用户可以根据界面的需求选择合适的布局方式，以实现美观、易用的用户界面。

2.2.1 LinearLayout

LinearLayout 可以将子组件按照垂直或水平方向排列。通过设置 LinearLayout 的 layout_width 属性和 layout_height 属性可以指定组件的大小。LinearLayout 的常用属性如表 2-1 所示。LinearLayout 的常用方法如表 2-2 所示。

表 2-1 LinearLayout 的常用属性

属性	说明
orientation	设置布局方向：vertical（垂直）或 horizontal（水平）
id	为子组件指定对应的 ID
text	指定子组件中显示的文字
gravity	指定子组件的基本位置，如居中、靠右等
textSize	指定子组件中字体的大小

续表

属性	说明
background	指定子组件使用的背景颜色
width	指定子组件的宽度
height	指定子组件的高度
padding	指定子组件的内边距
weight	设置子组件的权重，用于表示子组件在水平或垂直方向上的比例

表 2-2　LinearLayout 的常用方法

方法	说明
setLayoutParams(LinearLayout.LayoutParams params)	设置布局参数
addView(View child)	添加子组件
addView(View child, int index)	在指定位置添加子组件
addView(View child, LinearLayout.LayoutParams params)	添加子组件，并指定布局参数
addView(View child, int width, int height)	添加子组件，并指定宽度和高度
addView(View child, LinearLayout.LayoutParams params, int width, int height)	添加子组件，并指定布局参数、宽度和高度

注意，上面仅列出了 LinearLayout 的一些常用属性和方法。实际上，LinearLayout 还包含其他属性和方法，用户可以根据具体需求进一步了解。

以下是一个使用 LinearLayout 的示例，用于展示岭南文化中的端砚。

```
xml
<LinearLayout xmlns:android="http://schemas.android.com/apk/res/android"
    android:layout_width="match_parent"
    android:layout_height="match_parent"
    android:orientation="vertical" >

    <ImageView
        android:id="@+id/iv_端砚"
        android:layout_width="match_parent"
        android:layout_height="200dp"
        android:src="@drawable/端砚" />

    <LinearLayout
        android:layout_width="match_parent"
        android:layout_height="wrap_content"
        android:orientation="horizontal" >

        <ImageView
            android:id="@+id/iv_墨块"
            android:layout_width="wrap_content"
            android:layout_height="wrap_content"
            android:src="@drawable/墨块" />
```

```
        <ImageView
            android:id="@+id/iv_毛笔"
            android:layout_width="wrap_content"
            android:layout_height="wrap_content"
            android:src="@drawable/毛笔" />
    </LinearLayout>

    <ImageView
        android:id="@+id/iv_宣纸"
        android:layout_width="match_parent"
        android:layout_height="100dp"
        android:src="@drawable/宣纸" />

    <LinearLayout
        android:layout_width="match_parent"
        android:layout_height="wrap_content"
        android:orientation="horizontal" >

        <ImageView
            android:id="@+id/iv_墨汁"
            android:layout_width="wrap_content"
            android:layout_height="wrap_content"
            android:src="@drawable/墨汁" />
    </LinearLayout>

</LinearLayout>
```

在上述程序代码中，LinearLayout 的 orientation 属性被设置为 vertical，表示子组件按照垂直方向排列。在内部先嵌套了一个 LinearLayout，用来排列端砚、墨块和毛笔，其中墨块和毛笔使用了相对定位的属性；再嵌套了一个 ImageView，用来显示宣纸；最后嵌套了一个 LinearLayout，用来排列墨汁。用户可以根据实际需求调整组件的大小和位置，以实现更加美观的界面效果。

示例 3：实现岭南文化 App 登录

activity_main.xml 文件的程序代码如下。

```
<?xml version="1.0" encoding="utf-8"?>
<LinearLayout xmlns:android="http://schemas.android.com/apk/res/android"
    xmlns:tools="http://schemas.android.com/tools"
    android:orientation="vertical"
    android:layout_width="match_parent"
    android:layout_height="match_parent"
    android:paddingBottom="@dimen/activity_vertical_margin"
```

```
android:paddingLeft="@dimen/activity_horizontal_margin"
android:paddingRight="@dimen/activity_horizontal_margin"
android:paddingTop="@dimen/activity_vertical_margin"
tools:context="mingrisoft.com.MainActivity">

<!--第一行-->
<EditText
    android:layout_width="match_parent"
    android:layout_height="wrap_content"
    android:paddingBottom="20dp"
    android:hint="QQ 号/微信号/Email"
    android:drawableLeft="@mipmap/zhanghao"
    />
<!--第二行-->
<EditText
    android:layout_width="match_parent"
    android:layout_height="wrap_content"
    android:paddingBottom="20dp"
    android:hint="密码"
    android:drawableLeft="@mipmap/mima"
    />
<!--第三行-->
<Button
    android:layout_width="match_parent"
    android:layout_height="wrap_content"
    android:text="登录"
    android:textColor="#FFFFFF"
    android:background="#FF009688"/>
<!--第四行-->
<TextView
    android:layout_width="match_parent"
    android:layout_height="wrap_content"
    android:text="登录遇到问题?"
    android:gravity="center_horizontal"
    android:paddingTop="20dp"/>
</LinearLayout>
```

程序运行效果如图 2-3 所示。

图 2-3　实现岭南文化 App 登录的程序运行效果

2.2.2　RelativeLayout

RelativeLayout 是一种相对布局管理器，用于根据其他组件的位置来定位自身或其他组件。使用 RelativeLayout 可以很轻松地实现多个组件之间的位置排列，如垂直排列、水平排列、居中排列等。

RelativeLayout 有如下属性。

layout_width：设置 RelativeLayout 的宽度，可选值为 match_parent、wrap_content 等。

layout_height：设置 RelativeLayout 的高度，可选值为 match_parent、wrap_content 等。

layout_gravity：设置 RelativeLayout 在父容器内的位置，可选值为 left、right、top、bottom 等。

layout_marginStart：设置 RelativeLayout 与最近的前置元素之间的起始边界的距离。

layout_marginTop：设置 RelativeLayout 与最近的顶层元素之间的顶部边界的距离。

layout_marginEnd：设置 RelativeLayout 与最近的元素之间的结束边界的距离。

layout_marginBottom：设置 RelativeLayout 与最近的底层元素之间的底部边界的距离。

layout_alignStart：设置 RelativeLayout 与指定元素之间的起始边界的对齐方式。

layout_alignTop：设置 RelativeLayout 与指定元素之间的顶部边界的对齐方式。

layout_alignEnd：设置 RelativeLayout 与指定元素之间的结束边界的对齐方式。

layout_alignBottom：设置 RelativeLayout 与指定元素之间的底部边界的对齐方式。

layout_toStartOf：设置 RelativeLayout 与指定元素之间的起始边界的距离，使其位于指定元素的左侧。

layout_toEndOf：设置 RelativeLayout 与指定元素之间的结束边界的距离，使其位于指定元素的右侧。

layout_above：设置 RelativeLayout 与指定元素之间的顶部边界的对齐方式，使其位于指定元素的上方。

layout_below：设置 RelativeLayout 与指定元素之间的底部边界的对齐方式，使其位于指定元素的下方。

layout_toLeftOf：设置 RelativeLayout 与指定元素之间的起始边界的距离，使其位于指定元素的左侧。

layout_toRightOf：设置 RelativeLayout 与指定元素之间的结束边界的距离，使其位于指定元素的右侧。

以下是一个使用 RelativeLayout 布局的示例。

```
xml
<RelativeLayout
    xmlns:android="http://schemas.android.com/apk/res/android"
    android:layout_width="match_parent"
    android:layout_height="match_parent">

    <Button
        android:id="@+id/button1"
        android:layout_width="wrap_content"
        android:layout_height="wrap_content"
        android:text="Button 1" />
```

```
    <Button
        android:id="@+id/button2"
        android:layout_width="wrap_content"
        android:layout_height="wrap_content"
        android:layout_below="@id/button1"
        android:text="Button 2" />
    <Button
        android:id="@+id/button3"
        android:layout_width="wrap_content"
        android:layout_height="wrap_content"
        android:layout_toRightOf="@id/button2"
        android:text="Button 3" />

</RelativeLayout>
```

在上述程序代码中，3 个按钮分别位于 RelativeLayout 的上方、中间和右侧，通过设置不同的属性实现它们的位置排列。

以下是一个使用 RelativeLayout 的示例，用于展示岭南文化中的端砚。

```
xml
<RelativeLayout xmlns:android="http://schemas.android.com/apk/res/android"
    android:layout_width="match_parent"
    android:layout_height="match_parent">

    <ImageView
        android:id="@+id/iv_端砚"
        android:layout_width="match_parent"
        android:layout_height="200dp"
        android:src="@drawable/端砚"
        android:scaleType="centerCrop"
        android:contentDescription="@string/description_端砚" />
    <ImageView
        android:id="@+id/iv_墨块"
        android:layout_width="wrap_content"
        android:layout_height="wrap_content"
        android:layout_below="@id/iv_端砚"
        android:layout_alignStart="@id/iv_端砚"
        android:src="@drawable/墨块"
        android:contentDescription="@string/description_墨块" />
    <ImageView
        android:id="@+id/iv_毛笔"
        android:layout_width="wrap_content"
        android:layout_height="wrap_content"
        android:layout_toEndOf="@id/iv_端砚"
        android:layout_alignTop="@id/iv_墨块"
        android:src="@drawable/毛笔"
```

```
        android:contentDescription="@string/description_毛笔" />
    <ImageView
        android:id="@+id/iv_宣纸"
        android:layout_width="match_parent"
        android:layout_height="100dp"
        android:layout_below="@id/iv_墨块"
        android:layout_alignStart="@id/iv_端砚"
        android:src="@drawable/宣纸"
        android:contentDescription="@string/description_宣纸" />
    <ImageView
        android:id="@+id/iv_墨汁"
        android:layout_width="wrap_content"
        android:layout_height="wrap_content"
        android:layout_below="@id/iv_宣纸"
        android:layout_alignStart="@id/iv_端砚"
        android:src="@drawable/墨汁"
        android:contentDescription="@string/description_墨汁" />
</RelativeLayout>
```

上述程序代码使用了 RelativeLayout 来创建 5 个 ImageView，分别代表岭南文化中的端砚、墨块、毛笔、宣纸和墨汁。这些组件按照相对位置进行排列，正确地显示在 RelativeLayout 中。其具体说明如下。

iv_端砚：该组件位于屏幕的顶部，占据了 RelativeLayout 的大部分空间，并居中显示。设置该组件的宽度为 match_parent，高度为 200dp，并设置 scaleType 属性的值为 centerCrop，以确保图片不会超出边界。contentDescription 属性提供了关于该组件的描述信息。

iv_墨块：该组件位于端砚的下方，并与其起始边界对齐。设置该组件的宽度和高度都为 wrap_content，以适应其内容占据空间的大小。设置 alignStart 属性，将该组件的起始边界与端砚的起始边界对齐。contentDescription 属性提供了关于该组件的描述信息。

iv_毛笔：该组件位于端砚的右侧，并与其顶部边界对齐。设置该组件的宽度和高度都为 wrap_content，以适应其内容占据空间的大小。设置 alignTop 属性，将该组件的顶部边界与墨块的顶部边界对齐。contentDescription 属性提供了关于该组件的描述信息。

iv_宣纸：该组件位于墨块的下方，并与其起始边界对齐。设置该组件的宽度为 match_parent，高度为 100dp。设置 alignStart 属性，将该组件的起始边界与端砚的起始边界对齐。contentDescription 属性提供了关于该组件的描述信息。

iv_墨汁：该组件位于宣纸的下方，并与其起始边界对齐。设置其宽度和高度都为 wrap_content，以适应其内容占据空间的大小。设置 alignStart 属性，将该组件的起始边界与端砚的起始边界对齐。contentDescription 属性提供了关于该组件的描述信息。

2.2.3 TableLayout

TableLayout 是一种表格布局管理器，允许在 LinearLayout 的上下文中组织视图，将子组件按照行、列的方式排列。TableLayout 是一种灵活的布局管理器，非常适合在具有多个动态和静态子视图的应用中使用。

TableLayout 有如下属性。

stretchColumns：指定哪些列可以被拉伸以适应额外的空间，格式为“逗号分隔的列索引”，如“0,2”。在默认情况下，所有列都可以被拉伸。

shrinkColumns：指定哪些列可以被收缩以适应空间不足的情况，格式同上。在默认情况下，没有列可以被收缩。

collapseColumns：指定哪些列可以被完全隐藏，以适应空间不足的情况，格式同上。在默认情况下，没有列可以被完全隐藏。

scrollHorizontally：如果值为 true，那么允许通过水平滚动条查看不能适应表格宽度的内容。其默认值为 false。

shrinkableColumnsCount：指定在滚动视图时哪些列可以被收缩。其默认值为-1，表示所有列都可以被收缩。如果值为 *n*，那么表示只有从左侧起的 *n* 列可以收缩。shrinkableColumnsCount 和 stretchableColumns 对应。

在 XML 文件中，使用 TableLayout 布局看起来是这样的。

```
xml
<TableLayout
    android:layout_width="match_parent"
    android:layout_height="match_parent">

    <!-- TableRow -->
    <TableRow
        android:layout_width="match_parent"
        android:layout_height="wrap_content">
        <!-- View elements in the TableRow -->
    </TableRow>

    <!-- Another TableRow -->
    <TableRow
        android:layout_width="match_parent"
        android:layout_height="wrap_content">
        <!-- View elements in the TableRow -->
    </TableRow>

</TableLayout>
```

很多用户可能会这样创建 TableLayout。

```
java
TableLayout tableLayout = new TableLayout(context);
tableLayout.setOrientation(LinearLayout.VERTICAL); // By default it's
vertical
```

可以添加 TableRow 到 TableLayout 中。

```
java
TableRow row = new TableRow(context);
tableLayout.addView(row);
```

之后，可以在 TableRow 中添加视图元素。

```
java
ImageView imageView = new ImageView(context);
imageView.setImageResource(R.drawable.some_image);
row.addView(imageView);
```

以下是一个使用 TableLayout 的示例，用于展示岭南文化中的端砚。

```
xml
<TableLayout
    android:layout_width="match_parent"
    android:layout_height="match_parent">
    <!-- 第一行 -->
    <TableRow
        android:layout_width="match_parent"
        android:layout_height="wrap_content">
        <!-- 第一列 -->
        <ImageView
            android:layout_width="0dp"
            android:layout_height="wrap_content"
            android:layout_weight="1"
            android:src="@drawable/端砚_image"
            android:contentDescription="@string/description_端砚" />
        <!-- 第二列 -->
        <ImageView
            android:layout_width="0dp"
            android:layout_height="wrap_content"
            android:layout_weight="1"
            android:src="@drawable/墨块_image"
            android:contentDescription="@string/description_墨块" />
    </TableRow>
    <!-- 第二行 -->
    <TableRow
        android:layout_width="match_parent"
        android:layout_height="wrap_content">
        <!-- 第一列 -->
        <ImageView
            android:layout_width="0dp"
            android:layout_height="wrap_content"
            android:layout_weight="1"
            android:src="@drawable/毛笔_image"
```

```
            android:contentDescription="@string/description_毛笔" />
        <!-- 第二列 -->
        <ImageView
            android:layout_width="0dp"
            android:layout_height="wrap_content"
            android:layout_weight="1"
            android:src="@drawable/宣纸_image"
            android:contentDescription="@string/description_宣纸" />
    </TableRow>
    <!-- 第三行 -->
    <TableRow
        android:layout_width="match_parent"
        android:layout_height="wrap_content">
        <!-- 第一列 -->
        <ImageView
            android:layout_width="0dp"
            android:layout_height="wrap_content"
            android:layout_weight="1"
            android:src="@drawable/墨汁_image"
            android:contentDescription="@string/description_墨汁" />
    </TableRow>
</TableLayout>
```

上述程序代码使用了一个包含三行的 TableLayout，每行包含两个 ImageView。第一行展示了端砚和墨块，第二行展示了毛笔和宣纸，第三行展示了墨汁。设置每个 ImageView 的宽度都为 0dp，并设置 layout_weight 属性的值为 1，以确保组件在 TableRow 中等宽分布。

示例 4：实现岭南文化 App 注册和登录

activity_main.xml 文件的程序代码如下。

```
<?xml version="1.0" encoding="utf-8"?>
<TableLayout xmlns:android="http://schemas.android.com/apk/res/android"
    xmlns:tools="http://schemas.android.com/tools"
    android:layout_width="match_parent"
    android:layout_height="match_parent"
    android:background="@mipmap/biaoge"
    android:stretchColumns="0,3"
    tools:context=".MainActivity">

    <!--第一行-->
    <TableRow
        android:layout_width="wrap_content"
        android:layout_height="wrap_content"
        android:paddingTop="350dp"
```

```
        >
        <TextView />
        <TextView
            android:layout_width="wrap_content"
            android:layout_height="wrap_content"
            android:textSize="18sp"
            android:text="账 号:"
            android:gravity="center_horizontal"
            />
        <EditText
            android:layout_width="match_parent"
            android:layout_height="wrap_content"
            android:hint="邮箱或手机号"
            />
        <TextView />
    </TableRow>
    <!--第二行-->
    <TableRow
        android:layout_width="wrap_content"
        android:layout_height="wrap_content"
        android:paddingTop="20dp"
        >
        <TextView />
        <TextView
            android:layout_width="wrap_content"
            android:layout_height="wrap_content"
            android:textSize="18sp"
            android:text="密 码:"
            android:gravity="center_horizontal"
            />
        <EditText
            android:layout_width="wrap_content"
            android:layout_height="wrap_content"
            android:hint="输入 6~16 位数字或字母"
            />
        <TextView />
    </TableRow>
    <!--第三行-->
    <TableRow
        android:layout_width="wrap_content"
        android:layout_height="wrap_content">
        <TextView />
        <Button
```

```
        android:layout_width="wrap_content"
        android:layout_height="wrap_content"
        android:text="注 册"
        />
    <Button
        android:layout_width="wrap_content"
        android:layout_height="wrap_content"
        android:background="#FF8247"
        android:text="登 录"/>
    <TextView />
</TableRow>
<!--第四行-->
<TableRow
    android:layout_width="wrap_content"
    android:layout_height="wrap_content"
    android:paddingTop="20dp"
    >
    <TextView />
    <TextView />
    <TextView
        android:text="忘记密码？"
        android:textColor="#FF4500"
        android:gravity="right"
        />
    <TextView />
</TableRow>

</TableLayout>
```

图 2-4　实现岭南文化 App 注册和登录的程序运行效果

程序运行效果如图 2-4 所示。

2.2.4　GridLayout

GridLayout 是一种网格布局管理器，用于将子组件按照网格的方式排列。GridLayout 的常用属性和方法，如表 2-3 所示。

表 2-3　GridLayout 的常用属性和方法

属性和方法	说明
columnCount	设置网格的列数
rowCount	设置网格的行数
orientation	设置网格的布局方向：vertical（垂直）或 horizontal（水平）
gravity	设置网格内元素的对齐方式，如居中、靠右等
addView(View view, int index)	添加视图，参数包括视图对象和它的位置（从上开始计数，第一行第一列的位置为 0）

以下是一个使用 GridLayout 的示例，用于展示岭南文化中的端砚。

```
<GridLayout
    android:layout_width="match_parent"
    android:layout_height="match_parent"
    android:columnCount="2"
    android:rowCount="3">
    <!-- 第一行第一列 -->
    <ImageView
        android:layout_row="0"
        android:layout_column="0"
        android:src="@drawable/端砚_image"
        android:contentDescription="@string/description_端砚" />
    <!-- 第一行第二列 -->
    <ImageView
        android:layout_row="0"
        android:layout_column="1"
        android:src="@drawable/墨块_image"
        android:contentDescription="@string/description_墨块" />
    <!-- 第二行第一列 -->
    <ImageView
        android:layout_row="1"
        android:layout_column="0"
        android:src="@drawable/毛笔_image"
        android:contentDescription="@string/description_毛笔" />
    <!-- 第二行第二列 -->
    <ImageView
        android:layout_row="1"
        android:layout_column="1"
        android:src="@drawable/宣纸_image"
        android:contentDescription="@string/description_宣纸" />
    <!-- 第三行第一列 -->
    <ImageView
        android:layout_row="2"
        android:layout_column="0"
        android:src="@drawable/墨汁_image"
        android:contentDescription="@string/description_墨汁" />
</GridLayout>
```

上述程序代码使用了一个两行三列的 GridLayout，将端砚、墨块、毛笔、宣纸和墨汁分别放到对应的位置上。每个 ImageView 都通过设置 layout_row 属性和 layout_column 属性来确定它们在 GridLayout 中的位置。

示例 5：实现端砚问天阁聊天室

activity_main.xml 文件的程序代码如下。

```
<?xml version="1.0" encoding="utf-8"?>
<GridLayout xmlns:android="http://schemas.android.com/apk/res/android"
    xmlns:tools="http://schemas.android.com/tools"
    android:layout_width="match_parent"
    android:layout_height="match_parent"
    android:background="@mipmap/bg"
    android:columnCount="6"
    tools:context=".MainActivity" >
    <!-- 第一行 -->
    <ImageView
        android:id="@+id/imageView1"
        android:src="@mipmap/a1"
        android:layout_gravity="end"
        android:layout_columnSpan="4"
        android:layout_column="1"
        android:layout_row="0"
        android:layout_marginRight="5dp"
        android:layout_marginBottom="20dp"
        />
    <ImageView
        android:id="@+id/imageView2"
        android:src="@mipmap/ico2"
        android:layout_column="5"
        android:layout_row="0"
        />
    <!-- 第二行 -->
    <ImageView
        android:id="@+id/imageView3"
        android:src="@mipmap/ico1"
        android:layout_column="0"
        android:layout_row="1"
        />
    <ImageView
        android:id="@+id/imageView4"
        android:src="@mipmap/b1"
        android:layout_row="1"
        android:layout_marginBottom="20dp"
        />
    <!-- 第三行 -->
    <ImageView
```

```
        android:id="@+id/imageView5"
        android:src="@mipmap/a2"
        android:layout_gravity="end"
        android:layout_columnSpan="4"
        android:layout_column="1"
        android:layout_row="2"
        android:layout_marginRight="5dp"
        android:layout_marginBottom="20dp"
        />
    <ImageView
        android:id="@+id/imageView6"
        android:src="@mipmap/ico2"
        android:layout_column="5"
        android:layout_row="2"
        />

    <!-- 第四行 -->
    <ImageView
        android:id="@+id/imageView7"
        android:src="@mipmap/ico1"
        android:layout_column="0"
        android:layout_row="3"
        />
    <ImageView
        android:id="@+id/imageView8"
        android:src="@mipmap/b2"
        android:layout_marginBottom="20dp"
        android:layout_row="3"
        />

</GridLayout>
```

程序运行效果如图 2-5 所示。

图 2-5 端砚问天阁聊天室的程序运行效果

2.2.5 FrameLayout

FrameLayout 是一种帧布局管理器，用于将子组件按照叠加的方式排列。FrameLayout 的常用属性和方法如表 2-4 所示。

表 2-4　FrameLayout 的常用属性方法

属性和方法	说明
background	设置 FrameLayout 的背景颜色或背景图片
visibility	设置 FrameLayout 的可见性，可选值为 visible、invisible、gone
addView(View view, int index)	添加视图，参数包括视图对象和它的位置（从上开始计数，第一行第一列的位置为 0）

以下是一个使用 FrameLayout 的示例，用于展示岭南文化中的端砚。

```
xml
<FrameLayout
    android:layout_width="match_parent"
    android:layout_height="match_parent">

    <!-- 背景图片 -->
    <ImageView
        android:layout_width="match_parent"
        android:layout_height="match_parent"
        android:src="@drawable/端砚背景"
        android:scaleType="centerCrop"
        android:contentDescription="@string/description_background" />

    <!-- 端砚图片 -->
    <ImageView
        android:layout_width="match_parent"
        android:layout_height="match_parent"
        android:src="@drawable/端砚"
        android:scaleType="centerCrop"
        android:contentDescription="@string/description_端砚" />

    <!-- 其他控件 -->
    <!-- ... -->
</FrameLayout>
```

上述程序代码使用了一个 FrameLayout，将背景图片和端砚图片分别设置为布局的背景和顶层视图。背景图片填充整个 FrameLayout，而因端砚图片也填充了整个 FrameLayout 故端砚图片覆盖了背景图片。当然，也可以在 FrameLayout 中添加其他组件，如 Button 等，以展示更多的岭南文化元素。

2.2.6　ConstraintLayout

ConstraintLayout 是一种灵活的布局管理器，使用 ConstraintLayout 可以很方便地实现复杂的界面布局。

ConstraintLayout 的常用属性如表 2-5 所示。

表 2-5　ConstraintLayout 的常用属性

属性	说明
layout_constraintWidth_default	宽度默认约束，可选值为 wrap_content、match_constraint 和 match_parent
layout_constraintHeight_default	高度默认约束，可选值为 wrap_content、match_constraint 和 match_parent
layout_constraintTop_toTopOf	顶部约束，指定顶部参照元素，如另一个组件的 ID
layout_constraintBottom_toBottomOf	底部约束，指定底部参照元素，如另一个组件的 ID
layout_constraintLeft_toLeftOf	左侧约束，指定左侧参照元素，如另一个组件的 ID
layout_constraintRight_toRightOf	右侧约束，指定右侧参照元素，如另一个组件的 ID
layout_constraintHorizontal_bias	水平偏移比例，用于设置相对于水平参照元素的偏移量
layout_constraintVertical_bias	垂直偏移比例，用于设置相对于垂直参照元素的偏移量

ConstraintLayout 的常用方法如表 2-6 所示。

表 2-6　ConstraintLayout 的常用方法

方法	说明
setLayoutParams(ConstraintLayout.LayoutParams params)	设置子组件的布局参数
addView(View child)	添加子组件
addView(View child, int index)	在指定位置添加子组件
addView(View child, ConstraintLayout.LayoutParams params)	添加子组件，并指定布局参数
addView(View child, int width, int height)	添加子组件，并指定宽度和高度
addView(View child, ConstraintLayout.LayoutParams params, int width, int height)	添加子组件，并指定布局参数、宽度和高度
setOnLayoutInflatedListener(ConstraintLayout.OnLayoutInflatedListener listener)	设置布局加载完成时的回调监听器

注意，上面仅列出了 ConstraintLayout 的一些常用属性和方法。实际上，ConstraintLayout 还包含其他属性和方法，用户可以根据具体需求进一步了解。

以下是一个使用 ConstraintLayout 的示例，用于展示岭南文化中的端砚。

```
xml
<androidx.constraintlayout.widget.ConstraintLayout xmlns:android="http://
schemas.android.com/apk/res/android"
    xmlns:app="http://schemas.android.com/apk/res-auto"
    android:layout_width="match_parent"
    android:layout_height="match_parent">

    <ImageView
        android:id="@+id/iv_端砚"
        android:layout_width="match_parent"
        android:layout_height="200dp"
        android:src="@drawable/端砚"
```

```
        app:layout_constraintTop_toTopOf="parent"
        app:layout_constraintStart_toStartOf="parent"
        app:layout_constraintEnd_toEndOf="parent" />

    <ImageView
        android:id="@+id/iv_墨块"
        android:layout_width="wrap_content"
        android:layout_height="wrap_content"
        android:src="@drawable/墨块"
        app:layout_constraintStart_toStartOf="parent"
        app:layout_constraintTop_toBottomOf="@id/iv_端砚"
        app:layout_constraintEnd_toStartOf="@id/iv_毛笔" />

    <ImageView
        android:id="@+id/iv_毛笔"
        android:layout_width="wrap_content"
        android:layout_height="wrap_content"
        android:src="@drawable/毛笔"
        app:layout_constraintTop_toBottomOf="@id/iv_端砚"
        app:layout_constraintEnd_toEndOf="parent"
        app:layout_constraintStart_toEndOf="@id/iv_墨块" />

    <ImageView
        android:id="@+id/iv_宣纸"
        android:layout_width="match_parent"
        android:layout_height="100dp"
        android:src="@drawable/宣纸"
        app:layout_constraintTop_toBottomOf="@id/iv_墨块"
        app:layout_constraintStart_toStartOf="parent"
        app:layout_constraintEnd_toEndOf="parent" />

    <ImageView
        android:id="@+id/iv_墨汁"
        android:layout_width="wrap_content"
        android:layout_height="wrap_content"
        android:src="@drawable/墨汁"
        app:layout_constraintTop_toBottomOf="@id/iv_宣纸"
        app:layout_constraintStart_toStartOf="parent"
        app:layout_constraintEnd_toEndOf="parent" />

</androidx.constraintlayout.widget.ConstraintLayout>
```

在上述程序代码中，设置 ConstraintLayout 的宽度和高度都为 match_parent，表示占满整个屏幕。每个组件都使用了约束条件来控制它们的位置和大小。例如，端砚使用了

ConstraintLayout 的顶部和左右边界作为约束条件，墨块和毛笔使用了端砚的底部和左右边界作为约束条件，宣纸和墨汁使用了墨块的底部边界作为约束条件。用户可以根据实际需求调整约束条件，以实现更加美观的界面效果。

2.2.7 嵌套布局

在 Android Studio 中，可以将多个布局管理器嵌套在彼此内部以创建复杂的用户界面。嵌套布局管理器是一种允许在一个布局管理器内部放置另一个布局管理器的方式。

以下是一个简单的示例，用于演示如何在 RelativeLayout 中嵌套 LinearLayout。

打开 Android Studio，创建一个项目，并选择 RelativeLayout 作为默认的布局管理器。

在 layout 目录中创建一个布局文件，如 activity_main.xml。

在布局文件中，使用 XML 定义 RelativeLayout，并添加一个 LinearLayout。例如：

```
xml
<RelativeLayout
    android:layout_width="match_parent"
    android:layout_height="match_parent">
    <LinearLayout
        android:id="@+id/linearLayout"
        android:layout_width="match_parent"
        android:layout_height="wrap_content"
        android:orientation="horizontal">
        <!-- 在 LinearLayout 中添加其他视图 -->
    </LinearLayout>
</RelativeLayout>
```

上述程序代码创建了一个 RelativeLayout，并在其中嵌套了一个 LinearLayout。设置 LinearLayout 的宽度为 match_parent，高度为 wrap_content，方向为 horizontal。

下面在 LinearLayout 中添加其他视图。例如，可以添加 Button 或 TextView。

```
xml
<LinearLayout
    android:id="@+id/linearLayout"
    android:layout_width="match_parent"
    android:layout_height="wrap_content"
    android:orientation="horizontal">
    <Button
        android:id="@+id/button"
        android:layout_width="wrap_content"
        android:layout_height="wrap_content"
        android:text="Button 1" />
    <Button
        android:id="@+id/button2"
        android:layout_width="wrap_content"
```

```
        android:layout_height="wrap_content"
        android:text="Button 2" />
</LinearLayout>
```

上述程序代码添加了两个 Button 作为 LinearLayout 的子视图。

在 Java 或 Kotlin 代码中，可以访问和操作这些视图。例如，在 onCreate()方法中，可以使用 findViewById()方法获取 LinearLayout，并对其进行操作。

```
java
@Override
protected void onCreate(Bundle savedInstanceState) {
    super.onCreate(savedInstanceState);
    setContentView(R.layout.activity_main);

    LinearLayout linearLayout = findViewById(R.id.linearLayout);
    // 对 LinearLayout 进行操作，如添加监听器、设置属性等
}
```

使用上述步骤，可以在 Android Studio 中通过嵌套布局管理器来创建复杂的用户界面。用户可以根据需要嵌套多个不同的布局管理器。

示例 6：实现端砚“砚友圈”

activity_main.xml 文件的程序代码如下。

```
<?xml version="1.0" encoding="utf-8"?>
<LinearLayout xmlns:android="http://schemas.android.com/apk/res/android"
    xmlns:tools="http://schemas.android.com/tools"
    android:layout_width="match_parent"
    android:layout_height="match_parent"
    android:orientation="vertical"
    tools:context=".MainActivity" >

    <!-- 第一条信息 -->
    <RelativeLayout
        android:layout_width="match_parent"
        android:layout_height="wrap_content"
        android:layout_margin="10dp" >

        <ImageView
            android:id="@+id/ico1"
            android:layout_width="wrap_content"
            android:layout_height="wrap_content"
            android:layout_alignParentLeft="true"
            android:layout_margin="10dp"
            android:src="@mipmap/v_ico1" />
```

```
<TextView
    android:id="@+id/name1"
    android:layout_width="wrap_content"
    android:layout_height="wrap_content"
    android:layout_marginTop="10dp"
    android:layout_toRightOf="@+id/ico1"
    android:text="雪绒花"
    android:textColor="#576B95" />

<TextView
    android:id="@+id/content1"
    android:layout_width="wrap_content"
    android:layout_height="wrap_content"
    android:layout_below="@id/name1"
    android:layout_marginBottom="5dp"
    android:layout_marginTop="5dp"
    android:layout_toRightOf="@+id/ico1"
    android:minLines="3"
    android:text="祝我的亲人、朋友们新年快乐！" />

<TextView
    android:id="@+id/time1"
    android:layout_width="wrap_content"
    android:layout_height="wrap_content"
    android:layout_below="@id/content1"
    android:layout_marginTop="3dp"
    android:layout_toRightOf="@id/ico1"
    android:text="昨天"
    android:textColor="#9A9A9A" />

<ImageView
    android:id="@+id/comment1"
    android:layout_width="wrap_content"
    android:layout_height="wrap_content"
    android:layout_alignParentRight="true"
    android:layout_below="@id/content1"
    android:src="@mipmap/comment" />

<ImageView
    android:layout_width="match_parent"
    android:layout_height="wrap_content"
    android:background="@mipmap/line" />
```

```
    </RelativeLayout>

    <!-- 分隔线 -->
    <ImageView
        android:layout_width="match_parent"
        android:layout_height="wrap_content"
        android:background="@mipmap/line" />

    <!-- 第二条信息 -->
    <RelativeLayout
        android:layout_width="match_parent"
        android:layout_height="wrap_content"
        android:layout_margin="10dp" >

        <ImageView
            android:id="@+id/ico2"
            android:layout_width="wrap_content"
            android:layout_height="wrap_content"
            android:layout_alignParentLeft="true"
            android:layout_margin="10dp"
            android:src="@mipmap/v_ico2" />

        <TextView
            android:id="@+id/name2"
            android:layout_width="wrap_content"
            android:layout_height="wrap_content"
            android:layout_marginTop="10dp"
            android:layout_toRightOf="@id/ico2"
            android:text="淡淡的印象"
            android:textColor="#576B95" />


        <TextView
            android:id="@+id/content2"
            android:layout_width="wrap_content"
            android:layout_height="wrap_content"
            android:layout_below="@id/name2"
            android:layout_marginBottom="5dp"
            android:layout_marginTop="5dp"
            android:layout_toRightOf="@id/ico2"
            android:minLines="3"
            android:text="奋斗就是每一天都很难，可一年比一年容易。不奋斗就是每一天都很容
易，可一年比一年难。怕吃苦的人吃苦一辈子，不怕吃苦的人吃苦一阵子。所以拼着一切代价奔你的前程，拼
```

```
一个春夏秋冬，赢一个无悔人生！" />

        <TextView
            android:id="@+id/time2"
            android:layout_width="wrap_content"
            android:layout_height="wrap_content"
            android:layout_below="@id/content2"
            android:layout_marginTop="3dp"
            android:layout_toRightOf="@id/ico2"
            android:text="6 小时前"
            android:textColor="#9A9A9A" />

        <ImageView
            android:id="@+id/comment2"
            android:layout_width="wrap_content"
            android:layout_height="wrap_content"
            android:layout_alignParentRight="true"
            android:layout_below="@id/content2"
            android:src="@mipmap/comment" />

    </RelativeLayout>

    <!-- 分隔线 -->
    <ImageView
        android:layout_width="match_parent"
        android:layout_height="wrap_content"
        android:background="@mipmap/line" />


</LinearLayout>
```

程序运行效果如图 2-6 所示。

图 2-6　实现端砚“砚友圈”的程序运行效果

示例 7：端砚赏析示例

以下是一个包括一个 FrameLayout 和一个 GridLayout，以及相关的视图控件和属性设置的布局管理器的综合使用示例，用于展示岭南文化中的端砚。

```
xml
<FrameLayout
    android:layout_width="match_parent"
    android:layout_height="match_parent">
```

```
<!-- 背景图片 -->
<ImageView
    android:layout_width="match_parent"
    android:layout_height="match_parent"
    android:src="@drawable/端砚背景"
    android:scaleType="centerCrop"
    android:contentDescription="@string/description_background" />
  <!-- GridLayout -->
<GridLayout
    android:layout_width="match_parent"
    android:layout_height="match_parent"
    android:rowCount="2"
    android:columnCount="3">
    <!-- 端砚 -->
    <ImageView
        android:layout_row="0"
        android:layout_column="0"
        android:src="@drawable/端砚"
        android:scaleType="centerCrop"
        android:contentDescription="@string/description_端砚" />
    <!-- 墨块 -->
    <ImageView
        android:layout_row="0"
        android:layout_column="1"
        android:src="@drawable/墨块"
        android:scaleType="centerCrop"
        android:contentDescription="@string/description_墨块" />
    <!-- 毛笔 -->
    <ImageView
        android:layout_row="0"
        android:layout_column="2"
        android:src="@drawable/毛笔"
        android:scaleType="centerCrop"
        android:contentDescription="@string/description_毛笔" />
    <!-- 宣纸 -->
    <ImageView
        android:layout_row="1"
        android:layout_column="0"
        android:src="@drawable/宣纸"
        android:scaleType="centerCrop"
        android:contentDescription="@string/description_宣纸" />
    <!-- 墨汁 -->
    <ImageView
```

```
            android:layout_row="1"
            android:layout_column="1"
            android:src="@drawable/墨汁"
            android:scaleType="centerCrop"
            android:contentDescription="@string/description_墨汁" />
    </GridLayout>
</FrameLayout>
```

首先，使用 FrameLayout 作为根视图，它可以将所有子视图绘制在其上，并且每个子视图都会覆盖在其之前的子视图上。这样就可以将背景图片作为 FrameLayout 的背景，并在其上添加一个 GridLayout。

其次，使用 ImageView 来显示端砚、墨块、毛笔、宣纸和墨汁这些图片。每个 ImageView 都使用 src 属性来指定图片资源，并使用 scaleType 属性来设置图片的缩放方式。contentDescription 属性用于描述图片的内容。

最后，使用 GridLayout 来排列这些图片。GridLayout 允许使用网格的方式排列子视图。使用 rowCount 属性和 columnCount 属性分别指定网格的行数和列数，这里是二行三列。使用 addView()方法将这些 ImageView 添加到 GridLayout 中的指定位置。例如，第一个 ImageView 被放到第一行第一列，第二个 ImageView 被放到第一行第二列，以此类推。这样，每个 ImageView 都会按照网格的方式在 GridLayout 中呈现。

本章小结

布局管理器是用于控制 Android 界面组件在屏幕中布局方式的类。

Android 提供了多种布局管理器，包括 LinearLayout、RelativeLayout、TableLayout、FrameLayout、GridLayout 和 ConstraintLayout 等。

LinearLayout 用于将子组件按照垂直或水平方向排列；RelativeLayout 用于根据其他组件的位置来定位自身或其他组件；TableLayout 用于将子组件按照行、列的方式排列，形成表格；FrameLayout 用于将子组件按照堆叠的方式排列；GridLayout 用于将子组件按照网格的方式排列；ConstraintLayout 是一种灵活的布局管理器。

由于布局管理器都是 ViewGroup 的子类，因此可以嵌套其他布局管理器或 ViewGroup。

使用 XML 文件或 Java 代码都可以定义布局管理器。

在实际开发中，需要根据界面需求选择合适的布局管理器，以实现美观、易用的界面效果。

拓展实践

请在自己的计算机中搭建 Android 应用开发环境，配置 SDK 和模拟器。

本章习题

一、选择题

1．使用（　　）可以让子视图在垂直方向上排列。

A．RelativeLayout　B．LinearLayout　C．GridLayout　D．FrameLayout

2．以下（　　）属性用于设置 RelativeLayout 的宽度。

A．layout_width　B．width　C．size_width　D．measure_width

3．在 LinearLayout 中，（　　）属性用于设置水平对齐方式。

A．layout_gravity　B．gravity　C．text　D．orientation

4．在 FrameLayout 中，（　　）属性用于设置背景颜色。

A．background　B．paint_color　C．color　D．background_color

5．（　　）允许嵌套使用。

A．LinearLayout　B．RelativeLayout　C．FrameLayout　D．TableLayout

6．在 TableLayout 中，（　　）属性用于设置行数。

A．numRows　B．rowCount　C．rows_count　D．rows_number

7．在 RelativeLayout 中，（　　）属性用于设置视图相对于其左上角的偏移量。

A．layout_x　B．layout_y　C．layout_marginTop　D．layout_toLeftOf

8．在 LinearLayout 中，（　　）属性用于设置排列方向。

A．orientation　B．layout_direction　C．align_content　D．justify_content

9．在 FrameLayout 中，（　　）方法用于添加子视图。

A．addView()　B．insertView()

10．在 TableLayout 中，（　　）方法用于添加行。

A．addRow()　B．insertRow()

二、填空题

1．RelativeLayout 的排列方向是____________。

2．LinearLayout 的排列方向有____________和____________。

3．FrameLayout 的子视图的叠加是按照____________顺序排列的。

4．TableLayout 包含____________和____________两种元素。

5．RelativeLayout 的子视图的定位方式有____________和____________。

6．LinearLayout 的宽度属性有____________和____________。

7．FrameLayout 的主要用途是____________。

8．TableLayout 可以通过____________属性来设置行数。

9．RelativeLayout 可以通过____________属性来设置对齐方式。

10．LinearLayout 可以通过____________属性来设置排列方式。

三、简答题

1．简述 RelativeLayout 和 LinearLayout 的区别。

2．简述 FrameLayout 的优点和缺点。

3．简述 TableLayout 的行和列的添加方法。

4．简述 LinearLayout 的 weight 属性的作用。

5．简述 TableLayout 的特点。

6．简述 ConstraintLayout 的使用场景，以及优点和缺点。

7．简述 GridLayout 和 TableLayout 的区别。

8．简述 GridLayout 和 LinearLayout 相比，有什么优点和缺点。

第 3 章

Android 常用控件

控件是 Android 图形界面开发的基石，在 Android 应用开发中，需要使用的控件有很多，有文本控件（如 TextView、EditText、AutoCompleteTextView）、按钮控件（如 Button、ToggleButton、Switch）、图形图像控件（如 ImageView、ImageSwitcher）、选择控件（如 RadioButton、RadioGroup、CheckBox）等。控件类都是 android.view.View 类的子类，都在 android.widget 包下。如果对控件进行分类，那么可以将控件分成文本控件、按钮控件、图形图像控件、选择控件、时间控件、进度显示控件、导航控件、视频媒体控件等。本章仅对 Android 应用开发的一些常用控件进行介绍。

相信通过第 2 章的学习读者已掌握了如何使用布局管理器，以及如何配置布局管理器的属性，同时也了解了如何将一个控件添加到布局管理器中。通过本章的学习，读者将发现除了可以通过布局管理器将不同的控件按设计要求展示在对应的界面位置，还可以通过配置控件属性实现同样的效果。同布局管理器的使用方法一样，普通控件在使用时也需要配置很多属性，而这些属性也可以通过对应的 Java 方法来操作。控件的属性有很多，但常用的却不多。不同的控件有其特有的属性。常见的控件属性及对应的操作方法如表 3-1 所示。

表 3-1　常见的控件属性及对应的操作方法

属性	操作方法	描述
id	setId(int id)	设置控件 ID
focusable	setFocusable(boolean focusable)	设置控件是否可获得焦点
background	setBackgroundResource(int res)	设置控件背景
visible	setVisible(int visible)	设置控件是否可见

3.1 文本控件

3.1.1 TextView

TextView 是用于显示文字（字符串）的控件，可以在 XML 文件中通过设置属性来控制文字的大小、颜色、样式等。TextView 的常用属性如表 3-2 所示。

表 3-2 TextView 的常用属性

属性	说明
layout_width	设置 TextView 的宽度
layout_height	设置 TextView 的高度
id	设置 TextView 的唯一标识
background	设置 TextView 的背景
text	设置 TextView 中的内容
textColor	设置文本颜色
textSize	设置文本大小，推荐使用单位为 sp
textStyle	设置文本样式，如 bold（加粗）、normal（正常）
ellipsize	设置文本超出 TextView 规定范围的显示方式
gravity	设置 TextView 中内容的位置
layout_margin	设置当前控件与屏幕边界或周围控件的距离
padding	设置 TextView 与该控件中内容的距离
maxLength	设置文本的最大长度，超出此长度的文本不显示
lines	设置文本的行数，超出此行数的文本不显示
maxLines	设置文本的最大行数，超出此行数的文本不显示
drawableTop	在文本的顶部显示图片
lineSpacingExtra	设置额外的行间距，单位通常为 dp，即在每行（最后一行除外）文本之后添加的间距。值为正代表增加行间距，值为负代表减少行间距
lineSpacingMultiplier	设置行间距的倍数，没有单位，结果为当前高度的乘数值（如 1.2）而不为固定值
lineHeight	设置行高

下面通过一个示例介绍如何使用 ConstraintLayout，将屏幕的背景设计为自己喜欢的颜色，并在中间放置一个 TextView，在其上方放置一个 Android Studio 内置的 Android 图标，在其下方居中放置“Android Logo”，将该文字以斜体显示，完成效果如图 3-1 所示。

其操作步骤如下。

（1）在一个指定目录（这里为 D:\Android 目录）中新建一个名为 TextViewDemo 的 Android 项目，指定包名为 cn.edu.baiyunu.textviewdemo，如图 3-2 所示。

图 3-1　完成效果

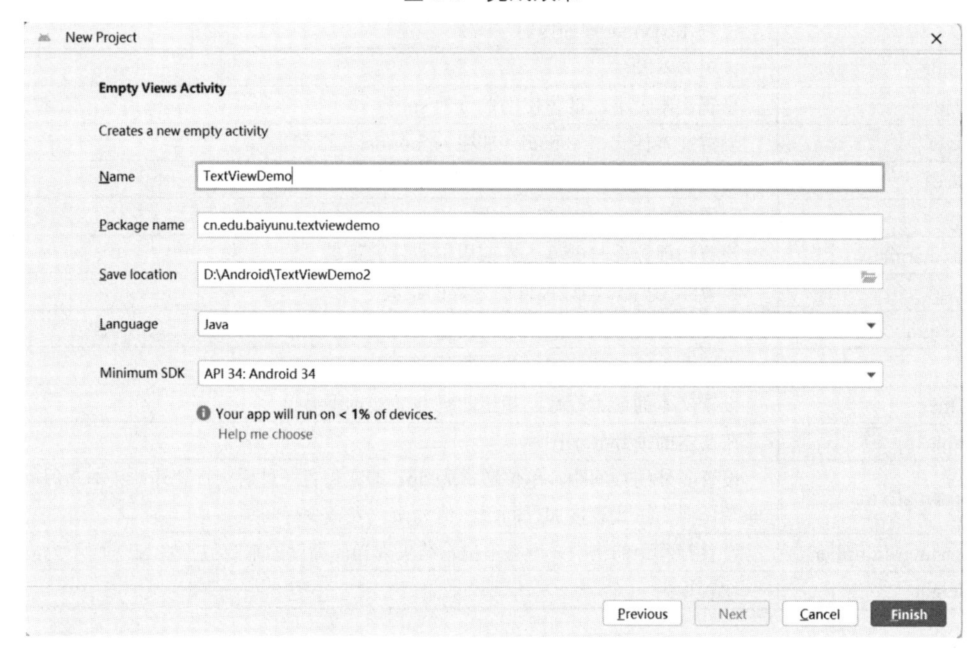

图 3-2　新建项目

（2）在 activity_main.xml 文件中，放置一个 TextView，程序代码如下。

```
<?xml version="1.0" encoding="utf-8"?>
<android.constraintlayout.widget.ConstraintLayout xmlns:android="http://schemas.android.com/apk/res/android"
    xmlns:app="http://schemas.android.com/apk/res-auto"
    xmlns:tools="http://schemas.android.com/tools"
    android:layout_width="match_parent"
    android:layout_height="match_parent"
    android:background="@color/red"
```

```
    tools:context=".MainActivity">

    <TextView
        android:layout_width="wrap_content"
        android:layout_height="wrap_content"
        android:text="Android Logo"
        android:drawableTop="@drawable/ic_launcher_foreground"
        app:layout_constraintBottom_toBottomOf="parent"
        app:layout_constraintEnd_toEndOf="parent"
        app:layout_constraintStart_toStartOf="parent"
        app:layout_constraintTop_toTopOf="parent" />
</android.constraintlayout.widget.ConstraintLayout>
```

注意，在上述程序代码中的 android:background="@color/red"处可能会报错，需要用户在 values 目录下的 colors.xml 文件中添加<color name="red">#FC1403</color>，等价于 red= "#fc1403"。对于本书中类似的配置，不再进行说明，用户可以自行补充。

3.1.2 EditText

EditText 继承 TextView，可以进行编辑操作。用户可以在 EditText 中输入信息，将信息传递给程序，还可以为 EditText 设置监听器，用来测试输入的信息是否合规。TextView 除了支持 TextView 的属性，还支持其他一些属性。EditText 的常用属性如表 3-3 所示。

表 3-3 EditText 的常用属性

属性	说明
hint	设置控件中内容为空时显示的提示
textColorHint	设置控件中内容为空时显示的提示的颜色
inputType	设置输入的文本类型，若有多种类型，则需要添加"|"分隔，如 text/phone/textPassword
maxLines	设置文本的最多行数
minLines	设置文本的最少行数
editable	设置是否可编辑

此外，可以在 EditText 中添加两个特殊的监听方法。一是添加 setOnEditorActionListener()方法，EditText 一旦被编辑就执行 setOnEditorActionListener()方法；二是添加 addTextChangedListener()方法，无论在何时，只要发生变化就触发 TextViewChanged 事件，为此需要实现 TextWatcher 接口。

两个监听方法的声明的一般形式如下。

```
public void setOnEditorActionListener(TextView.onEditorActionListener l)
public void addTextChangedListener(TextWatcher watch)
```

需要注意的是，setOnEditorActionListener()方法并不是在点击 EditText 时触发的，也不是在对 EditText 进行编辑时触发的，而是在 EditText 编辑完成之后按键盘上的各种键时触发的。

下面通过一个示例来介绍 EditText 的应用。当用户在屏幕上的 EditText 中输入信息后，按 Done 键或 Enter 键，会显示输入的信息。完成效果如图 3-3 所示。

其操作步骤如下。

（1）在一个指定目录（这里为 D:\Android 目录）中新建一个名为 EditViewDemo 的 Android 项目，指定包名为 cn.edu.baiyunu.editviewdemo，如图 3-4 所示。

图 3-3　完成效果

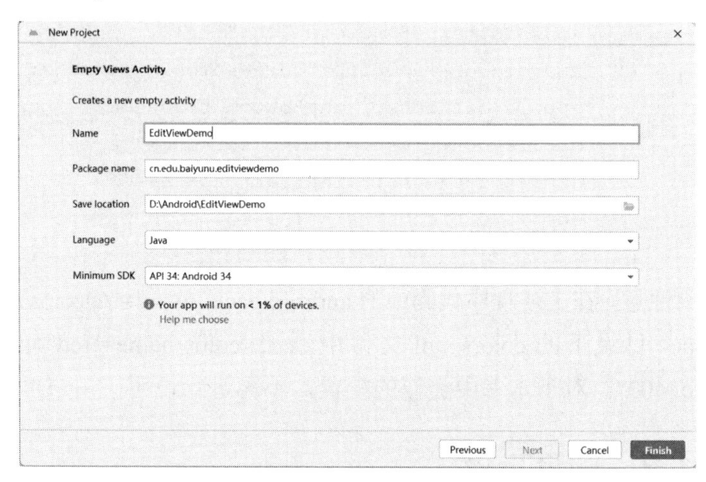

图 3-4　新建项目

（2）在 activity_main.xml 文件中，放置一个 TextView，用于显示标题；一个 EditText，用于供用户输入文本；一个 EditText，用于显示监听到的内容，程序代码如下。

```
<?xml version="1.0" encoding="utf-8"?>
<LinearLayout
    xmlns:android="http://schemas.android.com/apk/res/android"
    xmlns:app="http://schemas.android.com/apk/res-auto"
    xmlns:tools="http://schemas.android.com/tools"
    android:layout_width="match_parent"
    android:layout_height="match_parent"
    android:orientation="vertical"
    tools:context=".MainActivity">

    <TextView
        android:layout_width="wrap_content"
        android:layout_height="wrap_content"
        android:text="请输入姓名："
        android:textSize="30sp"/>
    <EditText
        android:id="@+id/et"
        android:layout_width="match_parent"
        android:layout_height="wrap_content"
        android:maxLines="5"
        android:imeOptions="actionDone"
        android:hint="请输入姓名"/>
```

```
    <TextView
        android:id="@+id/show"
        android:layout_width="wrap_content"
        android:layout_height="wrap_content"
        android:text=""
        android:textSize="20sp"/>
</LinearLayout>
```

（3）修改 MainActivity.java 文件，实现 EditText 的动作监听，程序代码如下。

```
package cn.edu.baiyunu.editviewdemo;

import androidx.appcompat.app.AppCompatActivity;
import android.annotation.SuppressLint;
import android.content.SharedPreferences;
import android.os.Bundle;
import android.text.Editable;
import android.text.TextWatcher;
import android.view.KeyEvent;
import android.view.inputmethod.EditorInfo;
import android.widget.AbsListView;
import android.widget.EditText;
import android.widget.ListAdapter;
import android.widget.TextView;
import android.widget.Toast;
import org.w3c.dom.Text;

public class MainActivity extends AppCompatActivity {
    private EditText et;
    private TextView show;

    @SuppressLint("MissingInflatedId")
    @Override
    protected void onCreate(Bundle savedInstanceState) {
        super.onCreate(savedInstanceState);
        setContentView(R.layout.activity_main);
        et = findViewById(R.id.et);
        show = findViewById(R.id.show);
        et.addTextChangedListener(new TextWatcher() {//监听 EditText 是否发生修改
            @Override
            public void beforeTextChanged(CharSequence charSequence, int i,
int i1, int i2) {//修改前执行的逻辑

            }
            @Override
```

```
            public void onTextChanged(CharSequence charSequence, int i, int
i1, int i2) {//修改过程中执行的逻辑

            }

            @Override
            public void afterTextChanged(Editable editable) {//修改后执行的逻辑
                show.setText("您输入的内容是: "+et.getText().toString());
            }
        });
        //监听修改后按指定键或命令执行
        et.setOnEditorActionListener(new TextView.OnEditorActionListener() {
            @Override
            public boolean onEditorAction(TextView textView, int i, KeyEvent
keyEvent) {
                //按 Done 键，跟 android:imeOptions="actionDone"对应
                if(i == EditorInfo.IME_ACTION_DONE)
                    show.setText("Editing EditorInfo.IME_ACTION_DONE");
                if(keyEvent.getKeyCode()==KeyEvent.KEYCODE_ENTER)
                    Toast.makeText(MainActivity.this,"输入完成",Toast.LENGTH_
SHORT).show();
                return false;//若为 false 则不返回软键盘，否则返回软键盘
            }
        });
    }
}
```

在上述程序代码中，若输入完成后按 Done 键，则会在 id 属性的值为 show 的文本框中显示“Editing EditorInfo.IME_ACTION_DONE”；若输入完成后按 Enter 键，则会显示“输入完成”。

3.1.3 AutoCompleteTextView

AutoCompleteTextView 是一个可以补全输入的 TextView。AutoCompleteTextView 是 EditText 的子类，继承了 EditView 的属性和方法。AutoCompleteTextView 的常用属性如表 3-4 所示。

表 3-4 AutoCompleteTextView 的常用属性

属性	说明
completionHint	设置显示下拉列表的提示题目
completionHintView	定义提示视图中显示下拉列表
completionThreshold	设置至少输入几个字符才会具有自动提示的功能

续表

属性	说明
dropDownAnchor	如果后面连接一个控件的 ID，那么会在这个控件下弹出自动提示；如果没有指定该属性，那么将使用该 AutoCompleteTextView 作为定位“锚点”
dropDownHeight	设置下拉列表的高度
dropDownWidth	设置下拉列表的宽度
popupBackground	设置下拉列表的背景
dropDownHorizontalOffset	指定下拉列表与文本之间的水平间距
dropDownVerticalOffset	指定下拉列表与文本之间的垂直间距
dropDownSelector	设置下拉列表的点击效果

AutoCompleteTextView 能够对用户输入的内容进行有效的扩充提示，不需要用户输入全部内容。默认必须输入至少两个字符才能提示，可以通过 setThreshold(i) 来更改，其中 i 为出现提示的最小输入字符数。

AutoCompleteTextView 的常用方法如表 3-5 所示。

表 3-5　AutoCompleteTextView 的常用方法

方法	说明
public void clearListSelection()	清除所有选项
public ListAdapter getAdapter()	取得数据集
public void setAdapter(T adapter)	设置数据集
public void setCompletionHint(CharSequence)	设置出现下拉列表的提示标题
public void setThreshold(int)	设置至少输入几个字符才会显示提示
public void setDropHeight (int)	设置下拉列表的高度
public void setDropWidth (int)	设置下拉列表的宽度
public void setDropDownBackgroundResource (int)	设置下拉列表的背景
public void setOnClickListener (View.OnClickListener listener)	设置点击事件
public void setOnItemClickListener (AdapterView.OnItemClickListener listener)	在选项上设置点击事件
public void setOnItemSelectedListener (AdapterView.OnItemSelectedListener listener)	设置在选项被选择时的点击事件

使用 AutoCompleteTextView 可以很好地帮助用户进行内容的输入。AutoCompleteTextView 可以和一个字符串数组或列表绑定。当用户输入两个及两个以上字符时，系统将在 AutoCompleteTextView 的下方列出字符串数组中的所有以输入字符开头的字符串。使用 AutoCompleteTextView 的关键是需要使用 setAdapter()方法指定一个 Adapter，如 this.Auto.setAdapter(Adapter);，其中 Adapter 是一个数据集，可以是字符串数组也可以是列表。

下面通过一个示例来介绍 AutoCompleteTextView 的应用。当用户在屏幕上的 AutoCompleteTextView 中输入信息后，会显示前缀与该信息一致的所有信息列表。完成效果如图 3-5、图 3-6 所示。

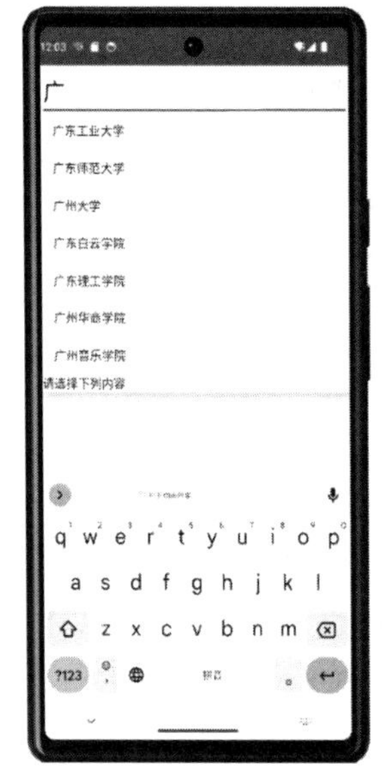

图 3-5　完成效果 1

图 3-6　完成效果 2

其操作步骤如下。

(1)在一个指定目录(这里为D:\Android目录)中新建一个名为AutoCompleteTextViewDemo的 Android 项目，指定包名为 cn.edu.baiyunu.autocompletetextviewdemo，如图 3-7 所示。

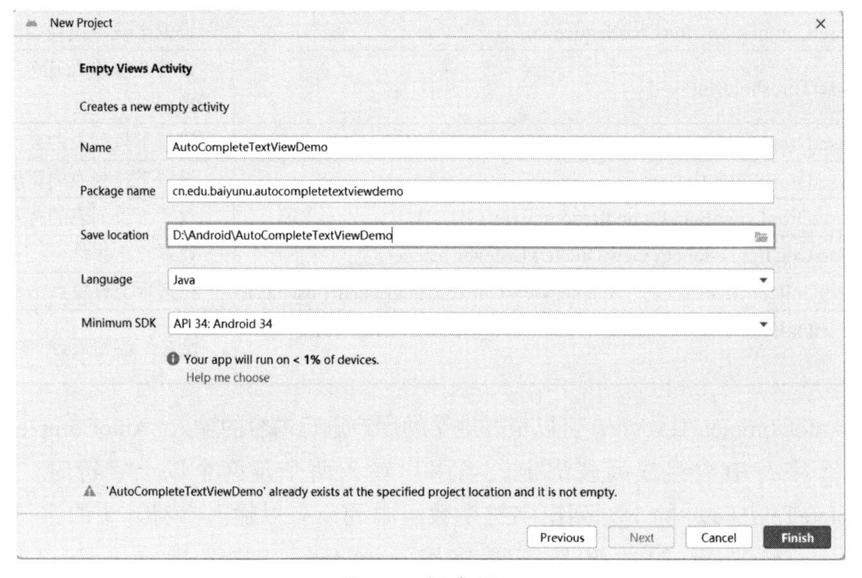

图 3-7　新建项目

(2) 在 activity_main.xml 文件中，放置一个 AutoCompleteTextView，用于显示输入的内容，程序代码如下。

```
<?xml version="1.0" encoding="utf-8"?>
<LinearLayout
    xmlns:android="http://schemas.android.com/apk/res/android"
    xmlns:app="http://schemas.android.com/apk/res-auto"
```

```
    xmlns:tools="http://schemas.android.com/tools"
    android:layout_width="match_parent"
    android:layout_height="match_parent"
    android:orientation="vertical"
    tools:context=".MainActivity">

    <AutoCompleteTextView
        android:layout_width="match_parent"
        android:layout_height="wrap_content"
        android:completionHint="请选择下列内容"
        android:textSize="30sp"
        android:id="@+id/autotext"
        android:dropDownHeight="wrap_content"
        android:dropDownWidth="match_parent"
        android:popupTheme="@color/cardview_light_background"/>
</LinearLayout>
```

（3）在 MainActivity.java 文件中，为 AutoCompleteTextView 指定一个 Adapter，即与数组进行绑定，当输入的内容与该数组的内容的前缀匹配时，显示相关的信息，程序代码如下。

```
package cn.edu.baiyunu.autocompletetextviewdemo;

import androidx.appcompat.app.AppCompatActivity;
import android.os.Bundle;
import android.view.View;
import android.widget.AdapterView;
import android.widget.ArrayAdapter;
import android.widget.AutoCompleteTextView;
import android.widget.Toast;

public class MainActivity extends AppCompatActivity {
    private AutoCompleteTextView autotext;
    private String[] arr = {"广东工业大学","广东师范大学","广州大学",
            "广东白云学院","广东理工学院","广州华商学院","广州音乐学院"};
    @Override
    protected void onCreate(Bundle savedInstanceState) {
        super.onCreate(savedInstanceState);
        setContentView(R.layout.activity_main);
        autotext = findViewById(R.id.autotext);
        ArrayAdapter<String> adapter = new
ArrayAdapter<>(this,android.R.layout.simple_list_item_1,arr);//定义数据集
        autotext.setAdapter(adapter);            //设置数据集
        autotext.setThreshold(1);                //设置至少输入几个字符才会显示提示
```

```
        autotext.setOnItemClickListener(new AdapterView.OnItemClickListener()
{
            @Override
            public void onItemClick(AdapterView<?> adapterView, View view,
int i, long l) {
                Toast.makeText(MainActivity.this,"你选择的是: "+arr[i],Toast.
LENGTH_SHORT).show();
            }
        });
    }
}
```

3.2 按钮控件

按钮控件是人机交互的一种重要控件。在添加按钮控件后，应该给其添加相应的事件监听器，这样在点击这些控件时就会触发相应的程序。

3.2.1 Button

Button 表示按钮，由于 Button 继承 TextView，因此它继承了 TextView 的属性。使用 Button 既可以显示文本又可以显示图片。同时，允许用户通过点击来执行操作，用于响应用户的一系列点击事件，以使程序更加流畅和完整。使用 Button 实现点击事件的方式主要如下。

1. 使用 onClick 属性

（1）对 Button 添加 onClick 属性，属性值为后台方法名，程序代码如下。

```
<Button
    android:layout_width="wrap_content"
    android:layout_height="wrap_content"
    android:text="提交"
    android:onClick="button_click"
    android:textSize="20sp"/>
```

（2）在 MainActivity 中添加属性对应的方法，程序代码如下。

```
public class MainActivity extends AppCompatActivity {
    @Override
    protected void onCreate(Bundle savedInstanceState) {
        super.onCreate(savedInstanceState);
        setContentView(R.layout.activity_main);
```

```
    }
    public void button_click(View view) {
        Log.i("MyTag","给 onClick 属性设置的方法");
    }
}
```

注意，MainActivity 中实现的方法名必须和 onClick 属性的值一致。

2．使用自定义类

（1）在 activity_main.xml 文件中添加一个 Button，不需要为其添加 onClick 属性，程序代码如下。

```
<Button
    android:id="@+id/bt"
    android:layout_width="wrap_content"
    android:layout_height="wrap_content"
    android:text="提交"
    android:textSize="20sp"/>
```

（2）在 MainActivity.java 文件中自定义一个类，继承 View.OnClickListener 接口，程序代码如下。

```
class MyButtonClickListener implements View.OnClickListener{

    @Override
    public void onClick(View view) {
        Log.i("myTag","自定义类继承 View.OnCliCkListener 接口实现 onClick()方法");
    }
}
```

（3）添加一个自定义的点击事件监听器，事件处理程序为 MyButtonClickListener 对象，程序代码如下。

```
public class MainActivity extends AppCompatActivity {

    @Override
    protected void onCreate(Bundle savedInstanceState) {
        super.onCreate(savedInstanceState);
        setContentView(R.layout.activity_main);
        Button bt= findViewById(R.id.bt);
        bt.setOnClickListener(new MyButtonClickListener());

    }
}
```

3．使用匿名内部类

（1）在 activity_main.xml 文件中添加一个 Button，程序代码如下。

```
<Button
```

```
    android:id="@+id/bt"
    android:layout_width="wrap_content"
    android:layout_height="wrap_content"
    android:text="提交"
    android:textSize="20sp"/>
```

（2）在 MainActivity.java 文件的类中为该控件注册事件监听器，事件处理程序为匿名内部类。

```
public class MainActivity extends AppCompatActivity {
    @Override
    protected void onCreate(Bundle savedInstanceState) {
        super.onCreate(savedInstanceState);
        setContentView(R.layout.activity_main);
        Button bt= findViewById(R.id.bt);
        bt.setOnClickListener(new View.OnClickListener(){

            @Override
            public void onClick(View view) {
                Log.i("myTag","通过匿名内部类实现 onClick()方法");
            }
        });
    }
}
```

4．使用内部类

先在 activity_main.xml 文件中添加一个 Button，再在 MainActivity.java 文件的类中创建一个实现了 View.OnClickListener 接口的内部类，最后为 Button 注册事件监听器，事件处理程序为内部类，程序代码如下。

```
public class MainActivity extends AppCompatActivity {
    @Override
    protected void onCreate(Bundle savedInstanceState) {
        super.onCreate(savedInstanceState);
        setContentView(R.layout.activity_main);
        Button bt= findViewById(R.id.bt);
        bt.setOnClickListener(new MyListener());
    }
    class MyListener implements View.OnClickListener{

        @Override
        public void onClick(View view) {
            Log.i("myTag","通过内部类实现 onClick()方法");
        }
```

```
        }
    }
```

5. 使用自身类

先在 activity_main.xml 文件中添加一个 Button，再使用 MainActivity 实现 View.OnClickListener 接口，最后为 Button 注册事件监听器，事件处理程序为自身类，程序代码如下。

```
    public class MainActivity extends AppCompatActivity implements
View.OnClickListener {

        @Override
        protected void onCreate(Bundle savedInstanceState) {
            super.onCreate(savedInstanceState);
            setContentView(R.layout.activity_main);
            Button bt= findViewById(R.id.bt);
            bt.setOnClickListener(this);//本类实现了监听接口
        }
        @Override
        public void onClick(View view) {
            Log.i("myTag","通过自身类实现 onClick()方法");
        }
    }
```

下面通过一个示例来介绍 Button 的应用。当用户在屏幕上的两个 EditText 中都输入信息后，点击“Submit”按钮，会显示用户输入的信息；当用户在屏幕上的两个 EditText 中都不输入信息时，点击“Submit”按钮，会显示“Nothing input”；当用户在屏幕上的两个 EditText 中都输入信息后，点击“Reset”按钮，会显示“Clear successfully”；当用户点击“Cancel”按钮时，会退出当前界面。完成效果如图 3-8 所示。

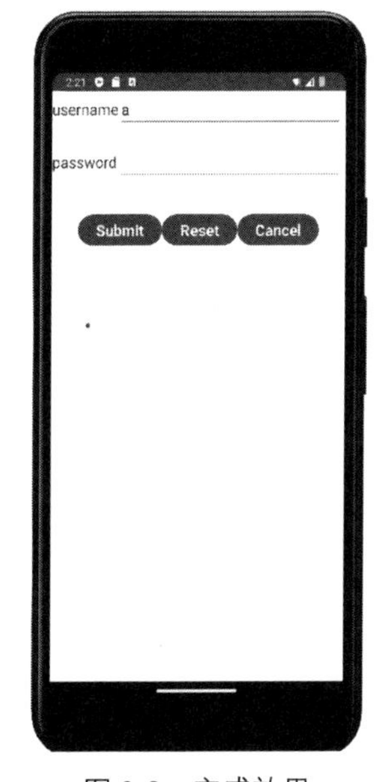

图 3-8　完成效果

（1）在一个指定目录（这里为 D:\Android 目录）中新建一个名为 ButtonDemo 的 Android 项目，指定包名为 cn.edu.baiyunu.buttondemo，如图 3-9 所示。

（2）在 activity_main.xml 文件中添加三个 TextView、两个 EditText、三个 Button。对于其中的一个 TextView，当用户输入用户名和密码并点击“Submit”按钮时，显示对应的信息，程序代码如下。

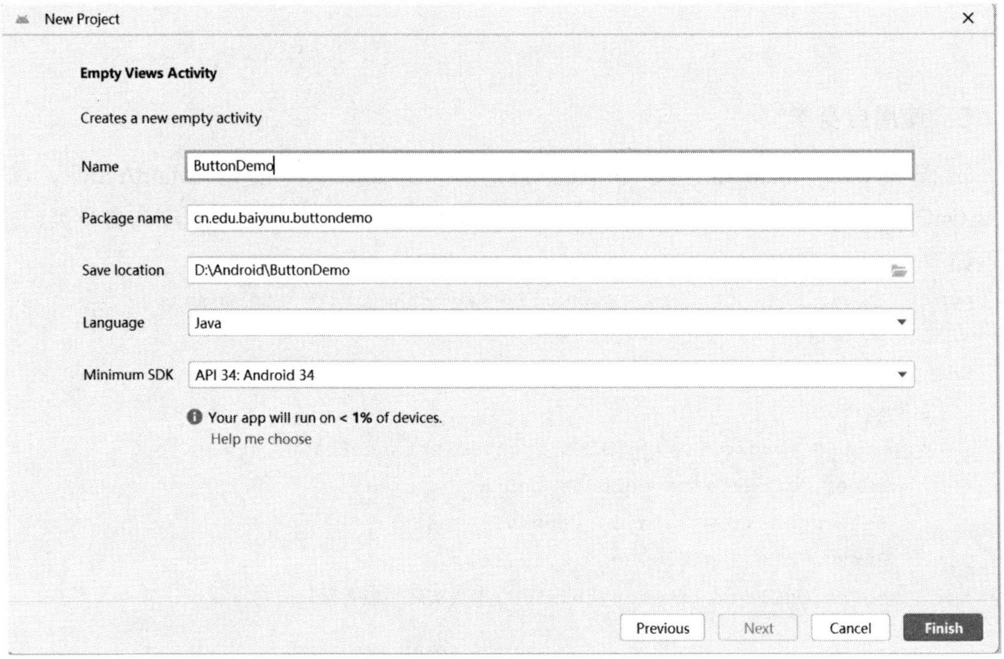

New Project

Empty Views Activity

Creates a new empty activity

Name ButtonDemo

Package name cn.edu.baiyunu.buttondemo

Save location D:\Android\ButtonDemo

Language Java

Minimum SDK API 34: Android 34

Your app will run on < 1% of devices.

Help me choose

Previous Next Cancel Finish

图 3-9 新建项目

```
<?xml version="1.0" encoding="utf-8"?>
<LinearLayout
    xmlns:android="http://schemas.android.com/apk/res/android"
    xmlns:app="http://schemas.android.com/apk/res-auto"
    xmlns:tools="http://schemas.android.com/tools"
    android:layout_width="match_parent"
    android:layout_height="match_parent"
    android:orientation="vertical"
    tools:context=".MainActivity">
    <LinearLayout
        android:layout_width="match_parent"
        android:layout_height="wrap_content"
        android:orientation="horizontal">
        <TextView
            android:layout_width="wrap_content"
            android:layout_height="wrap_content"
            android:textSize="20sp"
            android:text="username"/>
        <EditText
            android:layout_width="300sp"
            android:layout_height="wrap_content"
            android:layout_marginBottom="20sp"
            android:id="@+id/et1"
            android:textSize="20sp"
```

```
            android:maxLines="5" />
    </LinearLayout>
    <LinearLayout
        android:layout_width="match_parent"
        android:layout_height="wrap_content"
        android:orientation="horizontal">
        <TextView
            android:layout_width="wrap_content"
            android:layout_height="wrap_content"
            android:textSize="20sp"
            android:text="password"/>
        <EditText
            android:layout_width="300sp"
            android:layout_height="wrap_content"
            android:layout_marginBottom="20sp"
            android:id="@+id/et2"
            android:inputType="textPassword"
            android:textSize="20sp"
            android:maxLines="5"/>
    </LinearLayout>
    <TextView
        android:id="@+id/tv"
        android:layout_width="wrap_content"
        android:layout_height="wrap_content"
        android:text=""
        android:textColor="@color/red"/>
    <LinearLayout
        android:layout_width="match_parent"
        android:layout_height="wrap_content"
        android:orientation="horizontal"
        android:gravity="center|bottom">
        <Button
            android:id="@+id/bt1"
            android:layout_width="wrap_content"
            android:layout_height="wrap_content"
            android:text="Submit"
            android:onClick="button_click"
            android:textSize="20sp"/>
        <Button
            android:id="@+id/bt2"
            android:layout_width="wrap_content"
            android:layout_height="wrap_content"
            android:text="Reset"
```

```
            android:onClick="button_click"
            android:textSize="20sp"/>
        <Button
            android:id="@+id/bt3"
            android:layout_width="wrap_content"
            android:layout_height="wrap_content"
            android:text="Cancel"
            android:onClick="button_click"
            android:textSize="20sp" />
    </LinearLayout>
</LinearLayout>
```

（3）在 MainActivity.java 文件中为三个 Button 添加对应对象的点击事件监听器，并在各自的 onClick()方法中完善事件处理逻辑，程序代码如下。

```
package cn.edu.baiyunu.buttondemo;

import androidx.appcompat.app.AppCompatActivity;
import android.os.Bundle;
import android.provider.Settings;
import android.text.Editable;
import android.text.TextWatcher;
import android.util.Log;
import android.view.KeyEvent;
import android.view.View;
import android.widget.Button;
import android.widget.EditText;
import android.widget.TextView;
import android.widget.Toast;

public class MainActivity extends AppCompatActivity {
    private EditText et1,et2;
    private Button bt1,bt2,bt3;
    private TextView tv;
    @Override
    protected void onCreate(Bundle savedInstanceState) {
        super.onCreate(savedInstanceState);
        setContentView(R.layout.activity_main);
        Button bt1= findViewById(R.id.bt1);
        Button bt2= findViewById(R.id.bt2);
        Button bt3= findViewById(R.id.bt3);
        et1 = findViewById(R.id.et1);
        et2 = findViewById(R.id.et2);
        tv = findViewById(R.id.tv);
        bt1.setOnClickListener(new View.OnClickListener() {
```

```
            @Override
            public void onClick(View view) {
                if(!et1.getText().equals("")||!et2.getText().equals("")){
                    tv.setText(et1.getText()+""+et2.getText());
                }else{
                    Toast.makeText(MainActivity.this,"Nothing input",Toast.
LENGTH_SHORT).show();
                }
            }
        });
        bt2.setOnClickListener(new View.OnClickListener() {
            @Override
            public void onClick(View view) {
                et1.setText("");
                et2.setText("");
                Toast.makeText(MainActivity.this,"Clear successfully",Toast.
LENGTH_SHORT).show();
            }
        });
        bt3.setOnClickListener(new View.OnClickListener() {
            @Override
            public void onClick(View view) {
                finish();
            }
        });
    }
}
```

3.2.2 ToggleButton 与 Switch

下面介绍基本控件开关按钮 ToggleButton 和开关 Switch，它们都有开和关两种状态，在不同的状态下可以有不同的文本。二者的区别是后者在 Android 4.0 以后支持，需要在 AndroidManifest.xml 文件中设置 minSdk 属性的值大于或等于 14，否则会报错。

ToggleButton 的常用属性如表 3-6 所示。

表 3-6 ToggleButton 的常用属性

属性	说明
disabledAlpha	设置 ToggleButton 在禁用时的透明度
textOff	设置 ToggleButton 没有被选中时显示的文字
textOn	设置 ToggleButton 被选中时显示的文字

Switch 的常用属性如表 3-7 所示。

表 3-7　Switch 的常用属性

属性	说明
showText	设置处于打开/关闭状态时是否显示文字，值为布尔值
splitTrack	定义是否设置一个间隙，让滑块与底部图片分隔，值为布尔值
switchMinWidth	设置开关的最小宽度
switchPadding	设置滑块内文字的间隔
switchTextAppearance	设置文字外观
textOff	设置 Switch 没有被选中时显示的文字
textOn	设置 Switch 被选中时显示的文字
textStyle	设置文字风格
track	设置底部的图片
thumb	设置滑块上的图片
typeface	设置字体，默认支持 sans、serif、monospace。此外，还可以使用其他字体。要使用其他字体，应将字体文件保存在 assets\fonts\目录中，不过需要在 Java 代码中设置 Typeface typeFace =Typeface.createFromAsset(getAssets(),"fonts/HandmadeTypewriter.ttf"); textView.setTypeface(typeFace);

下面通过一个示例来介绍这 ToggleButton 与 Switch 的应用。分别放置一个 ToggleButton 和一个 Switch，点击控件时，显示结果。完成效果如图 3-10、图 3-11 所示。

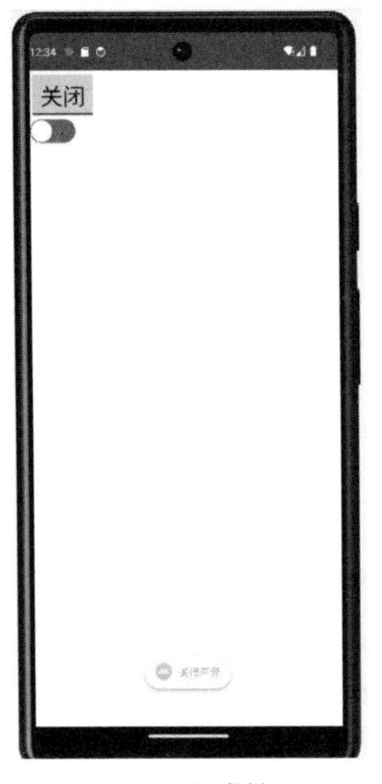

图 3-10　完成效果 1

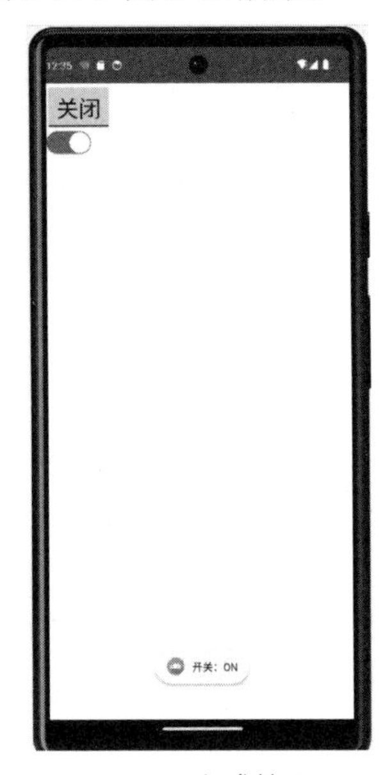

图 3-11　完成效果 2

其操作步骤如下。

（1）在一个指定目录（这里为 D:\Android 目录）中新建一个名为 ToggleButtonDemo 的 Android 项目，指定包名为 cn.edu.baiyunu.togglebuttondemo，如图 3-12 所示。

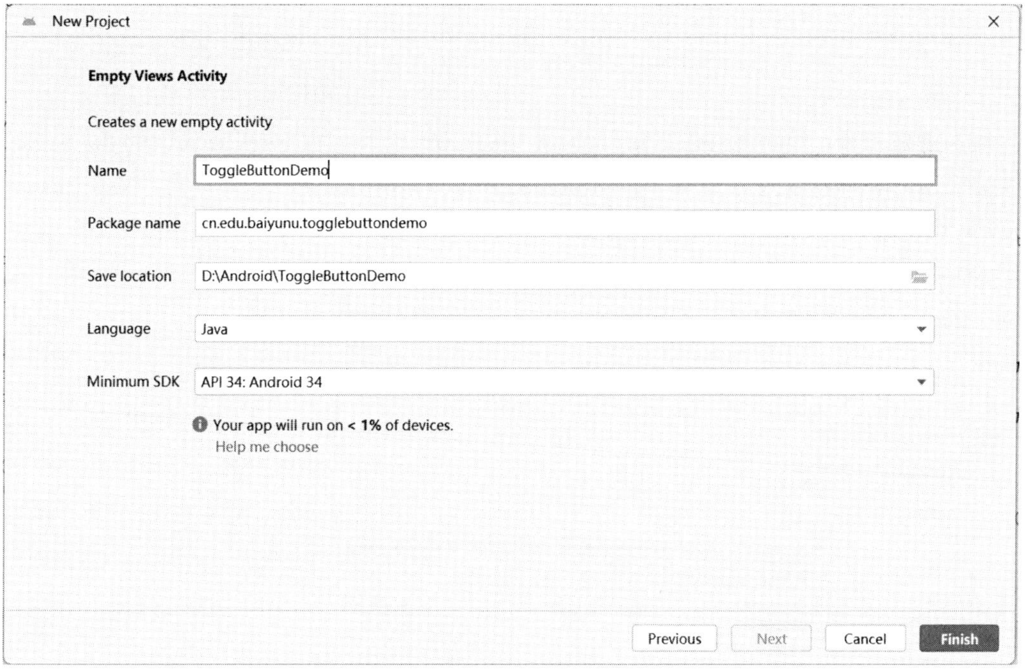

New Project

Empty Views Activity

Creates a new empty activity

Name ToggleButtonDemo

Package name cn.edu.baiyunu.togglebuttondemo

Save location D:\Android\ToggleButtonDemo

Language Java

Minimum SDK API 34: Android 34

Your app will run on < 1% of devices.

Help me choose

Previous Next Cancel Finish

图 3-12 新建项目

（2）在 activity_main.xml 文件中添加一个 ToggleButton 和一个 Switch，程序代码如下。

```
<?xml version="1.0" encoding="utf-8"?>
<LinearLayout
    xmlns:android="http://schemas.android.com/apk/res/android"
    xmlns:app="http://schemas.android.com/apk/res-auto"
    xmlns:tools="http://schemas.android.com/tools"
    android:layout_width="match_parent"
    android:layout_height="match_parent"
    android:orientation="vertical"
    tools:context=".MainActivity">
    <ToggleButton
        android:id="@+id/tb"
        android:layout_width="wrap_content"
        android:layout_height="wrap_content"
        android:checked="true"
        android:textOn="打开"
        android:textOff="关闭"
        android:textSize="30sp"/>
    <Switch
        android:id="@+id/sw"
        android:layout_width="wrap_content"
        android:layout_height="wrap_content"
        android:textOff=""
        android:textOn=""
```

```
        android:thumb="@drawable/shape_thumb"
        android:track="@drawable/shape_track"/>
</LinearLayout>
```

（3）创建 shape_thumb.xml 文件和 shape_track.xml 文件。右击 res 目录中的 drawable 文件夹，在弹出的快捷菜单中选择“Drawable Resource File”命令，在打开的“New Resource File”对话框的“File name”文本框中输入“shape_thumb”，在“Root element”文本框中输入“shape”，点击“OK”按钮，shape_thumb.xml 文件即创建完成，如图 3-13 所示。创建 shape_track.xml 文件的方法与创建 shape_thumb.xml 文件的方法相同。

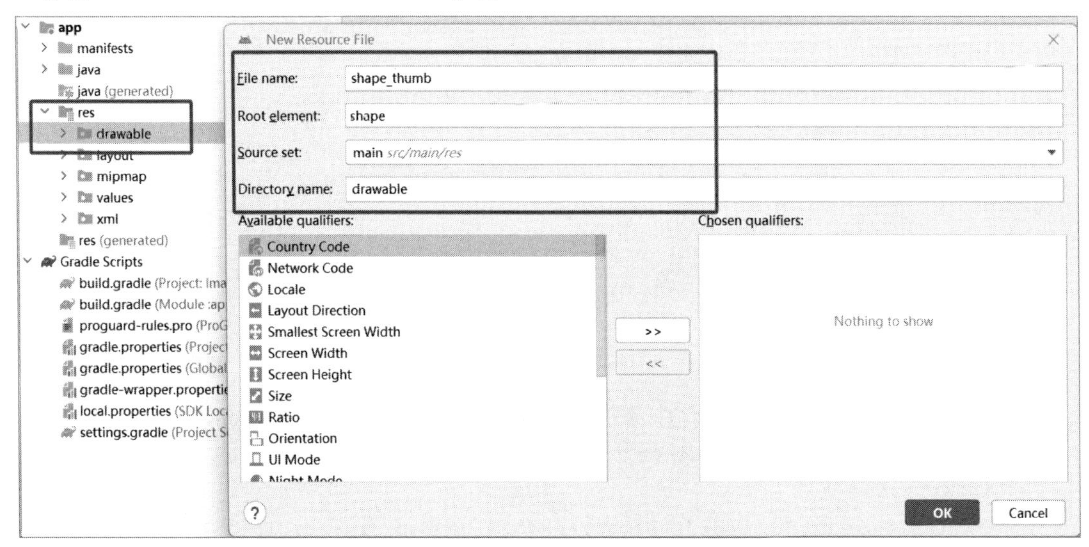

图 3-13　“New Resource File”对话框

shape_thumb.xml 文件的程序代码如下。

```
<?xml version="1.0" encoding="utf-8"?>
<shape xmlns:android="http://schemas.android.com/apk/res/android"
    android:shape="oval">
    <size android:height="30sp" android:width="30sp"/>
    <corners android:radius="5sp"/>
    <solid android:color="#ffffff"/>
    <stroke android:width="1sp" android:color="#4aa361"/>
</shape>
```

shape_track.xml 文件的程序代码如下。

```
<?xml version="1.0" encoding="utf-8"?>
<shape xmlns:android="http://schemas.android.com/apk/res/android"
    android:shape="rectangle">
    <size android:width="40sp" android:height="25sp"/>
    <corners android:radius="30sp"/>
    <solid android:color="#4aa361"/>
</shape>
```

（4）在 MainActivity.java 文件中为 ToggleButton 和 Switch 添加相应的事件监听器，用

来监听控件状态修改事件，同时编写这两个控件的状态修改逻辑，程序代码如下。

```
    package cn.edu.baiyunu.togglebuttondemo;

    import androidx.appcompat.app.AppCompatActivity;
    import android.graphics.drawable.Drawable;
    import android.os.Bundle;
    import android.widget.CompoundButton;
    import android.widget.Switch;
    import android.widget.Toast;
    import android.widget.ToggleButton;

    public class MainActivity extends AppCompatActivity {
        ToggleButton toggleButton;
        Switch aSwitch;
        @Override
        protected void onCreate(Bundle savedInstanceState) {
            super.onCreate(savedInstanceState);
            setContentView(R.layout.activity_main);
            toggleButton = findViewById(R.id.tb);
            aSwitch = findViewById(R.id.sw);
            toggleButton.setOnCheckedChangeListener(new CompoundButton.
OnCheckedChangeListener() {
                @Override
                public void onCheckedChanged(CompoundButton compoundButton,
boolean b) {
                    if(b){
                        Toast.makeText(MainActivity.this,"打开声音",Toast.LENGTH_
SHORT).show();
                    }else{
                        Toast.makeText(MainActivity.this,"关闭声音",Toast.LENGTH_
SHORT).show();
                    }
                }
            });
            aSwitch.setOnCheckedChangeListener(new CompoundButton.
OnCheckedChangeListener() {
                @Override
                public void onCheckedChanged(CompoundButton compoundButton,
boolean b) {
                    if(b){
                        Toast.makeText(MainActivity.this,"开关：ON",Toast.LENGTH_
SHORT).show();
                    }else{
```

```
                        Toast.makeText(MainActivity.this,"开关: oFF",Toast.LENGTH_
SHORT).show();
                    }
                }
            });
        }
    }
```

3.3 Toast

Toast 是一个常用的轻量级提示控件，是一种很方便的消息提示框，显示在应用的最上方。在屏幕中可以显示一个提示框，这个提示框不会打断当前操作，不需要任何按钮，也不会获得焦点，出现一段时间后会自动消失。显示提示框的一般形式如下。

```
Toast.makeText(Context,Text,Time).show();
```

其中，Context 表示应用环境，即当前组件的上下文环境；Text 表示提示的字符串；Time 表示显示信息的时长，值包括 Toast.LENGTH_SHORT 和 Toast.LENGTH_LONG，分别表示显示较短时间和较长时间。

下面通过一个示例来介绍 Toast 的应用。开发一个注册界面，当其中的信息不完整时，点击“注册”按钮会提示“信息不完整”；当用户输入用户名和密码后，点击“注册”按钮会提示“注册成功”；当用户点击“取消”按钮后会清空所有输入的内容。完成效果如图 3-14 和图 3-15 所示。

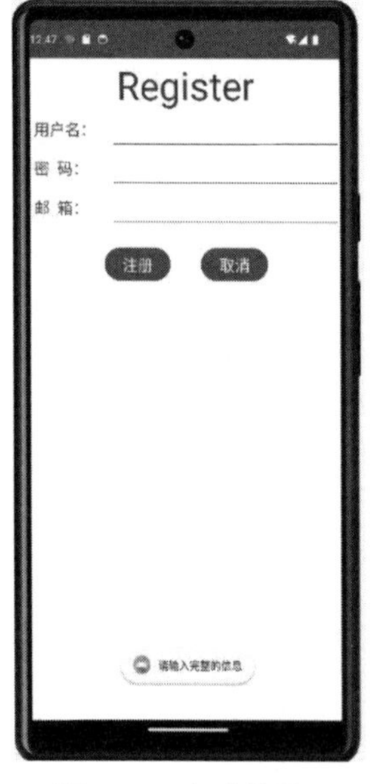

图 3-14　完成效果 1

图 3-15　完成效果 2

其操作步骤如下。

（1）在一个指定目录（这里为 D:\Android 目录）中新建一个名为 ToastDemo 的 Android 项目，指定包名为 cn.edu.baiyunu.toastdemo，如图 3-16 所示。

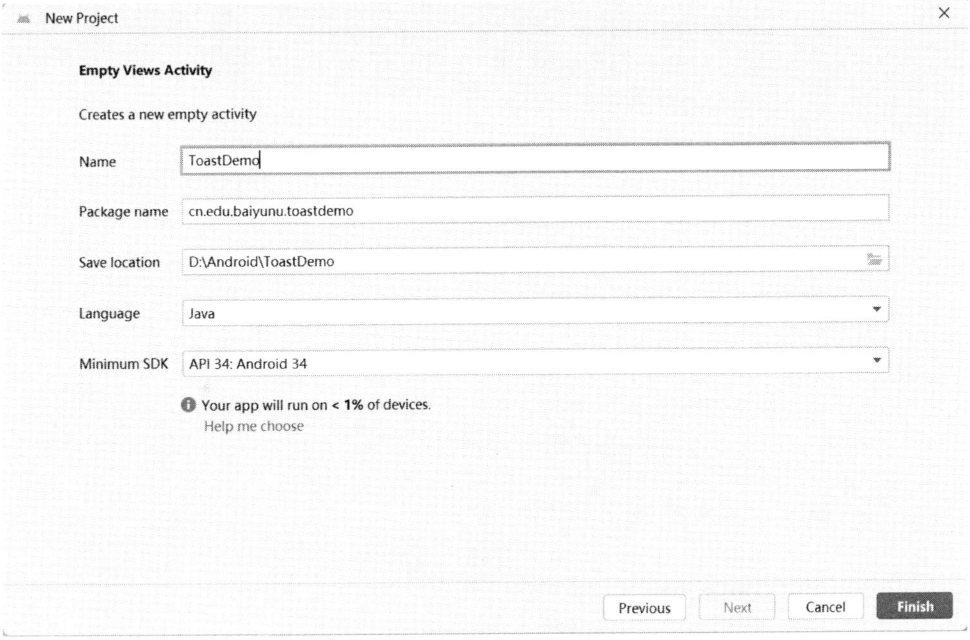

New Project

Empty Views Activity

Creates a new empty activity

Name	ToastDemo
Package name	cn.edu.baiyunu.toastdemo
Save location	D:\Android\ToastDemo
Language	Java
Minimum SDK	API 34: Android 34

Your app will run on < 1% of devices.
Help me choose

Previous Next Cancel Finish

图 3-16 新建项目

（2）在 activity_main.xml 文件中添加四个 TextView、三个 EditView 和两个 Button，并通过设置布局及控件属性调整控件的显示结果，程序代码如下。

```
<?xml version="1.0" encoding="utf-8"?>
<LinearLayout
    xmlns:android="http://schemas.android.com/apk/res/android"
    xmlns:app="http://schemas.android.com/apk/res-auto"
    xmlns:tools="http://schemas.android.com/tools"
    android:layout_width="match_parent"
    android:layout_height="match_parent"
    android:orientation="vertical"
    tools:context=".MainActivity">

    <TextView
        android:layout_width="wrap_content"
        android:layout_height="wrap_content"
        android:text="Register"
        android:textSize="50dp"
        android:layout_gravity="center"/>
    <LinearLayout
        android:layout_width="match_parent"
        android:layout_height="wrap_content"
        android:orientation="horizontal"
```

```
        android:layout_marginLeft="5sp">
        <TextView
            android:layout_width="80sp"
            android:layout_height="wrap_content"
            android:textSize="20sp"
            android:text="用户名: "/>
        <EditText
            android:id="@+id/et_name"
            android:layout_width="wrap_content"
            android:layout_height="50sp"
            android:layout_weight="1"/>
    </LinearLayout>
    <LinearLayout
        android:layout_width="match_parent"
        android:layout_height="wrap_content"
        android:orientation="horizontal"
        android:layout_marginLeft="5sp">
        <TextView
            android:layout_width="80sp"
            android:layout_height="wrap_content"
            android:textSize="20sp"
            android:text="密 码: "/>
        <EditText
            android:id="@+id/et_password"
            android:layout_width="wrap_content"
            android:layout_height="50sp"
            android:layout_weight="1"
            android:inputType="textPassword"/>
    </LinearLayout>
    <LinearLayout
        android:layout_width="match_parent"
        android:layout_height="wrap_content"
        android:orientation="horizontal"
        android:layout_marginLeft="5sp">
        <TextView
            android:layout_width="80sp"
            android:layout_height="wrap_content"
            android:textSize="20sp"
            android:text="邮箱: "/>
        <EditText
            android:id="@+id/et_email"
            android:layout_width="wrap_content"
            android:layout_height="50sp"
```

```
            android:layout_weight="1"
            android:inputType="textEmailSubject"/>
    </LinearLayout>
    <LinearLayout
        android:layout_width="match_parent"
        android:layout_height="wrap_content"
        android:gravity="center"
        android:orientation="horizontal">
        <Button
            android:layout_width="wrap_content"
            android:layout_height="wrap_content"
            android:layout_margin="20sp"
            android:id="@+id/bt_rg"
            android:text="注册"
            android:gravity="center"
            android:textSize="20sp"/>
        <Button
            android:layout_width="wrap_content"
            android:layout_height="wrap_content"
            android:layout_margin="20sp"
            android:id="@+id/bt_cancel"
            android:text="取消"
            android:gravity="center"
            android:textSize="20sp"/>
    </LinearLayout>
</LinearLayout>
```

（3）修改 MainActivity.java 文件，为“注册”按钮及“取消”按钮添加自定义的点击事件监听器，并完善相应的事件处理程序，程序代码如下。

```
package cn.edu.baiyunu.toastdemo;

import androidx.appcompat.app.AppCompatActivity;
import android.os.Bundle;
import android.view.View;
import android.widget.Button;
import android.widget.EditText;
import android.widget.Toast;

public class MainActivity extends AppCompatActivity {
    EditText et_name,et_password,et_email;
    Button bt_rg,bt_cancel;
    @Override
    protected void onCreate(Bundle savedInstanceState) {
        super.onCreate(savedInstanceState);
```

```
        setContentView(R.layout.activity_main);
        et_name=findViewById(R.id.et_name);
        et_password = findViewById(R.id.et_password);
        et_email = findViewById(R.id.et_email);
        bt_rg = findViewById(R.id.bt_rg);
        bt_cancel = findViewById(R.id.bt_cancel);
        bt_rg.setOnClickListener(new View.OnClickListener() {
            @Override
            public void onClick(View view) {
                if(et_name.getText().toString().equals("")||
                        et_password.getText().toString().equals("")||
                        et_email.getText().toString().equals("")){
                    Toast.makeText(MainActivity.this,"请输入完整的信息",Toast.
LENGTH_LONG).show();
                }else{
                    Toast.makeText(MainActivity.this,"注册成功",Toast.LENGTH_
LONG).show();
                }
            }
        });
        bt_cancel.setOnClickListener(new View.OnClickListener() {
            @Override
            public void onClick(View view) {
                et_email.setText("");
                et_name.setText("");
                et_password.setText("");
            }
        });
    }
}
```

3.4 图形图像控件

图形图像控件在当前的 Android 应用开发中是十分常用的控件。本节主要介绍 ImageView 和 ImageSwitcher 这两个图形图像控件。

3.4.1 ImageView

ImageView 继承 View，功能是在屏幕中显示图片，可以加载各种图片，并进行缩放、裁剪、着色（渲染）等。ImageView 的常用属性如表 3-8 所示。

表 3-8　ImageView 的常用属性

属性	说明
layout_width	设置 ImageView 的宽度
layout_height	设置 ImageView 的高度
id	设置 ImageView 的唯一标识
background	设置 ImageView 的背景
layout_margin	设置当前控件与屏幕边界或周围控件的距离
src	设置 ImageView 需要显示的图片
scaleType	对图片进行缩放或移动，以适应 ImageView 的宽度和高度
tint	将图片渲染成指定的颜色

下面通过一个示例来介绍 ImageView 的应用。在没有输入用户名和密码时，点击“登录”按钮会提示“请输入用户名和密码”；在已输入用户名和密码时，点击“登录”按钮会提示“用户名，login successful”。完成效果如图 3-17 所示。

其操作步骤如下。

（1）在一个指定目录（这里为 D:\Android 目录）中新建一个名为 ImageViewDemo 的 Android 项目，指定包名为 cn.edu.baiyunu.imageviewdemo，如图 3-18 所示。

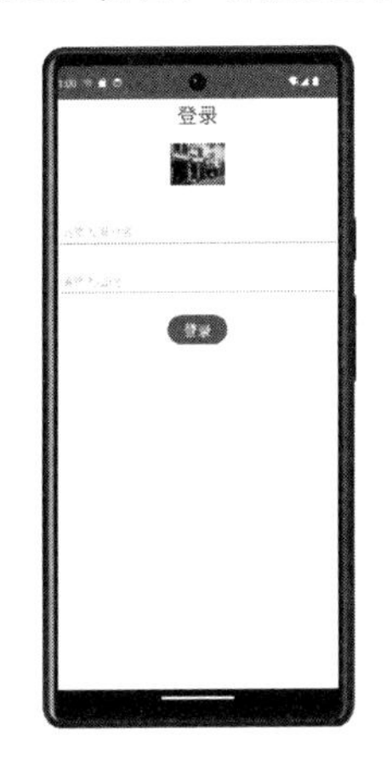

图 3-17　完成效果

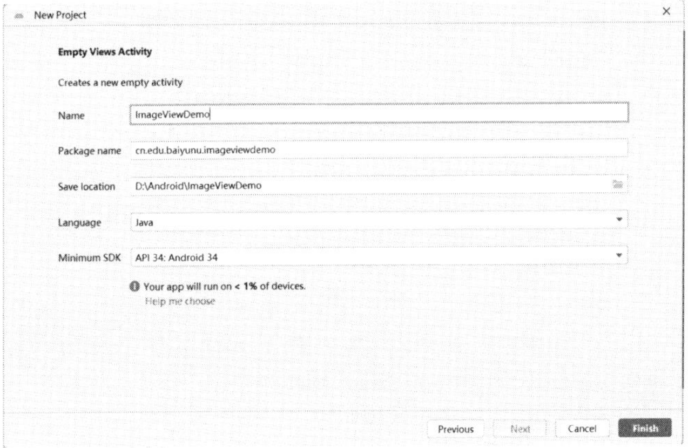

图 3-18　新建项目

（2）准备图片，将图片添加到 drawable 文件夹中，如图 3-19 所示。

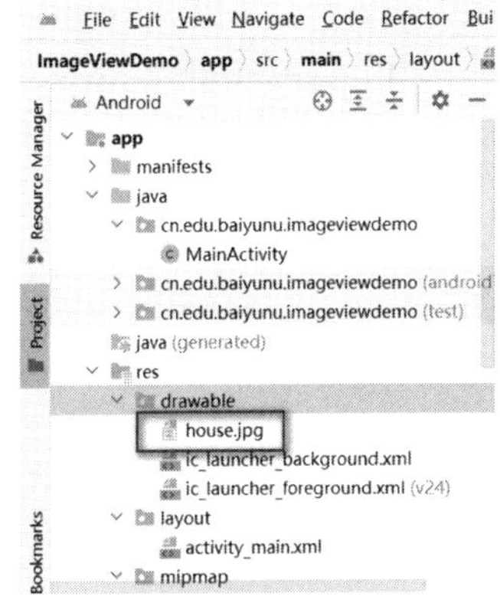

图 3-19　添加图片

（3）修改 activity_main.xml 文件，添加两个 EditText、一个 ImageView 和一个 Button，程序代码如下。

```
    <?xml version="1.0" encoding="utf-8"?>
    <LinearLayout
        xmlns:android="http://schemas.android.com/
apk/res/android"
        xmlns:app="http://schemas.android.com/apk/
res-auto"
        xmlns:tools="http://schemas.android.com/
tools"
```

```
    android:layout_width="match_parent"
    android:layout_height="match_parent"
    android:orientation="vertical"
    tools:context=".MainActivity">
    <ImageView
        android:id="@+id/image"
        android:layout_width="80sp"
        android:layout_height="80sp"
        android:layout_gravity="center"
        android:layout_margin="30sp"
        android:src="@drawable/pinge"/>
    <EditText
        android:layout_width="match_parent"
        android:layout_height="50sp"
        android:layout_marginTop="20sp"
        android:hint="请输入用户名"
        android:id="@+id/et_user"/>
    <EditText
        android:layout_width="match_parent"
        android:layout_height="50sp"
        android:layout_marginTop="20sp"
        android:hint="请输入密码"
        android:id="@+id/et_password"/>
    <Button
        android:layout_width="wrap_content"
        android:layout_height="wrap_content"
        android:layout_gravity="center"
        android:layout_marginTop="20sp"
        android:text="登录"
        android:id="@+id/bt_login"
        android:textSize="20sp"/>
</LinearLayout>
```

（4）修改 MainActivity.java 文件，为 ImageView 添加点击事件监听器，程序代码如下。

```
package cn.edu.baiyunu.imageviewdemo;

import androidx.appcompat.app.AppCompatActivity;
import android.os.Bundle;
import android.view.View;
import android.widget.Button;
import android.widget.EditText;
import android.widget.Toast;

public class MainActivity extends AppCompatActivity {
```

```
        Button bt_login;
        EditText et_user,et_password;
        @Override
        protected void onCreate(Bundle savedInstanceState) {
            super.onCreate(savedInstanceState);
            setContentView(R.layout.activity_main);
            bt_login = findViewById(R.id.bt_login);
            et_user = findViewById(R.id.et_user);
            et_password = findViewById(R.id.et_password);
            bt_login.setOnClickListener(new View.OnClickListener() {
                @Override
                public void onClick(View view) {
                    if(et_user.getText().toString().equals("")||et_password.
getText().toString().equals("")){
                        Toast.makeText(MainActivity.this,"请输入用户名和密码",Toast.
LENGTH_LONG).show();
                    }else{
                        Toast.makeText(MainActivity.this,
                                et_user.getText().toString()+",login successful",
Toast.LENGTH_LONG).show();
                    }
                }
            });
        }
    }
```

3.4.2 ImageSwitcher

ImageSwitcher 是一个图片切换器，可以实现类似于 Windows 的照片查看器中的上一张、下一张切换图片的功能。它间接继承 FrameLayout。和 ImageView 相比，ImageSwitcher 多了一个功能，就是在显示的图片切换时，可以设置动画效果，如设置淡进淡出、左进右出滑动等效果。这是因为它同时继承了 ViewAnimator，ViewAnimator 定义了两个属性，分别是 inanimation 属性和 outanimation 属性，用来确定切入图片的动画效果和切出图片的动画效果。

以上两个属性如果在 XML 文件中设定，那么可以通过 XML 文件自定义动画效果。但是如果只是想使用 Android 自带的一些简单的效果，那么需要设置参数为 @android:anim/AnimName，其中的 AnimName 用于指定的动画效果。如果在程序代码中设定，那么可以直接使用 setInAnimation()方法和 setOutAnimation()方法。它们都传递一个 Animation 的抽象对象，Animation 用于指定一个动画效果，一般使用一个 AnimationUtils 获得。

动画效果一般被定义在 android.R.anim 类中。这个类以常量的形式定义动画的样式，这里仅介绍两组动画效果，即淡进淡出效果和左进右出滑动效果。如果需要其他效果，那么可以查阅官方文档。

fede_in：淡进。

fade_out：淡出。

slide_in_left：从左滑进。

slide_out_right：从右滑出。

在一般情况下，通过上述常量名就可以看出是什么效果，并未强制 xxx_in_xxx 就一定对应了 setInAnimation()方法。但是若不成组进行设定，那么产生的动画效果会很丑，建议成组设定 In 和 Out。

在使用 ImageSwitcher 时，必须实现 ViewSwitcher.ViewFactory 接口，并通过调用 makeView()方法来创建用于显示图片的 ImageView。makeView()方法用于返回一个显示图片的 ImageView。在使用 ImageSwitcher 时，还有一个方法非常重要，那就是 setImageResource()方法，该方法用于指定要在 ImageSwitcher 中显示的图片。

ImageSwitcher 是用来显示图片的控件，Android API 提供了以下 3 种方法用于设定不同的图片来源。

setImageDrawable(Drawable)：指定一个 Drawable，用于在 ImageSwitcher 中显示。

setImageResource(int)：指定一个资源的 ID，用于在 ImageSwitcher 中显示。

setImageURL(URL)：指定一个 URL 地址，用于在 ImageSwitcher 中显示。

下面通过一个示例来介绍 ImageSwitcher 的应用。当点击“上一张”按钮或“下一张”按钮时可以切换图片，且带有动画效果。完成效果如图 3-20 和图 3-21 所示。

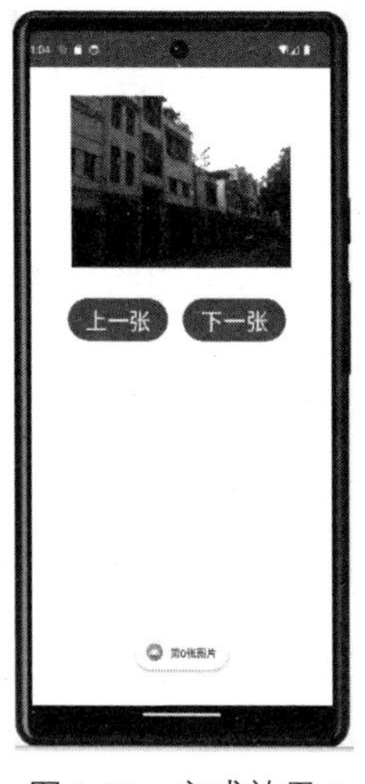

图 3-20　完成效果 1

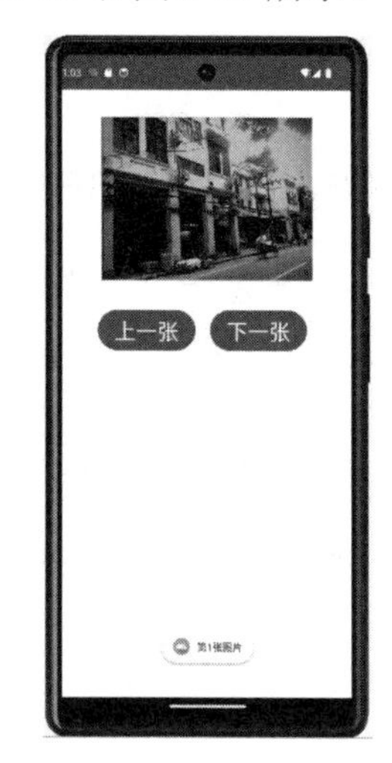

图 3-21　完成效果 2

其操作步骤如下。

（1）在一个指定目录（这里为 D:\Android 目录）中新建一个名为 ImageSwitcherDemo 的 Android 项目，指定包名为 cn.edu.baiyunu.imageswitcherdemo，如图 3-22 所示。

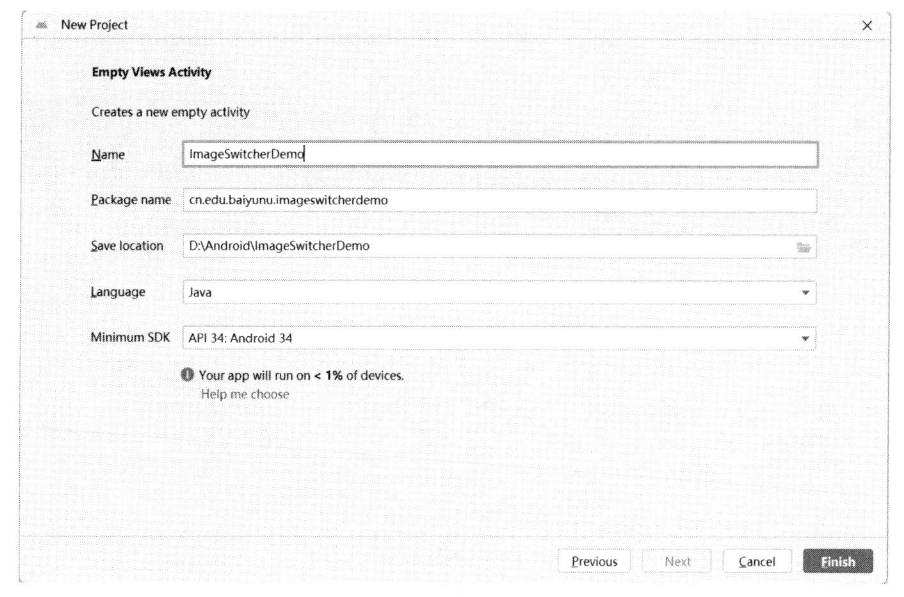

图 3-22　新建项目

（2）准备图片，将图片添加到 drawable 文件夹中，如图 3-23 所示。

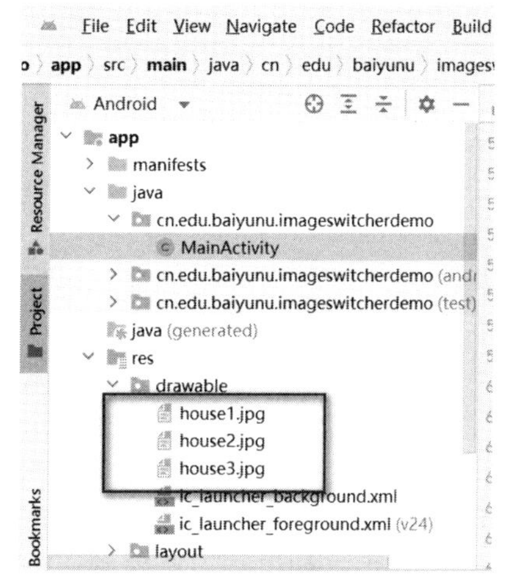

图 3-23　添加图片资源

（3）修改 layout 目录中的 activity_main.xml 文件，添加两个 Button 和一个 ImageSwitcher，程序代码如下。

```
<?xml version="1.0" encoding="utf-8"?>
<LinearLayout
    xmlns:android="http://schemas.android.com/apk/res/android"
    xmlns:app="http://schemas.android.com/apk/res-auto"
    xmlns:tools="http://schemas.android.com/tools"
    android:layout_width="match_parent"
    android:layout_height="match_parent"
    android:orientation="vertical"
```

```
    tools:context=".MainActivity">

    <ImageSwitcher
        android:layout_width="300sp"
        android:layout_height="300sp"
        android:layout_gravity="center"
        android:id="@+id/image"/>
    <LinearLayout
        android:layout_width="match_parent"
        android:layout_height="wrap_content"
        android:orientation="horizontal">
        <Button
            android:layout_width="wrap_content"
            android:layout_height="wrap_content"
            android:layout_marginLeft="50sp"
            android:text="上一张"
            android:textSize="30sp"
            android:id="@+id/bt_up"/>
        <Button
            android:layout_width="wrap_content"
            android:layout_height="wrap_content"
            android:layout_marginLeft="20sp"
            android:text="下一张"
            android:textSize="30sp"
            android:id="@+id/bt_down"/>
    </LinearLayout>

</LinearLayout>
```

（4）修改 MainActivity.java 文件，为 ImageSwitcher 添加动画效果，以及实现 ViewSwitcher.ViewFactory 接口，并通过 makeView()方法创建用于显示图片的 ImageView。同时，为“上一张”按钮、“下一张”按钮设定点击逻辑，程序代码如下。

```
package cn.edu.baiyunu.imageswitcherdemo;

import androidx.appcompat.app.AppCompatActivity;

import android.app.ActionBar;
import android.os.Bundle;
import android.view.View;
import android.view.animation.AnimationSet;
import android.view.animation.AnimationUtils;
import android.widget.Button;
import android.widget.ImageSwitcher;
import android.widget.ImageView;
```

```
import android.widget.Toast;
import android.widget.ViewSwitcher;

public class MainActivity extends AppCompatActivity {
    private int[] imageId = new int[]{R.drawable.house1,R.drawable.house2,
R.drawable.house3,
    R.drawable.house4,R.drawable.house5};
    private int index=0;//当前显示的图片的索引
    ImageSwitcher is;
    Button bt_up,bt_down;
    @Override
    protected void onCreate(Bundle savedInstanceState) {
        super.onCreate(savedInstanceState);
        setContentView(R.layout.activity_main);
        is = findViewById(R.id.image);
        bt_up=findViewById(R.id.bt_up);
        bt_down = findViewById(R.id.bt_down);
        //设置进入的动画
        is.setInAnimation(AnimationUtils.loadAnimation(this, android.R.anim.
fade_in));
        //设置退出的动画
        is.setInAnimation(AnimationUtils.loadAnimation(this, android.R.anim.
fade_out));

        is.setFactory(new ViewSwitcher.ViewFactory() {
            @Override
            public View makeView() {
                //实例化一个 ImageView 对象
                ImageView imageView= new ImageView(MainActivity.this);
                //设置保持纵横比居中缩放图片
                imageView.setScaleType(ImageView.ScaleType.FIT_CENTER);
                imageView.setLayoutParams(new ImageSwitcher.LayoutParams(
                        ActionBar.LayoutParams.WRAP_CONTENT, ActionBar.
LayoutParams.WRAP_CONTENT));
                return imageView;
            }
        });
        is.setImageResource(imageId[index]);   //显示默认的图片
        bt_down.setOnClickListener(new View.OnClickListener() {
            @Override
            public void onClick(View view) {
                if(index<imageId.length-1){     //不是最后一张
                    index ++;                   //图片索引前进一张
```

```
                }else{
                    index=0;                    //图片达到最后面一张之后，循环至第一张
                }
                is.setImageResource(imageId[index]);
                Toast.makeText(MainActivity.this,"第"+index+"张图片",Toast.
LENGTH_LONG).show();
            }
        });
        bt_up.setOnClickListener(new View.OnClickListener() {
            @Override
            public void onClick(View view) {
                if(index>0){
                    index --;                   //图片索引后退一张
                }else {
                    //图片达到最前面一张之后，循环至最后面一张
                    index = imageId.length - 1;
                }
                is.setImageResource(imageId[index]);
                Toast.makeText(MainActivity.this,"第"+index+"张图片",Toast.
LENGTH_LONG).show();
            }
        });
    }
}
```

3.5 选择控件

选择控件有 RadioButton、RadioGroup 和 CheckBox，它们分别代表单选按钮、单选组合框和复选框，都是常用的控件。

3.5.1 RadioButton 与 RadioGroup

RadioButton 是一个单选按钮，是 Button 的子类，拥有 Button 的属性。每个 RadioButton 都有“选中”和“未选中”两种状态，这两种状态通过 android:checked 属性指定。当设置该属性的值为 true 时，表示选中，否则表示未选中。RadioButton 需要和 RadioGroup 配合使用。RadioGroup 是单选组合框，可容纳多个 RadioButton，可以将两个或两个以上不同的 RadioButton 放在一个 RadioGroup 中实现互斥关系，从而实现单选。

通过 RadioGroup 的 orientation 属性可以设置选项的排列方向，具体参考如下带下画线的程序代码。

```
<LinearLayout
    xmlns:android="http://schemas.android.com/apk/res/android"
    xmlns:app="http://schemas.android.com/apk/res-auto"
    xmlns:tools="http://schemas.android.com/tools"
    android:layout_width="match_parent"
    android:layout_height="match_parent"
    android:orientation="vertical"
    tools:context=".MainActivity">
    <TextView
        android:id="@+id/tv"
        android:layout_width="wrap_content"
        android:layout_height="wrap_content"
        android:text="您的性别是："
        android:textSize="20sp"
        tools:ignore="MissingConstraints" />
    <RadioGroup
        android:layout_width="match_parent"
        android:layout_height="wrap_content"
        android:orientation="horizontal"
        android:id="@+id/rg"

        android:layout_marginTop="20sp"
        tools:ignore="MissingConstraints">
        <RadioButton
            android:id="@+id/rbb"
            android:layout_width="wrap_content"
            android:layout_height="wrap_content"
            android:text="男"/>
        <RadioButton
            android:id="@+id/rbg"
            android:layout_width="wrap_content"
            android:layout_height="wrap_content"
            android:text="女"/>
    </RadioGroup>
</LinearLayout>
```

可以为 RadioGroup 添加 OnCheckedChangeListener，监听 RadioGroup 的状态，通过 if 语句判断被选中 RadioButton 的 id 属性。基于上述前端程序代码，下面列举如何在 MainActivity.java 文件中编写程序代码以获取用户的选择。

```
public class MainActivity extends AppCompatActivity {
    private TextView tv;
    private RadioGroup rg;
    private RadioButton rbg,rbb;
    @Override
```

```
    protected void onCreate(Bundle savedInstanceState) {
        super.onCreate(savedInstanceState);
        setContentView(R.layout.activity_main);
        tv = findViewById(R.id.tv);
        rg = findViewById(R.id.rg);
        rbb = findViewById(R.id.rbb);
        rbg = findViewById(R.id.rbg);
        rg.setOnCheckedChangeListener(new
RadioGroup.OnCheckedChangeListener() {
            @Override
            public void onCheckedChanged(RadioGroup radioGroup, int i) {
                if(i==R.id.rbb)
                    tv.setText("您的性别是：男");
                else
                    tv.setText("您的性别是：女");
            }
        });
    }
}
```

选择前的运行效果与选择后的运行效果分别如图 3-24 和图 3-25 所示。

图 3-24　选择前的运行效果

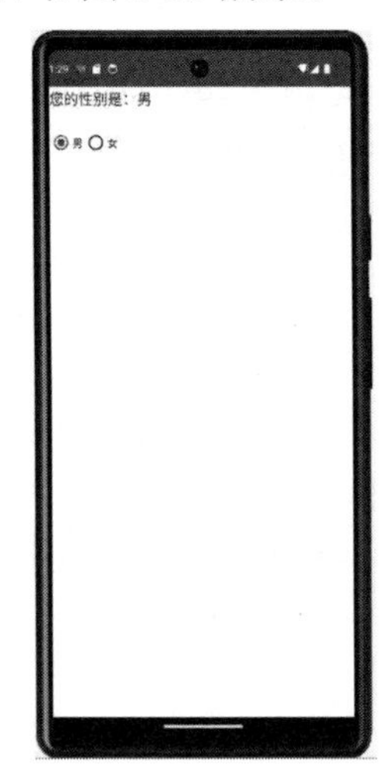

图 3-25　选择后的运行效果

下面通过一个示例来介绍 RadioButton 和 RadioGroup 的应用。

当用户在屏幕上的两个 EditText 中根据提示输入信息和选择性别后，点击“SUBMIT”按钮，会显示用户输入的信息和选择的性别（默认选中“male”单选按钮）。

当用户在屏幕上的两个 EditText 中只输入其中一个 EditText 中的信息后，点击“SUBMIT”按钮，会显示“Nothing input”。

当用户在屏幕上的两个 EditText 中输入信息后，点击“RESET”按钮，会清空姓名和对应的 ID，并显示“Clear successfully”。

当用户点击“EXIT”按钮时，会退出当前界面。完成效果如图 3-26 所示。

其操作步骤如下。

（1）在一个指定目录（这里为 D:\Android 目录）中新建一个名为 RadioButtonDemo 的 Android 项目，指定包名为 cn.edu.baiyunu.radiobuttondemo，如图 3-27 所示。

图 3-26　完成效果

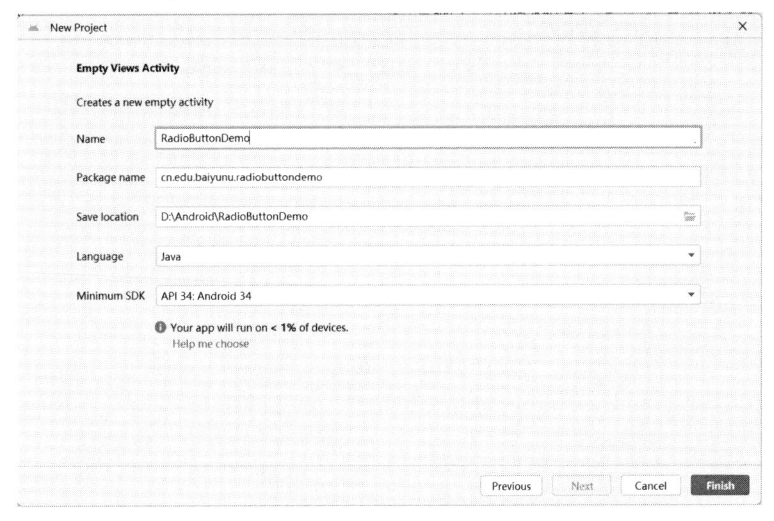

图 3-27　新建项目

（2）在 activity_main.xml 文件中按照要求添加五个 TextView、两个 EditText、两个 RadioButton、三个 Button 和一个 RadioGroup，程序代码如下。

```
<LinearLayout
    xmlns:android="http://schemas.android.com/apk/res/android"
    xmlns:app="http://schemas.android.com/apk/res-auto"
    xmlns:tools="http://schemas.android.com/tools"
    android:layout_width="match_parent"
    android:layout_height="match_parent"
    android:orientation="vertical"
    tools:context=".MainActivity">
    <TextView
        android:layout_width="match_parent"
        android:layout_height="wrap_content"
        android:text="Register"
        android:textSize="40sp"
        android:textAlignment="center"/>
    <LinearLayout
        android:layout_width="match_parent"
        android:layout_height="wrap_content"
        android:orientation="horizontal"
        android:paddingLeft="20sp"
        android:layout_marginBottom="20sp">
        <TextView
```

```
            android:layout_width="80sp"
            android:layout_height="wrap_content"
            android:text="Name:"
            android:textSize="20sp"
            android:id="@+id/tv_name"/>
        <EditText
            android:layout_width="250sp"
            android:layout_height="wrap_content"
            android:id="@+id/et_name"/>
    </LinearLayout>
    <LinearLayout
        android:layout_width="match_parent"
        android:layout_height="wrap_content"
        android:orientation="horizontal"
        android:paddingLeft="20sp"
        android:layout_marginBottom="20sp">
        <TextView
            android:layout_width="80sp"
            android:layout_height="wrap_content"
            android:text="ID:"
            android:textSize="20sp"
            android:id="@+id/tv_id"/>
        <EditText
            android:layout_width="250sp"
            android:layout_height="wrap_content"
            android:id="@+id/et_id"/>
    </LinearLayout>
    <LinearLayout
        android:layout_width="match_parent"
        android:layout_height="wrap_content"
        android:orientation="horizontal"
        android:paddingLeft="20sp"
        android:layout_marginBottom="20sp">
        <TextView
            android:layout_width="80sp"
            android:layout_height="wrap_content"
            android:text="Gender:"
            android:textSize="20sp"/>
        <RadioGroup
            android:id="@+id/rg"
            android:layout_width="match_parent"
            android:layout_height="wrap_content"
            android:orientation="horizontal">
```

```
            <RadioButton
                android:id="@+id/rb_male"
                android:layout_width="wrap_content"
                android:layout_height="wrap_content"
                android:text="male"
                android:layout_weight="1"
                android:textSize="20sp"
                android:checked="true"/>
            <RadioButton
                android:layout_width="wrap_content"
                android:layout_height="wrap_content"
                android:id="@+id/rb_female"
                android:layout_weight="1"
                android:textSize="20sp"
                android:text="female"/>
        </RadioGroup>
    </LinearLayout>
    <TextView
        android:id="@+id/tv"
        android:layout_width="wrap_content"
        android:layout_height="wrap_content"
        android:text=""
        android:textSize="20sp"
        android:layout_marginTop="30sp"
        android:layout_marginBottom="50sp"
        tools:ignore="MissingConstraints" />
    <LinearLayout
        android:layout_width="match_parent"
        android:layout_height="wrap_content"
        android:layout_marginBottom="10sp"
        android:layout_gravity="bottom"
        android:orientation="horizontal">
        <Button
            android:id="@+id/bt_submit"
            android:layout_width="wrap_content"
            android:layout_height="wrap_content"
            android:layout_weight="1"
            android:text="SUBMIT"
            android:textSize="20sp"
            android:layout_marginLeft="10sp"/>
        <Button
            android:id="@+id/bt_reset"
            android:layout_width="wrap_content"
```

```
            android:layout_height="wrap_content"
            android:layout_weight="1"
            android:text="RESET"
            android:textSize="20sp"
            android:layout_marginLeft="10sp"/>
        <Button
            android:id="@+id/bt_exit"
            android:layout_width="wrap_content"
            android:layout_height="wrap_content"
            android:layout_weight="1"
            android:text="EXIT"
            android:textSize="20sp"
            android:layout_marginLeft="10sp"/>
    </LinearLayout>

</LinearLayout>
```

（3）修改 MainActivity.java 文件，当点击“SUBMIT”按钮时，检测输入的信息。针对要求中不同的情况进行不同的处理。同样地，其他两个按钮也按照要求完成相应的功能，程序代码如下。

```
package cn.edu.baiyunu.radiobuttondemo;

import androidx.appcompat.app.AppCompatActivity;

import android.os.Bundle;
import android.view.View;
import android.widget.Button;
import android.widget.EditText;
import android.widget.RadioButton;
import android.widget.RadioGroup;
import android.widget.TextView;
import android.widget.Toast;

public class MainActivity extends AppCompatActivity {
    private TextView tv;
    private EditText et_name,et_id;
    private RadioGroup rg;
    private RadioButton rb_male,rb_female;
    private Button bt_submit,bt_reset,bt_exit;
    @Override
    protected void onCreate(Bundle savedInstanceState) {
        super.onCreate(savedInstanceState);
        setContentView(R.layout.activity_main);
```

```
        tv = findViewById(R.id.tv);
        rg = findViewById(R.id.rg);
        et_name = findViewById(R.id.et_name);
        et_id = findViewById(R.id.et_id);
        rb_female = findViewById(R.id.rb_female);
        rb_male = findViewById(R.id.rb_male);
        bt_exit = findViewById(R.id.bt_exit);
        bt_reset = findViewById(R.id.bt_reset);
        bt_submit = findViewById(R.id.bt_submit);
        bt_submit.setOnClickListener(new View.OnClickListener() {
        //点击“SUBMIT”按钮时执行以下逻辑
            @Override
            public void onClick(View view) {
                if(!et_id.getText().toString().equals("") && !et_name.
getText().toString().equals("")){
                    String s = et_name.getText()+" "+et_id.getText()+" ";
                    if(rg.getCheckedRadioButtonId()==R.id.rb_female)
                        s = s+"female";
                    else
                        s = s+"male";
                    tv.setText(s);
                }else{
                    tv.setText("Nothing input");
                }
            }
        });
        bt_reset.setOnClickListener(new View.OnClickListener() {
        //点击“RESET”按钮时执行以下逻辑
            @Override
            public void onClick(View view) {
                et_name.setText("");
                et_id.setText("");
                tv.setText("");
                Toast.makeText(MainActivity.this,"Clear successful",Toast.
LENGTH_SHORT).show();
            }
        });
        bt_exit.setOnClickListener(new View.OnClickListener() {
            @Override
            public void onClick(View view) {
                System.exit(1);
            }
        });
```

```
    }
}
```

3.5.2 CheckBox

CheckBox 是一个复选框，是 Button 的子类，用于实现多选功能。每个 CheckBox 都有“选中”和“未选中”两种状态，这两种状态通过 android:checked 属性指定。当设置该属性的值为 true 时，表示选中，否则表示未选中。可以通过调用 isChecked()方法来判断 CheckBox 是否被选中，isChecked()方法的返回值有两种。

当 CheckBox 处于选中状态时，isChecked()方法返回 true，即 1。

当 CheckBox 处于未选中状态时，isChecked()方法返回 false，即 0。

下面通过一个示例来介绍 CheckBox 的应用。用户选择兴趣爱好后，点击“提交”按钮，会显示用户的选择。完成效果如图 3-28 所示。

其操作步骤如下。

（1）在一个指定目录（这里为 D:\Android 目录）中新建一个名为 CheckBoxDemo 的 Android 项目，指定包名为 cn.edu.baiyunu.checkboxdemo，如图 3-29 所示。

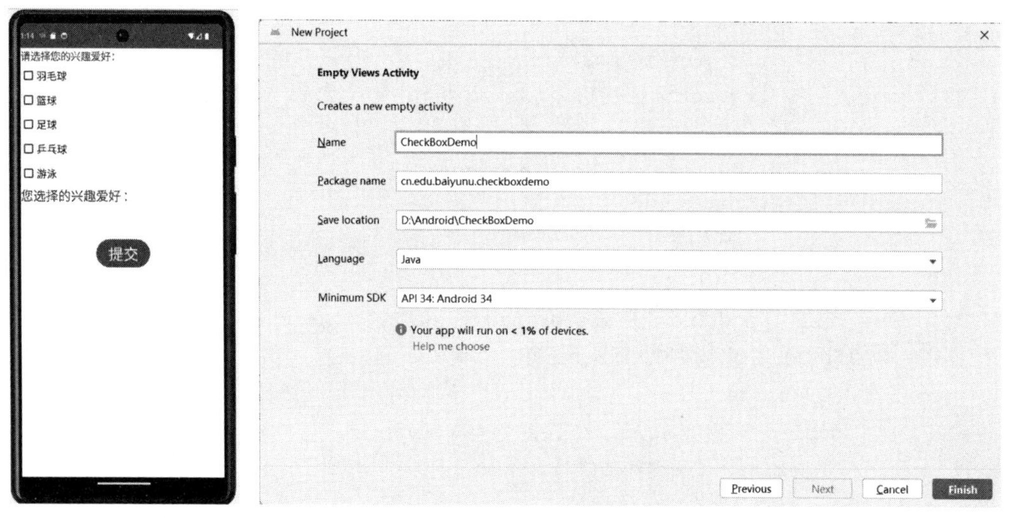

图 3-28　完成效果　　　　图 3-29　新建项目

（2）在 activity_main.xml 文件中添加三个 TextView、五个 CheckBox，一个 Button，并通过设置布局及控件属性调整控件的显示结果，程序代码如下。

```
<?xml version="1.0" encoding="utf-8"?>
<LinearLayout
    xmlns:android="http://schemas.android.com/apk/res/android"
    xmlns:app="http://schemas.android.com/apk/res-auto"
    xmlns:tools="http://schemas.android.com/tools"
    android:layout_width="match_parent"
    android:layout_height="match_parent"
    android:orientation="vertical"
```

```
    tools:context=".MainActivity">

    <TextView
        android:layout_width="wrap_content"
        android:layout_height="wrap_content"
        android:text="请选择您的兴趣爱好: "
        android:textSize="20sp" />
    <CheckBox
        android:layout_width="wrap_content"
        android:layout_height="wrap_content"
        android:text="羽毛球"
        android:textSize="20sp"
        android:id="@+id/cb1"/>
    <CheckBox
        android:layout_width="wrap_content"
        android:layout_height="wrap_content"
        android:text="篮球"
        android:textSize="20sp"
        android:id="@+id/cb2"/>
    <CheckBox
        android:layout_width="wrap_content"
        android:layout_height="wrap_content"
        android:text="足球"
        android:textSize="20sp"
        android:id="@+id/cb3"/>
    <CheckBox
        android:layout_width="wrap_content"
        android:layout_height="wrap_content"
        android:text="乒乓球"
        android:textSize="20sp"
        android:id="@+id/cb4"/>
    <CheckBox
        android:layout_width="wrap_content"
        android:layout_height="wrap_content"
        android:text="游泳"
        android:textSize="20sp"
        android:id="@+id/cb5"/>
    <TextView
        android:layout_width="wrap_content"
        android:layout_height="wrap_content"
        android:text="您选择的兴趣爱好: "
        android:textSize="25sp" />
    <TextView
```

```
        android:layout_width="wrap_content"
        android:layout_height="wrap_content"
        android:text=""
        android:id="@+id/tv"
        android:textSize="25sp" />
    <Button
        android:layout_height="wrap_content"
        android:layout_width="wrap_content"
        android:text="提交"
        android:textSize="30sp"
        android:layout_marginTop="30sp"
        android:id="@+id/submit"
        android:layout_gravity="center"/>
</LinearLayout>
```

（3）修改 MainActivity.java 文件，为“提交”按钮添加自定义的点击事件监听器，程序代码如下。

```
package cn.edu.baiyunu.checkboxdemo;

import androidx.annotation.NonNull;
import androidx.appcompat.app.AppCompatActivity;

import android.os.Bundle;
import android.view.View;
import android.widget.Button;
import android.widget.CheckBox;
import android.widget.TextView;

public class MainActivity extends AppCompatActivity {
    CheckBox cb1,cb2,cb3,cb4,cb5;
    TextView tv;
    Button submit;
    @Override
    protected void onCreate(Bundle savedInstanceState) {
        super.onCreate(savedInstanceState);
        setContentView(R.layout.activity_main);
        cb1 = findViewById(R.id.cb1);
        cb2 = findViewById(R.id.cb2);
        cb3 = findViewById(R.id.cb3);
        cb4 = findViewById(R.id.cb4);
        cb5 = findViewById(R.id.cb5);
        tv = findViewById(R.id.tv);
        submit = findViewById(R.id.submit);
```

```
        //cb1.setOnCheckedChangeListener();//方式一，每个 CheckBox 上都添加修改的监
//听事件
        submit.setOnClickListener(new View.OnClickListener() {//方式二，点击按钮
//提交时检查各个 CheckBox 的状态
            @Override
            public void onClick(View view) {
                tv.setText("");//先清空原记录
                if (cb1.isChecked())
                    tv.setText(tv.getText() + "羽毛球 ");
                if (cb2.isChecked())
                    tv.setText(tv.getText() + "篮球 ");
                if (cb3.isChecked())
                    tv.setText(tv.getText() + "足球 ");
                if (cb4.isChecked())
                    tv.setText(tv.getText() + "乒乓球 ");
                if (cb5.isChecked())
                    tv.setText(tv.getText() + "游泳");
            }
        });
    }
}
```

本章小结

本章主要介绍了在 Android 应用开发中的常用控件，包括文本控件、按钮控件、Toast、图形图像控件及选择控件。通过学习本章，读者应能够掌握控件的分类，以及控件的属性和方法。由于无论创建任何 Android 程序都会用到控件，因此掌握常用控件的使用方法十分有必要。

拓展实践

编写程序代码，完成效果如图 3-30、图 3-31、图 3-32 所示。当用户点击“注册”按钮时，会检测所有信息是否输入完整，若是则显示“注册成功”，否则显示“请完善所有信息”。

图 3-30　完成效果 1

图 3-31　完成效果 2

图 3-32　完成效果 3

本章习题

一、单选题

1．以下表示 Toast 较长时间显示的是（　　）。

A．Toast.LENGTH LONG　　B．Toast.LONG

C．Toast.LENGTH SHORT　　D．Toast.SHORT

2．在布局文件中，给 Button 指定点击事件响应方法的属性是（　　）。

A．onClick　　B．hint　　C．enabled　　D．focusable

3．多个 RadioButton 要实现单选，需要被包裹在（　　）中。

A．RatingBar　　B．RatingBars　　C．RadioGroup　　D．RadioGroups

4．以下判断 CheckBox 是否被选中的方法是（　　）。

A．isLogin()　　B．isBoolean()　　C．onClick()　　D．isChecked()

5．以下用于文本输入的控件是（　　）。

A．GridView　　B．ListView　　C．TextView　　D．EditText

6．以下可以作为 EditText 的提示的属性是（　　）。

A．text　　B．hint　　C．textSize　　D．inputType

7．TextView 的 textSize 属性的推荐使用单位为（　　）。

A．dp　　B．sp　　C．px　　D．pt

8．（　　）属性用于设置当前控件与屏幕边界或周围控件、布局的距离。

A．margin　　B．padding　　C．layout_margin　　D．layout_padding

9．TextView 的（　　）属性用于设置行高。

A．lineSpacingExtra　　B．lineSpacingMultiplier

C．lineHeight　　D．layout_height

10．（　　）属性用于设置 EditText 中内容为空时显示的提示的颜色。

A．color　　B．textColorHint　　C．hint　　D．shadowColor

11．（　　）是开关按钮控件。

A．Button　　B．ToggleButton　　C．RadioButton　　D．CheckButton

12．Switch 的（　　）属性用于设置滑块的图片。

A．thumb　　B．track　　C．splitTrack　　D．typeface

13．（　　）属性是设置控件的唯一标识。

A．grivity　　B．text　　C．id　　D．tag

14．ImageSwitcher 的（　　）属性代表切入图片的动画效果。

A．inanimation　　B．outanimation　　C．in_animation　　D．out_animation

15．可以为 RadioGroup 添加（　　），监听 RadioGroup 的状态。

A．OnCheckedChangeListener　　B．OnClickListener

C．OnChangeListener　　D．OnCheckedListener

16．TextView 通过（　　）属性设置文本样式。

A．text　　B．textColor　　C．textSize　　D．textStyle

二、填空题

1．Toast.makeText(Context,Text,Time)必须在调用了__________方法后才能把信息显示出来。

2．动画效果一般被定义在 android.R.anim 类中。这个类是一个 final 类，以常量的形式定义动画的样式，其中__________表示淡进效果。

3．TextView 通常用于在界面上显示__________。

4．使用________可以输入文字，通过_________属性可以控制输入的内容只能是数字或字母。

5．_________是一个常用的轻量级提示控件。

6．ImageView 的___________属性用于设置该控件需要显示的图片。

7．通过 RadioGroup 的_______________属性可以设置选项的排列方向。

8．_________是一个复选框，是 Button 的子类，用于实现多选功能。

9．ImageView 的__________属性用于将图片渲染成指定的颜色。

10．EditText 的_______________属性用于设置文本的最多行数

三、简答题

1．简述 TextView、EditText、Button 和 ImageView 的作用。

2．简述使用 Button 监听点击事件的实现方式。

3．简述 AutoCompleteTextView 的作用。

第 4 章

Activity 与 Intent

Activity 是 Android 的四大组件之一，是 Android 应用中十分重要、常见的组件。它提供了用户与应用交互的界面，用户可以通过这个界面与应用进行交互，以完成应用预设的操作流程。一个应用通常会由多个 Activity 组成。在 Activity 或其他组件之间交互时涉及相关数据的传递与反馈，以及不同应用之间组件的互相调用，Android 引入了 Intent 来解决这个问题。随着平板计算机、智能电视等大屏幕设备的出现，Activity 变得越来越复杂，Android 引入了 Fragment 来实现局部界面的开发与重复使用。本章将介绍 Activity、Intent 与 Fragment 的相关知识。

4.1 Activity 简介

移动应用体验与桌面体验的不同之处在于，用户与应用的互动并不总以同一种方式开始，而经常以不确定的方式开始。例如，如果用户从主界面上打开电子邮件应用，那么可能看到电子邮件列表；如果用户通过社交媒体应用打开电子邮件应用，那么可能直接进入电子邮件应用的邮件撰写界面。

使用 Activity 的目的就是促进这种范式的实现。当一个应用调用另一个应用时，被调用的应用会调用另一个应用中的 Activity，而非整个应用。通过这种方式，Activity 充当了应用与用户互动的入口点。用户可以将 Activity 实现为该 Activity 的子类。

Activity 提供一个窗口供应用在其中绘制界面。此窗口通常会填满屏幕，但也可能比屏幕小，并浮动在其他窗口上面。通常一个 Activity 用于实现应用中的一个屏幕。例如，应用中的一个 Activity 用于实现“偏好设置”屏幕，而另一个 Activity 用于实现“选择照片”屏幕。

大多数应用包含多个屏幕，这意味着它们包含多个 Activity。通常，应用中的一个 Activity 会被指定为主 Activity，这是用户启动应用时出现的第一个屏幕。此后，每个 Activity

可以启动另一个 Activity，以执行不同的操作。例如，一个简单的电子邮件应用中的主 Activity 可能提供显示电子邮件收件箱的屏幕。主 Activity 可能从该屏幕中启动其他 Activity，以提供执行写邮件和打开邮件这类任务的屏幕。

虽然应用中的各个 Activity 协同工作产生统一的用户体验，但是每个 Activity 与其他 Activity 之间只存在松散的关联，应用内不同的 Activity 之间的依赖关系通常很弱。事实上，Activity 经常启动属于其他应用的 Activity。例如，浏览器应用可能启动社交媒体应用的“分享”Activity。

要在应用中使用 Activity，就必须在清单文件中注册关于 Activity 的信息，并且适当地管理 Activity 的生命周期。

4.2 Activity 的配置与创建

4.2.1 配置 Activity

要使用 Activity，就必须在清单文件中声明 Activity 及 Intent 过滤器。

1. 声明 Activity

要声明 Activity，就需要在清单文件的<application>元素中添加<activity>元素。例如：

```
<manifest … >
    <application … >
        <activity android:name=".MainActivity" />
        …
    </application>
    …
</manifest>
```

<activity>元素的唯一必要属性是 name 属性。此属性用于指定 Activity 的类名。

以下是 Activity 的相关属性。

```
allowTaskReparenting
```

该 Activity 是否可作为其他 Activity 的嵌入式子项启动，尤其是在子项位于容器中时。默认值为 false。

```
allowEmbedded
```

当下一次将启动 Activity 的任务转至前台时，Activity 能否从该任务转至与其有相似性的任务处。true 表示可以转移，false 表示仍需要留在启动它的任务处。

```
alwaysRetainTaskState
```

系统是否始终保持 Activity 所在任务的状态。值为 true 表示是，值为 false 表示允许在特定情况下将任务重置到初始状态。默认值为 false。此属性只对任务的根 Activity 有意义。所有其他 Activity 均可忽略此属性。

```
autoRemoveFromRecents
```

由具有此属性的 Activity 启动的任务是否保留在“最近使用的应用”屏幕中，直到任务中的最后一个 Activity 完成为止。若值为 true，则自动从“最近使用的应用”屏幕中移除任务。此属性会替换调用者使用的 FLAG_ACTIVITY_RETAIN_ IN_RECENTS。此属性的值必须是布尔值 true 或 false。

```
banner
```

一种可绘制资源，可以为关联项提供扩展图形横幅。此属性既可以与 <activity> 元素联合使用，为特定 Activity 提供默认横幅；又可以与 <application> 元素联合使用，为所有 Activity 提供横幅。

系统在 Android TV 主界面中使用横幅来代表应用。由于横幅只在主界面中显示，因此它只能由具有可处理 CATEGORY_LEANBACK_LAUNCHER Intent 的 Activity 的应用指定。

此属性应被设置为对包含图片的可绘制资源（如 "@drawable/banner"）的引用。没有默认横幅。

```
clearTaskOnLaunch
```

每当从主界面上重新启动任务时是否都从中移除根 Activity 之外的所有 Activity。值为 true 表示始终将任务清除到只剩根 Activity；值为 false 表示不做清除。默认值为 false。此属性只对启动新任务的 Activity（根 Activity）有意义。任务中的所有其他 Activity 均可忽略此属性。

```
colorMode
```

请求在兼容设备上以广色域模式显示 Activity。在广色域模式下，窗口可以在 SRGB 色域之外进行渲染，从而显示更鲜艳的色彩。如果设备不支持广色域渲染，那么此属性无效。如需了解在广色域模式下进行渲染的详细信息，请参阅使用广色域内容增强图形的相关资料。

```
configChanges
```

列出 Activity 将自行处理的配置变更。在运行时发生配置变更后，默认情况下会关闭 Activity 并将其重新启动，但使用此属性声明配置将阻止重新启动 Activity。相反，Activity 会保持运行状态，并且系统会调用 onConfigurationChanged() 方法。

```
directBootAware
```

Activity 是否可感知直接启动，也就是说，Activity 是否可以在用户解锁设备之前运行。默认值为 false。

```
documentLaunchMode
```

在每次启动任务时，如何添加实例化的 Activity。此属性允许用户让多个来自同一个应用的文档出现在“最近使用的应用”屏幕中。

```
enabled
```

系统是否可实例化 Activity。值为 true 表示可以，值为 false 表示不可以。默认值为 true。

```
excludeFromRecents
```

是否从“最近使用的应用”屏幕中排除该 Activity 启动的任务。换言之，当该 Activity 是新任务的根 Activity 时，此属性用于确定最近使用的应用列表中是否应出现该任务。如果应将该任务从列表中排除，那么设置值为 true；如果应将该任务包含在列表中，那么设置值为 false。默认值为 false。

`exported`

Activity 是否可以由其他应用的组件启动。

值为 true 表示 Activity 可以由任何应用访问，并且可以通过确切的类名启动。

值为 false 表示 Activity 只能由同一个应用的组件、使用同一个用户 ID 的不同应用或具有特权的系统组件启动。在没有 Intent 过滤器时，这是默认值。

`finishOnTaskLaunch`

当用户通过在主界面中选择任务来重新启动任务时，是否关闭根 Activity 之外的现有实例化的 Activity。值为 true 表示关闭，值为 false 表示不关闭。默认值为 false。

`hardwareAccelerated`

是否应为该 Activity 启用硬件加速渲染功能。值为 true 表示应启用，值为 false 表示不应启用。默认值为 false。

`icon`

Activity 的图标。当需要在屏幕中呈现 Activity 时，系统会向用户显示该图标。例如，启动器中会显示启动任务的 Activity 所用的图标。该图标通常附带标签。如需了解标签，请参考 label 属性。

`immersive`

为当前 Activity 进行沉浸模式设置。值为 true 表示 ActivityInfo.flags 成员始终会设置 FLAG_IMMERSIVE 位。即便在运行时使用 setImmersive() 方法更改沉浸模式，也会如此。

`label`

一种可以由用户读取的 Activity 标签。该标签会在系统向用户呈现 Activity 时显示在屏幕中。该标签通常与 Activity 图标一起显示。如果未设置此属性，那么改用整个应用的标签集。

`launchMode`

有关 Activity 如何启动的说明。

`lockTaskMode`

当设备在锁定任务模式下运行时，系统如何显示该 Activity。

`maxRecents`

“最近使用的应用”屏幕中位于该 Activity 根位置的最大任务数。当达到最大任务数时，系统会从“最近使用的应用”屏幕中移除近期最少使用的实例。有效值为 1～50 范围内的整数，在内存较小的设备上可以为 1～25 范围内的整数。0 为无效值。默认值为 16。

`maxAspectRatio`

Activity 支持的最大宽高比。如果应用在具有较大宽高比的设备上运行，那么系统会自动为其添加黑边，不会使用屏幕的某些部分，以便应用可以按指定的最大宽高比运行。

`multiprocess`

是否可以将实例化的 Activity 启动到启动该 Activity 的组件进程内。值为 true 表示可以，值为 false 表示不可以。默认值为 false。

`name`

实现 Activity 的类名，是 Activity 的子类。属性值通常是完全限定类名，如 "com.example.MainActivity"。不过，作为一种简写形式，如果类名的第一个字符是句点（如". MainActivity "），那么会附加到 build.gradle 文件指定的命名空间中。

```
noHistory
```

当用户离开 Activity 且屏幕中不再显示该 Activity 时，是否应从 Activity 堆栈中将其移除并通过调用 finish()方法来实现 Activity。默认值为 false。

```
parentActivityName
```

Activity 逻辑父项的类名。此处的类名必须与为相应 <activity> 元素的 name 属性指定的类名一致。

```
persistableMode
```

当重新启动设备时，如何在所处的任务中保留实例化的 Activity。

```
permission
```

在启动 Activity 或以其他方式使 Activity 响应 Intent 时，客户端必须具备的权限名。如果系统尚未向 startActivity() 方法或 startActivityForResult() 方法的调用者授予指定权限，那么 Intent 将不会被传递给 Activity。

```
process
```

运行 Activity 的进程名。在正常情况下，应用的所有组件均使用创建的默认进程名运行，无须使用此属性。但若有必要，则可以使用此属性替换默认进程名，以便将组件散布到多个进程中。

```
relinquishTaskIdentity
```

Activity 是否将任务标识符交给任务堆栈中在其之上的 Activity。如果任务的根 Activity 将此属性设置为 true，那么任务会用下一个 Activity 的 Intent 替换基本的 Intent。

```
resizeableActivity
```

应用是否支持多窗口模式。

```
screenOrientation
```

Activity 在设备上的显示方向。如果 Activity 在多窗口模式下运行，那么系统会忽略此属性。

```
showForAllUsers
```

当设备的当前用户不是启动 Activity 的用户时，是否要显示 Activity。可以将此属性设置为常量，也可以将此属性设置为包含布尔值的资源或主题。

```
stateNotNeeded
```

能否在不保存 Activity 状态的情况下将其终止并成功重新启动。值为 true 表示可以，值为 false 表示不可以。默认值为 false。

```
supportsPictureInPicture
```

Activity 是否支持画中画屏幕。

```
taskAffinity
```

与 Activity 有着相似性的任务。从概念的角度来看，具有相似性的 Activity 归属于同一个任务；而从用户的角度来看，则归属于同一个应用。任务的相似性由根 Activity 的相似性确定。

```
theme
```

对定义 Activity 总体主题的样式资源的引用。

```
uiOptions
```

有关 Activity 界面的额外选项。

```
windowSoftInputMode
```

Activity 的主界面与包含屏幕软键盘的界面之间的交互方式。

2. 声明 Intent 过滤器

Intent 过滤器是 Android 应用开发中的一项非常强大的功能。借助此功能，不但可以根据显式请求启动 Activity，而且可以根据隐式请求启动 Activity。例如，显式请求可能会告诉系统“在邮箱应用中启动‘发送电子邮件’界面”，而隐式请求可能会告诉系统“在任何能够完成此工作的 Activity 中启动‘发送电子邮件’界面”。系统界面询问用户使用哪个应用来执行任务，也就是 Intent 过滤器在起作用。

要使用此功能，需要在 <activity> 元素中声明 <intent-filter> 元素。此元素的定义包括 <action> 元素，以及可选的 <category> 元素、<data> 元素。这些元素组合在一起，可以指定 Activity 能够响应的 Intent 的类型。以下程序代码展示了如何配置一个发送文本并接收其他 Activity 的文本发送的请求的 Activity。

```
<activity
    android:name=".ExampleActivity"
    android:icon="@drawable/app_icon">
        <intent-filter>
            <action android:name="android.intent.action.SEND" />
            <category android:name="android.intent.category.DEFAULT" />
            <data android:mimeType="text/plain" />
        </intent-filter>
</activity>
```

在上述程序代码中，<action> 元素用于指定 Activity 可以发送的数据。将 <category> 元素声明为 DEFAULT 可以使 Activity 能够接收启动请求。<data> 元素用于指定 Activity 可以发送的数据类型。

以下程序代码展示了如何调用上述 Activity。

```
Intent sendIntent = new Intent()
sendIntent.setAction(Intent.ACTION_SEND);
sendIntent.setType("text/plain");
sendIntent.putExtra(Intent.EXTRA_TEXT, textMessage);
// Start the activity
startActivity(sendIntent);
```

在使用 Android Studio 创建一个项目并生成一个 Activity 时，经常可以在清单文件中看到以下程序代码。

```
<activity
    android:name=".MainActivity"
    android:exported="true">
        <intent-filter>
            <action android:name="android.intent.action.MAIN" />
            <category android:name="android.intent.category.LAUNCHER" />
        </intent-filter>
</activity>
```

而创建在第二个 Activity 后，默认是没有 android.intent.action.MAIN 和 android.intent.category.LAUNCHER 的，这里的 android.intent.action.MAIN 和 android.intent.category.LAUNCHER 的作用如下。

android.intent.action.MAIN：决定应用的入口 Activity，也就是在启动应用时首先显示哪个 Activity。

android.intent.category.LAUNCHER：Activity 应该被列入系统的启动器，允许用户启动它。Launcher 是 Android 中的桌面启动器，是桌面 UI 的统称。

要正常运行一个应用至少需要一个 Activity 同时拥有 android.intent.action.MAIN 和 android.intent.category.LAUNCHER。

4.2.2 创建 Activity

日常开发中经常需要向项目中新增 Activity，Android Studio 提供了快速创建 Activity 的方法。

选择“File”→“New”→“Activity”→“Empty Views Activity”命令，弹出如图 4-1 所示的“New Android Activity”对话框。

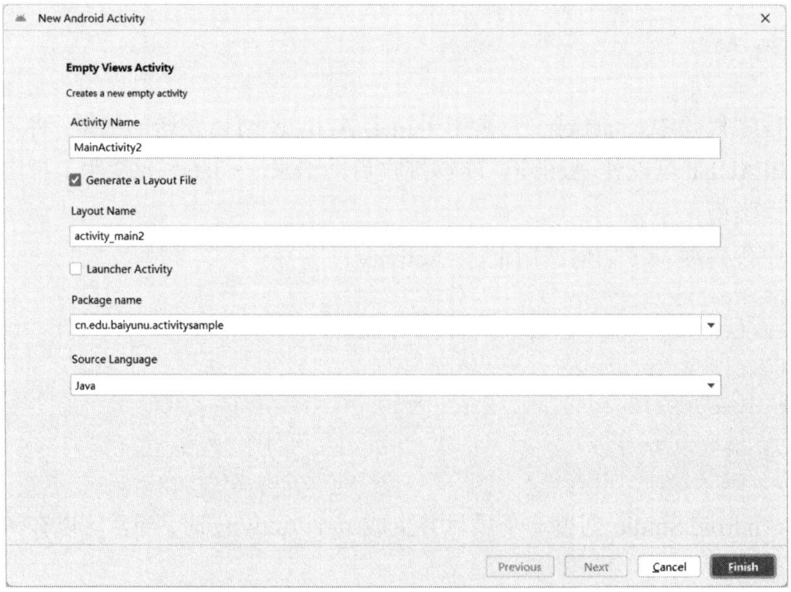

图 4-1 “New Android Activity”对话框

在该对话框中设置创建 Activity 的相关选项。该对话框中各选项的意义如下。

（1）Activity Name：新 Activity 的类名，假设该类名为 MainActivity2。

（2）Generate a Layout File：是否生成新布局文件。如果勾选此复选框，那么会顺带生成 Activity 对应的布局文件。

（3）Layout Name：布局文件的文件名。

（4）Launcher Activity：该 Activity 是否被列入系统的启动器。如果勾选此复选框，那么生成的 Activity 会注册与主程序入口相关的<action>元素为 android.intent.action.MAIN，以及<category>元素为 android.intent.category.LAUNCHER。

（5）Package Name：该 Activity 所属的包名。

（6）Source Language：所使用的代码语言。

设置好创建 Activity 的相关选项以后，点击“Finish”按钮，就创建完成了一个 Activity。

创建 Activity 的程序代码如下。

```
package cn.edu.baiyunu.activitysample;

import androidx.appcompat.app.AppCompatActivity;

import android.os.Bundle;

public class MainActivity2 extends AppCompatActivity
{
    @Override
    protected void onCreate(Bundle savedInstanceState) {
        super.onCreate(savedInstanceState);
        setContentView(R.layout.activity_main2);
    }
}
```

相应布局文件的程序代码如下。

```
<?xml version="1.0" encoding="utf-8"?>
<androidx.constraintlayout.widget.ConstraintLayout
    xmlns:android=http://schemas.android.com/apk/res/android
    xmlns:app=http://schemas.android.com/apk/res-auto
    xmlns:tools=http://schemas.android.com/tools
    android:layout_width="match_parent"
    android:layout_height="match_parent"
    tools:context=".MainActivity2">
</androidx.constraintlayout.widget.ConstraintLayout>
```

可以看到，MainActivity2 自动关联了布局文件 activity_main2。

如果已经存在 Activity 的类，那么需要增加相应的布局文件，可以通过选择“File”→“New”→“XML”→“Layout XML File”命令，弹出如图 4-2 所示的“New Android Component”对话框。

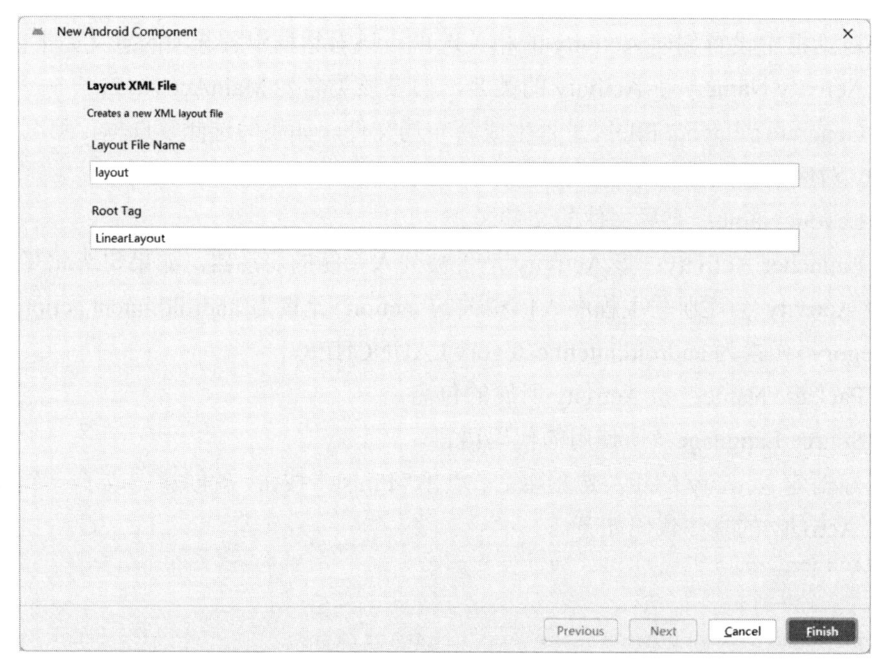

图 4-2 “New Android Component”对话框

该对话框中各选项的意义如下。

（1）Layout File Name：布局文件的文件名。

（2）Root Tag：布局的根布局类型。

相比在创建 Activity 的同时生成布局文件时默认使用 ConstraintLayout 作为根布局类型，在单独生成布局文件时可以指定根布局类型，而要单独创建布局文件则需要在 Java 文件中指定 Activity 关联的布局文件。

4.3 Activity 的生命周期

4.3.1 生命周期简介

当用户浏览、退出和返回到应用时，应用中的 Activity 会在其生命周期的不同状态之间转换。Activity 会提供许多回调方法，这些回调方法会让 Activity 知晓某个状态已经更改，如系统正在创建、停止或恢复某个 Activity，或者正在销毁该 Activity 所在的进程。

在生命周期回调方法中，程序可以声明用户离开和再次进入 Activity 时 Activity 的行为方式。例如，在流媒体视频播放器的应用中，当用户切换至另一个应用时，程序可能要暂停视频播放或终止网络连接。当用户返回时，可以重新连接网络并允许用户从同一个位置继续播放视频。换言之，每个回调方法都支持程序执行适合给定状态变更的特定任务。在合适的时间执行正确的任务，并妥善处理转换，将提升应用的稳健性和性能。例如，良好的生命周期回调方法的实现有助于防止应用出现以下问题。

（1）当用户在使用应用时接听来电或切换至另一个应用时崩溃。

（2）当用户未主动使用应用时，消耗宝贵的系统资源。

（3）当用户离开应用并在稍后返回时，丢失进度。

（4）当屏幕在横向和纵向之间转换时，程序崩溃或丢失进度。

4.3.2 生命周期的概念

为了在 Activity 的生命周期的各个阶段之间转换，Activity 提供了 7 个核心回调方法，即 onCreate()、onStart()、onResume()、onPause()、onStop()、onDestroy()和 onRestart()。当 Activity 进入新状态时，系统会调用其中的每个回调方法。

图 4-3 展示了 Activity 的生命周期对应的各个回调方法。

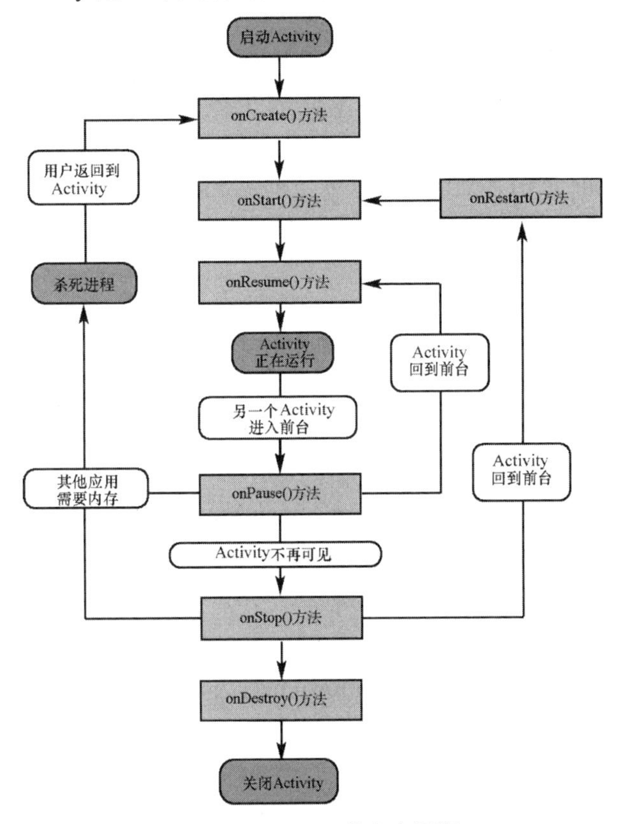

图 4-3　Activity 的生命周期

当用户开始离开 Activity 时，系统会通过调用方法来销毁 Activity。在某些情况下，此销毁只是部分销毁，Activity 仍然驻留在内存中（如当用户切换至另一个应用时），仍然可以返回到前台。如果用户返回到 Activity，那么 Activity 会从用户离开时的位置继续运行。除了少数情况，应用在后台运行时均会受到限制，无法启动 Activity。

系统是否终止给定进程及其中 Activity 的可能性取决于当时 Activity 的状态。基本原则是先终止处于后台的 Activity，再显示未获得焦点的 Activity，最后显示处于前台的 Activity。

根据 Activity 的复杂程度，可能不需要实现整个生命周期的所有方法。但是，了解每个方法，并实现能够确保应用按预期方式运行的方法，非常重要。

4.3.3 生命周期的回调

某些操作（如调用 setContentView()方法）属于 Activity 的生命周期的回调。不过，用于实现依赖组件操作的程序代码应放在组件内部。为此，必须使依赖组件具有生命周期感知能力。

1. onCreate()方法

Activity 必须实现此回调方法，它会在系统首次创建 Activity 时触发。Activity 会在创建后进入已创建状态。在 onCreate() 方法中，需要执行基本应用启动逻辑，该逻辑在 Activity 的整个生命周期中只发生一次。例如，实现 onCreate()方法可能会将数据绑定到列表中，将 Activity 与 ViewModel 关联，并实例化某些类作用域变量。onCreate()方法会接收参数 savedInstanceState，该参数是包含 Activity 先前保存状态的 Bundle。如果 Activity 此前未曾存在，那么 Bundle 的值为 NULL。以下是实现 onCreate() 方法的程序代码。

```
protected void onCreate(Bundle savedInstanceState) {
    super.onCreate(savedInstanceState);
    setContentView(R.layout.activity_main);
}
```

执行 onCreate() 方法可以实现 Activity 的某些基本设置，如声明界面（在 XML 文件中定义）、定义成员变量，以及配置某些界面。在上述程序代码中，系统通过将文件的资源 ID R.layout. activity_main 传递给 setContentView() 方法来定义 XML 文件。

除了定义 XML 文件，并将其传递给 setContentView()方法，还可以先新建 View，并将新建的 View 插入到 ViewGroup 中，以构建视图层次结构，再将根 ViewGroup 传递给 setContentView() 方法，以使用该布局。

此时，Activity 并未处于已创建状态。onCreate() 方法执行完成后，Activity 进入已开始状态，系统会相继调用 onStart() 方法和 onResume() 方法。

2. onStart()方法

调用 onStart() 方法会使 Activity 对用户可见，这是因为应用会为 Activity 进入前台并支持互动做准备。例如，应用通过调用 onStart()方法来初始化维护界面的程序代码。

当 Activity 进入已开始状态时，与 Activity 的生命周期相关的所有生命周期感知型组件都将收到 ON_START 事件。

onStart() 方法会非常快速地被执行完成，且与已创建状态一样，Activity 不会一直处于已开始状态。一旦 onStart()方法回调结束，Activity 便会进入已恢复状态，系统将调用 onResume() 方法。

以下是实现 onStart() 方法的程序代码。

```
@Override
```

```
protected void onStart()
{
    super.onStart();
}
```

在实现 onStart()方法时，主要需要调用父类的相关函数，以确保 Activity 正常生成。

3．onResume()方法

Activity 会在进入已恢复状态时回到前台，系统调用 onResume()方法，这是应用与用户互动的状态。应用会一直保持这种状态，直到某些事件发生，让焦点远离应用。此类事件包括接到来电、用户导航到另一个 Activity，或关闭设备屏幕。

当 Activity 进入已恢复状态时，与 Activity 的生命周期相关的所有生命周期感知型组件都将收到 ON_RESUME 事件。这时，生命周期组件可以启用在组件可见且位于前台时需要运行的任何功能，如启动相机预览功能。

当中断事件时，Activity 进入已暂停状态，系统调用 onPause() 方法。

如果 Activity 从已暂停状态变为已恢复状态，那么系统将再次调用 onResume() 方法。因此，应用应实现 onResume()方法，以初始化在 onPause() 方法期间释放的组件，并执行每次 Activity 进入已恢复状态时必须完成的任何其他初始化操作。

以下是实现 onResume() 方法的程序代码。

```
@Override
protected void onResume()
{
    super.onResume();
}
```

4．onPause()方法

系统将 onPause()方法视为用户将要离开当前 Activity 的第一个标志（尽管这并不总意味着 Activity 会被销毁）。onPause()方法表示 Activity 不再位于前台（尽管在用户处于多窗口模式时 Activity 仍然可见）。使用 onPause() 方法可以暂停或调整当 Activity 处于已暂停状态时不应继续（或应有节制地继续）的操作，以及希望很快恢复的操作。Activity 进入此状态的原因有很多。例如，某个事件会中断应用执行，这是常见的情况。

在 Android 7.0 及更高版本中，有多个应用在多窗口模式下运行。由于无论何时都只有一个应用可以拥有焦点，因此系统会暂停所有其他应用。

只要 Activity 虽仍然部分可见但并未处于焦点之中，它就会一直处于暂停状态。

当 Activity 进入已暂停状态时，与 Activity 的生命周期相关的所有生命周期感知型组件都将收到 ON_PAUSE 事件。这时，生命周期组件可以暂停在组件未位于前台时无须运行的任何功能，如暂停相机预览功能。

此外，还可以使用 onPause() 方法释放系统资源、传感器（如 GPS）手柄，或当 Activity 暂停且用户不需要时仍然可能影响电池续航时间的任何资源。然而，正如前面所述，在处于多窗口模式时，进入已暂停状态的 Activity 仍完全可见。因此，应该考虑通过使用 onStop()

方法而非 onPause()方法来完全释放或调整与界面相关的资源和操作，以便更好地支持多窗口模式。

执行 onPause()方法非常简单，不一定要有足够的时间来执行保存操作。因此，不应该通过使用 onPause()方法来保存应用或用户数据、进行网络调用、执行数据库事务，这是因为在实现 onPause()方法之前，此类工作可能无法完成。相反，应在 onStop()方法中执行高负载的关闭操作。

onPause()方法的实现并不意味着 Activity 离开已暂停状态。相反，Activity 会保持此状态，直到恢复或变成对用户完全不可见。如果 Activity 恢复，那么系统将再次调用 onResume()方法。如果 Activity 从已暂停状态变为已恢复状态，那么系统会让 Activity 继续留在内存中，并会在调用 onResume()方法时重新调用 Activity。在这种情况下，无须重新初始化在任何回调方法导致 Activity 进入已恢复状态期间创建的组件。如果 Activity 变为完全不可见，那么系统会调用 onStop()方法。

以下是实现 onPause() 方法的程序代码。

```
@Override
protected void onPause()
{
    super.onPause();
}
```

5. onStop()方法

如果 Activity 不再对用户可见，那么说明其已进入已停止状态，此时系统将调用 onStop() 方法。例如，当新启动的 Activity 覆盖整个屏幕时，可能会发生这种情况。如果 Activity 已结束运行并即将终止，那么系统可以调用 onStop()方法。

当 Activity 进入已停止状态时，与 Activity 的生命周期相关的所有生命周期感知型组件都将收到 ON_STOP 事件。这时，生命周期组件可以停止在组件未显示在屏幕中时无须运行的任何功能。

在 onStop()方法中，应用应释放或调整在应用对用户不可见时的无用资源。例如，应用可以停止动画效果，或从精确位置更新切换到粗略位置更新。使用 onStop() 方法而非 onPause() 方法可以确保与界面相关的工作继续进行，即使用户在多窗口模式下查看 Activity 也能如此。

此外，使用 onStop() 方法还可以执行 CPU 相对密集的关闭操作。例如，如果无法找到更合适的时机来将信息保存到数据库中，那么可以在 onStop() 中执行此操作。

以下是实现 onStop() 方法的程序代码。

```
@Override
protected void onStop()
{
    super.onStop();
}
```

6. onDestroy()方法

在销毁 Activity 之前，系统会先调用 onDestroy()方法。系统调用 onDestroy()方法的原因如下。

Activity 即将结束（如用户彻底关闭 Activity 或系统为 Activity 调用 finish()方法），或者配置变更（如设备旋转），系统暂时销毁 Activity。当 Activity 进入已销毁状态时，与 Activity 的生命周期相关的所有生命周期感知型组件都将收到 ON_DESTROY 事件。这时，生命周期感知型组件可以在 Activity 被销毁之前清理所需的任何数据。

应当通过使用 ViewModel 来包含 Activity 的相关视图数据，而不是通过在 Activity 中加入逻辑来确定 Activity 被销毁的原因。如果因配置变更而重新创建 Activity，那么 ViewModel 不必执行任何操作，这是因为系统将保留 ViewModel 并将其提供给下一个 Activity。如果不重新创建 Activity，那么 ViewModel 将调用 onCleared() 方法，以便在 Activity 被销毁前清除所需的任何数据。

可以使用 isFinishing() 方法区分上述两种情况。

如果 Activity 即将结束，那么 onDestroy()方法将是 Activity 收到的最后一个生命周期回调方法。如果因配置变更而调用 onDestroy()方法，那么系统会立即创建 Activity，并在新配置中为新 Activity 调用 onCreate()方法。

onDestroy() 方法应释放先前的回调方法（如 onStop()方法）尚未释放的所有资源。

以下是实现 onDestroy() 方法的程序代码。

```
@Override
protected void onDestroy()
{
    super.onDestroy();
}
```

7. onRestart()方法

Activity 在被重新启动时会调用 onRestart()方法，以便让 Activity 在被重新启动时进行一些必要的操作。

onRestart()方法应在 Activity 从后台重新回到前台时被调用，但是 onRestart()方法并非每次都会被调用。只有当 Activity 在后台停留的时间较长或系统内存不足时，才会调用 onRestart()方法。因此，在编写程序代码时，需要注意 onRestart()方法的使用。

在 onRestart()方法中可以进行一些必要的操作，如重新加载数据、重新初始化界面等。这些操作可以让用户在重新打开应用时看到最新的数据和界面状态，以改善用户体验。

此外，在 onRestart()方法中，还可以进行一些资源的释放操作。例如，释放一些占用内存较大的资源，以便让系统更好地管理内存，提高应用的性能。

需要注意的是，在 onRestart()方法中进行的操作应该尽量简单，不要占用过多的时间和资源，这是因为 onRestart()方法会在重新启动 Activity 时被调用。如果操作过于复杂，那么会导致 Activity 启动时间过长，进而影响用户体验。

以下是实现 onRestart() 方法的程序代码。

```
@Override
protected void onRestart()
{
    super.onRestart();
}
```

4.3.4 在 Activity 之间切换

在使用过程中，应用很可能会多次进入和退出 Activity。例如，用户可以点击“返回”按钮或 Activity 可能需要启动不同的 Activity。在 Activity 之间切换时，有时可能需要从某个 Activity 中传递数据到另一个 Activity 中，也有可能需要某个 Activity 反馈一些信息给另一个 Activity。本节将介绍要实现在 Activity 之间切换所需了解的知识。

1. 某个 Activity 启动另一个 Activity

某个 Activity 通常需要在某个时刻启动另一个 Activity。例如，当需要将应用从当前屏幕中移动到新屏幕中时，就会出现这种需求。

根据程序的 Activity 是否希望从即将启动的新 Activity 中获取返回结果，可以使用 startActivity() 方法或 startActivityForResult() 方法启动新 Activity。这两种方法都需要传入一个 Intent 。

Intent 用于指定要启动的具体 Activity，或描述要执行的操作类型（系统会选择相应的 Activity，该 Activity 甚至可以来自不同的应用）。Intent 还用于携带由已启动的 Activity 使用的少量数据。

1）startActivity()方法

如果启动的新 Activity 不需要返回结果，那么当前 Activity 可以通过调用 startActivity() 方法来启动。

在应用中工作时，通常只需要启动已知的 Activity。例如，以下程序代码展示了如何启动一个名为 SignInActivity 的 Activity。

```
Intent intent = new Intent(this, SignInActivity.class);
startActivity(intent);
```

应用可能还希望使用 Activity 中的数据执行某些操作，如发送电子邮件、发送短信、更新状态等。在这种情况下，应用自身可能不具有执行此类操作所需的 Activity，可以通过利用设备上其他应用提供的 Activity 来执行这些操作，这便是 Intent 的真正价值所在。可以创建一个 Intent，对需要执行的操作进行描述，系统会从其他应用中启动相应的 Activity。如果有多个 Activity 可以处理 Intent，那么用户可以选择要使用哪个 Activity。例如，要想允许用户发送电子邮件，可以创建以下 Intent。

```
Intent intent = new Intent(Intent.ACTION_SEND);
intent.putExtra(Intent.EXTRA_EMAIL, recipientArray);
startActivity(intent);
```

添加到 Intent 中的 EXTRA_EMAIL 是一个字符串数组，其中包含电子邮件的收件人地址。当电子邮件应用响应 Intent 时，会读取字符串数组，并将该数组放入电子邮件撰写表单的“收件人”字段。在这种情况下，电子邮件应用的 Activity 会被启动。当用户完成操作时，Activity 会继续运行。

2）startActivityForResult()方法

有时，应用希望在被启动的 Activity 结束时从 Activity 中获取返回结果。例如，可以启动一个 Activity，让用户在联系人列表中选择收件人。当 Activity 结束时，系统将返回用户选择的收件人。为此，应用可以调用 startActivityForResult(Intent, int)。其中，参数 int 用于消除来自同一个 Activity 的多次调用 startActivityForResult(Intent, int) 的歧义。这不是全局标识符，不存在与其他应用或 Activity 发生冲突的风险。结果通过 onActivityResult(int, int, Intent) 返回。

当被启动的 Activity 退出时，可以调用 setResult(int) 将数据返回给启动者。被启动的 Activity 必须始终提供结果，可以是标准值 RESULT_CANCELED、RESULT_OK，也可以是从 RESULT_FIRST_USER 开始的任何自定义值。此外，被启动的 Activity 可以根据需要返回包含它所需的任何其他数据的 Intent 。启动的 Activity 使用 onActivityResult(int, int, Intent) 以及最初提供的标识符接收信息。

如果被启动的 Activity 因一些原因（如崩溃）而失败，那么启动的 Activity 将收到 RESULT_CANCELED 。

以下程序代码展示了如何启动联系人应用，并选择收件人。

```
public class MyActivity extends Activity {
    // …
    static final int PICK_CONTACT_REQUEST = 0;
    public boolean onKeyDown(int keyCode, KeyEvent event) {
        if (keyCode == KeyEvent.KEYCODE_DPAD_CENTER) {
            startActivityForResult(
                new Intent(Intent.ACTION_PICK,
                new Uri("content://contacts")),
                PICK_CONTACT_REQUEST);
            return true;
        }
        return false;
    }

    protected void onActivityResult(int requestCode, int resultCode, Intent
data) {
        if (requestCode == PICK_CONTACT_REQUEST) {
            if (resultCode == RESULT_OK) {
                startActivity(new Intent(Intent.ACTION_VIEW, data));
            }
        }
    }
}
```

2．协调 Activity

当从某个 Activity 中启动另一个 Activity 时，它们都会经历生命周期的转换。某个 Activity 进入已暂停状态或已停止状态，同时创建另一个 Activity。如果这些 Activity 共享保存到磁盘或其他位置的数据，那么必须明确某个 Activity 在创建另一个 Activity 之前并未完全停止。相反，启动另一个 Activity 的过程与停止某个 Activity 的过程重叠。

生命周期回调的顺序已有明确定义，特别是当两个 Activity 在同一个进程中且其中一个要启动另一个时。以下是 Activity A 启动 Activity B 时的操作的发生顺序。

（1）执行 Activity A 的 onPause() 方法。

（2）依次执行 Activity B 的 onCreate()方法、onStart() 方法和 onResume() 方法（Activity B 现在具有用户焦点）。

要在屏幕中不再显示 Activity A，应执行 onStop() 方法。

可以使用这种可预测的生命周期回调的顺序管理从某个 Activity 到另一个 Activity 的信息转换。

4.4 Activity 的启动模式

4.4.1 任务与 Activity

任务是用户在执行某项工作时与之互动的一系列 Activity 的集合。这些 Activity 按照每个 Activity 的打开顺序排列在一个堆栈中。例如，电子邮件应用可能有一个 Activity 用于显示新邮件列表。当用户选择一封邮件时，系统会打开一个新 Activity 用于显示该邮件。这个新 Activity 会被添加到堆栈中。如果用户点击“返回”按钮，那么这个新 Activity 会完成并从堆栈中退出。

在 Android 7.0 及更高版本中，当多个应用被同时运行时，系统会单独管理每个窗口的任务，而每个窗口可能包含多项任务。

大多数任务都从设备主界面中启动。当用户轻轻点击应用启动器中的图标（或主界面中的快捷方式）时，应用的任务就会转到前台运行。如果应用不存在任务（应用最近没有被使用过），那么会创建一个新任务，且应用的主 Activity 将会作为堆栈的根 Activity 被打开。

从某个 Activity 中启动另一个 Activity 时，新 Activity 将被推送到堆栈顶部并获得焦点。旧 Activity 仍被保留在堆栈中，但会停止。当停止 Activity 时，系统会保留当前状态。当用户点击“返回”按钮时，当前 Activity 会从堆栈顶部退出（Activity 被销毁），旧 Activity 会被恢复（会恢复到上一个状态）。堆栈中的 Activity 永远不会重新排列，只会被送入和退出。当前 Activity 启动时，会被送入堆栈。当用户点击“返回”按钮时，当前 Activity 会在离开时从堆栈中退出。因此，堆栈遵循“后进先出”的规则。Activity 堆栈的运作模式如图 4-4 所示。

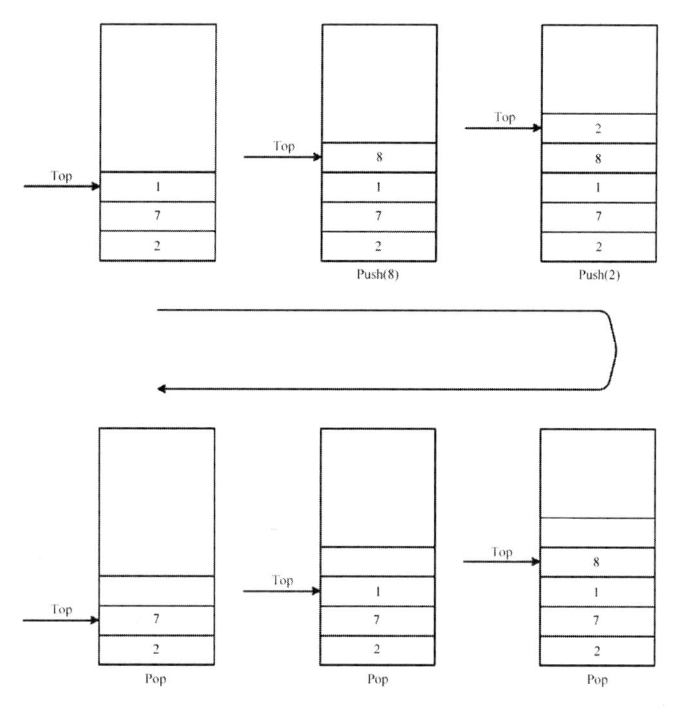

图 4-4　Activity 堆栈的运作模式

如果用户继续点击“返回”按钮，那么堆栈中的 Activity 会逐个退出，以显示前一个 Activity，直到用户返回到主界面（或任务开始时运行的 Activity）中。移除堆栈中的所有 Activity 后，任务将不复存在。

任务是一个整体单元，当用户开始一个新任务或进入主界面时，可以将任务移至后台。在后台时，会停止任务中的所有 Activity，但任务的堆栈会保持不变，当启动其他任务时，当前任务只是失去了焦点。这样一来，任务就可以返回到前台，以便用户从离开的位置继续操作。

由于堆栈中的 Activity 不会被重新排列，因此如果应用允许用户从多个 Activity 中启动特定的 Activity，那么系统会创建该 Activity 的新实例并将其推送到堆栈中（而不是将该 Activity 的某个先前的实例移至堆栈顶部）。

这样一来，应用中的一个 Activity 就可能被多次实例化（甚至从其他任务中对其进行实例化）。因此，如果用户点击“返回”按钮向后导航，那么 Activity 的每个实例都将按照它们被打开的顺序显示出来（每个实例都有自己的界面状态）。不过，如果不希望某个 Activity 被多次实例化，那么可以修改此行为。

综上所述，Android 管理任务和返回堆栈的方式是将所有接连启动的 Activity 放到同一个任务和一个遵循“后进先出”规则的堆栈中，这对于大多数应用都很有效，且不必担心 Activity 如何与任务关联，或它们如何存在于返回堆栈中。不过，程序可能需要决定是否要打破正常行为，或许希望应用中的某个 Activity 在启动时开启一个新任务（而不是被放到当前任务中），或许希望当启动某个 Activity 时，调用它的一个现有实例（而不是在堆栈顶部创建一个新实例），或许希望在用户离开任务时清除返回堆栈中除根 Activity 以外的所有

Activity。

可以借助清单文件中 <activity> 元素的属性，以及传递给 startActivity() 方法的 Intent 标记来实现上述目的。

清单文件中的 <activity> 元素的主要属性有 taskAffinity、launchMode、allowTaskReparenting、clearTaskOnLaunch、alwaysRetainTaskState、finishOnTaskLaunch。

Intent 标记主要有 FLAG_ACTIVITY_NEW_TASK、FLAG_ACTIVITY_SINGLE_TOP、FLAG_ACTIVITY_CLEAR_TOP。

4.4.2 使用清单文件

在清单文件中声明 Activity 时，可以使用 <activity> 元素的 launchMode 属性指定 Activity 应如何与任务关联。

launchMode 属性用于说明 Activity 应如何在任务中启动。可以为 launchMode 属性指定以下 4 种不同的启动模式。

1．standard

standard 为默认启动模式。在 standard 启动模式下，系统在启动 Activity 的任务中实例化 Activity，并将 Intent 传送给该实例。Activity 可以被多次实例化，每个实例都可以属于不同的任务，一个任务可以拥有多个实例。

2．singleTop

在 singleTop 启动模式下，如果当前任务的顶部已存在 Activity 的实例，那么系统会通过调用 onNewIntent() 方法来将 Intent 传送给该 Activity 的实例，而不是创建新实例。

例如，假设任务的堆栈包含根 Activity A、Activity B、Activity C 和位于顶部的 Activity D（堆栈为 A-B-C-D，D 位于顶部），收到以 Activity D 为目标的 Intent。如果 Activity D 采用默认的 standard 启动模式，那么会启动该类的新实例，且堆栈将变为 A-B-C-D-D。然而，如果 Activity D 采用 singleTop 启动模式，那么 Activity D 的现有实例会通过 onNewIntent() 方法接收 Intent，这是因为它位于堆栈顶部，堆栈仍为 A-B-C-D。如果收到以 Activity B 为目标的 Intent，那么会在堆栈中添加 Activity B 的新实例，即使启动模式为 singleTop 也是如此。

3．singleTask

在 singleTask 启动模式下，系统会创建新任务，并实例化新任务的根 Activity。然而，如果另外的任务中已存在该 Activity 实例，那么系统会通过调用 onNewIntent() 方法将 Intent 转移到现有实例中，而不是创建新实例。一个任务一次只能有一个实例存在。

4．singleInstance

singleInstance 启动模式与 singleTask 启动模式相似，唯一不同的是系统不会将任何其他 Activity 启动到包含该 Activity 的实例的任务中。该 Activity 始终是任务唯一的成员。由该 Activity 启动的任何 Activity 都会被在其他任务中打开。

4.4.3 使用 Intent 标记

启动 Activity 时可以通过在传送给 startActivity() 方法的 Intent 中使用相应的标记来修改 Activity 与其任务的默认关联。

以下程序代码展示了如何使用 Intent 标记。

```
it.setFlags(Intent.FLAG_ACTIVITY_NEW_TASK|Intent.FLAG_ACTIVITY_CLEAR_TASK);
```

可以使用以下 Intent 标记来修改默认行为。

1．FLAG_ACTIVITY_NEW_TASK

在新任务中启动 Activity 时，如果现在启动的 Activity 中已经有任务在运行，那么系统会将该任务转到前台并恢复其最后的状态，而 Activity 将在 onNewIntent() 方法中收到新 Intent。

这与上一节中介绍的使用 singleTask 启动模式产生的行为相同。

2．FLAG_ACTIVITY_SINGLE_TOP

如果要启动的 Activity 是当前 Activity（即位于返回堆栈顶部的 Activity），那么会收到对 onNewIntent() 方法的调用结果，而不会创建新实例。

这与上一节中介绍的使用 singleTop 启动模式产生的行为相同。

3．FLAG_ACTIVITY_CLEAR_TOP

如果要启动的 Activity 已经在当前任务中运行，那么不会启动该 Activity 的新实例，而会销毁位于它之上的所有其他 Activity，并通过 onNewIntent() 方法将 Intent 传送给已恢复的实例（现在位于堆栈顶部）。

launchMode 属性没有可产生此行为的值。

FLAG_ACTIVITY_CLEAR_TOP 经常与 FLAG_ACTIVITY_NEW_TASK 结合使用。将这两个 Intent 标记结合使用，可以查找其他任务中的现有 Activity，并将其置于能够响应 Intent 的位置。

4.5 Intent

4.5.1 Intent 简介

Intent 是一个消息传递对象，用来从其他组件请求操作。尽管 Intent 可以通过多种方式促进组件之间的通信，但其基本用例主要包括以下 3 个。

1．启动 Activity

通过将 Intent 传递给 startActivity()方法，可以启动新 Activity 。Intent 用于描述要启动

的 Activity，并携带任何必要的数据。

如果希望在新 Activity 运行结束后收到结果，那么需要调用 startActivityForResult()方法。在 Activity 的 onActivityResult() 方法的回调过程中，Activity 将接收单独的 Intent 作为结果。

如果当前任务顶部已存在 Activity 实例，那么系统会调用 onNewIntent() 方法。

2. 启动 Service

Service 是一个不使用用户界面而在后台执行操作的组件。使用 Android 5.0 及更高版本，可以启动包含 JobScheduler 的 Service。

对于 Android 5.0 之前的版本，可以使用一些方法启动 Service。通过将 Intent 传递给 startService()方法，可以启动 Service，执行一次性操作，如下载文件。Intent 用于描述要启动的 Service，并携带任何必要的数据。

如果 Service 旨在使用客户端/服务器接口，那么可以将 Intent 传递给 bindService()方法。

3. 传递 Broadcast

Broadcast（广播）是任何应用均可以接收的消息。系统将针对系统事件（如启动系统或设备开始充电）传递各种 Broadcast。通过将 Intent 传递给 sendBroadcast() 方法或 sendOrderedBroadcast()方法，可以将 Broadcast 传递给其他应用。

4.5.2 Intent 的类型

Intent 分为以下两种类型。

1. 显式 Intent

显式 Intent 通过提供目标应用的软件包名或完全限定的组件类名来指定可以处理 Intent 的应用。通常，用户在自己的应用中使用显式 Intent 启动组件，这是因为用户知道要启动的 Activity 或 Service 的类名。例如，可能会启动应用内的新 Activity 以响应用户操作，也可能会启动 Service 以在后台下载文件。

以下程序代码展示了如何使用显式 Intent 启动 Activity。

```
Intent intent = new Intent(this, SignInActivity.class);
startActivity(intent);
```

运行上述程序代码会启动与自身处于同一个包中的已知名为 SignInActivity 的 Activity。

2. 隐式 Intent

隐式 Intent 不会指定特定的组件，而会声明要执行的常规操作，从而允许其他应用中的组件来处理。例如，若需要在地图上向用户显示位置，则可以使用隐式 Intent，请求另一个具有此功能的应用在地图上显示指定的位置。

以下程序代码展示了如何使用隐式 Intent 启动 Activity。

```
Intent sendIntent = new Intent();
```

```
sendIntent.setAction(Intent.ACTION_SEND);
sendIntent.putExtra(Intent.EXTRA_TEXT, textMessage);
sendIntent.setType("text/plain");
if (sendIntent.resolveActivity(getPackageManager()) != null) {
    startActivity(sendIntent);
}
```

运行上述程序代码，会向系统发起分享一段内容的请求。

相对于显式 Intent，隐式 Intent 并不知道被启动的 Activity 的具体信息，包括 Activity 属于哪个应用，属于哪个包，具体的名称是什么，甚至 Activity 是否存在。系统接收到这个请求，会将符合条件的 Activity 匹配出来。如果只能匹配一个 Activity，那么会自动启动该 Activity；如果能匹配多个 Activity，那么系统会弹出提示框，由用户决定使用哪个 Activity。

4.5.3 构建 Intent

Intent 携带 Android 用来确定要启动哪个组件的信息(如准确的组件名或应当接收 Intent 的类型)，以及收件人组件为了正确执行操作而使用的信息（如要采取的操作及要处理的数据)。

Intent 中包含的主要信息如下。

1. 组件名

这既是可选项，又是构建显式 Intent 的一项重要信息，意味着 Intent 应当仅传递给由组件名定义的组件。如果没有组件名，那么 Intent 为隐式 Intent，且系统将根据其他 Intent 中包含的信息（如操作、数据和类别等）决定哪个组件应当接收 Intent。若需在应用中启动特定组件，则应指定该组件名。

在启动 Service 时，应始终指定组件名。否则，用户无法确定哪个 Service 会响应 Intent，且无法看到哪个 Service 已被启动。

2. 操作

（1）可以指定要执行的通用操作（如查看或选取）的字符串。

对于广播 Intent，这是指已发生且正在报告的操作。操作会在很大程度上决定其余 Intent 的构成，特别是数据和 Extra 中包含的内容。

（2）也可以指定自己的操作以供 Intent 在应用中使用或其他应用在本应用中调用组件。但是，通常应该使用由 Intent 或其他框架类定义的操作常量。表 4-1 是一些常见的 Intent 操作。

表 4-1 常见的 Intent 操作

Intent 操作	说明
ACTION_MAIN	程序入口
ACTION_VIEW	自动以最合适的方式显示数据
ACTION_EDIT	显示可以编辑的数据
ACTION_PICK	选择数据，并且返回它

续表

Intent 操作	说明
ACTION_DAIL	在拨号界面中显示数据指向的号码
ACTION_CALL	拨打数据指向的号码
ACTION_SEND	发送一组数据到指定的位置
ACTION_SENDTO	发送多组数据到指定的位置
ACTION_RUN	不管数据是什么都运行数据
ACTION_SEARCH	进行搜索
ACTION_WEB_SEARCH	进行网上搜索
ACRION_SYNC	执行同步一个数据
ACTION_INSERT	插入数据

3. 数据

可以引用待操作的数据或该数据 MIME 类型的 URI（Uniform Resource Identifier，统一资源标识符）。提供的数据类型通常由 Intent 操作决定。例如，如果操作是 ACTION_EDIT，那么数据应包含待编辑文档的 URI。

在创建 Intent 时，除了应指定 URI，指定数据类型（MIME 类型）也很重要。例如，能够显示图像的 Activity 可能无法播放音频文件，即便在与 URI 格式十分类似时也是如此。因此，指定数据的 MIME 类型有助于 Android 找到接收 Intent 的最佳组件。然而，有时 MIME 类型可以从 URI 中推断得出，特别是当数据为 content:URI 时。content:URI 表明数据位于设备中，且由 ContentProvider 控制，这使得 MIME 类型对系统可见。

若只指定 URI，则需要调用 setData()方法。若只设置 MIME 类型，则需要调用 setType()方法。若有必要，则可以使用 setDataAndType() 方法同时显式设置 LIRI 和 MIME 类型。

4. 类别

类别是一个包含应处理 Intent 的类型的附加信息的字符串。可以将任意数量的类别描述放入一个 Intent，但大多数 Intent 均不需要类别。

5. Extra

Extra 携带完成请求操作所需的附加信息的键值对。正如某些操作使用特定类型的 URI 一样，有些操作也使用特定的 Extra。

可以使用各种 putExtra() 方法添加 Extra，每种方法均接收两个参数：键和值。还可以创建一个包含所有 Extra 的 Bundle，并使用 putExtras() 方法将 Bundle 插入 Intent 。

例如，在使用 ACTION_SEND 创建用于发送电子邮件的 Intent 时，可以使用 EXTRA_EMAIL 指定目标收件人，并使用 EXTRA_SUBJECT 指定主题。

6. 标志

标志在 Intent 中定义，充当 Intent 的元数据。标志可以指示 Android 如何启动 Activity（如 Activity 应属于哪个任务），以及 Activity 被启动之后如何处理（如 Activity 是否在最近的 Activity 列表中）。

4.5.4 接收隐式 Intent

要公布应用可以接收哪些隐式 Intent，需要在清单文件中使用 <intent-filter> 元素为每个应用声明一个或多个 Intent 过滤器。每个 Intent 过滤器均根据操作、数据和类别指定自身接收的 Intent 的类型。仅当隐式 Intent 可以通过其中一个 Intent 过滤器传递时，系统才会将该 Intent 传递给组件。

显式 Intent 始终会被传递给其目标，无论组件声明的 Intent 过滤器如何均是如此。

组件应当为自身可执行的每个特定任务声明单独的 Intent 过滤器。例如，图片库应用中的一个 Activity 可能会有两个 Intent 过滤器，分别用于查看图片和编辑图片。当启动 Activity 时，将检查 Intent 并根据 Intent 中的信息决定具体的行为，如是否显示编辑器。

每个 Intent 过滤器均由清单文件中的 <intent-filter> 元素定义，并被嵌套在相应的组件（如<activity> 元素）中。在 <intent-filter> 元素内部，可以使用以下 3 个元素中的一个或多个指定要接收的 Intent 的类型。

1. <action>元素

在 name 属性中，声明要接收的 Intent 操作。name 属性的值必须是操作的文本字符串，而不是类常量。

2. <data>元素

使用一个或多个指定 Uri 各个方面和 MIME 类型的属性，声明要接收的数据类型。

3. <category>元素

在 name 属性中，声明要接收的 Intent 的类型。name 属性的值必须是操作的文本字符串，而不是类常量。

以下是一个使用包含 Intent 过滤器的 Activity 的声明。当数据类型为文本型时，系统将接收 ACTION_SEND Intent。

```
<activity android:name="ShareActivity">
    <intent-filter>
        <action android:name="android.intent.action.SEND"/>
        <category android:name="android.intent.category.DEFAULT"/>
        <data android:mimeType="text/plain"/>
    </intent-filter>
</activity>
```

4.6 Fragment

4.6.1 Fragment 简介

随着应用开发越来越深入，类似平板计算机、智能电视等大屏幕设备出现，单个 Activity

也变得越来越复杂，这导致 Activity 的耦合度越来越高，Android 引入了 Fragment 的概念，旨在降低 Activity 的耦合度，使一个 Activity 可以划分为多个区域进行开发，而其中的某个区域还可以被其他 Activity 重复使用，以使相应的程序代码可以重复使用。

Fragment 表示应用界面中可以重复使用的一部分。Fragment 定义和管理自己的布局，具有自己的生命周期，且可以处理自己的输入事件。Fragment 不能独立存在，必须由 Activity 或其他 Fragment 托管。Fragment 的视图层次结构会成为宿主的视图层次结构的一部分，或附加到宿主的视图层次结构上。

Fragment 允许将界面划分为离散的区域，从而将模块化和可重用性引入 Activity 的界面。Activity 是围绕应用的界面放置全局元素（如抽屉式导航栏）的理想位置。相反，Fragment 更适合定义和管理单个屏幕或部分屏幕的界面。

假设有一个响应各种屏幕尺寸的应用。在大屏设备上，可能希望应用以网格布局显示静态抽屉式导航栏和列表，如图 4-5（a）所示；而在小屏设备上，则可能希望应用以线性布局显示底部导航栏和列表，如图 4-5（b）所示。

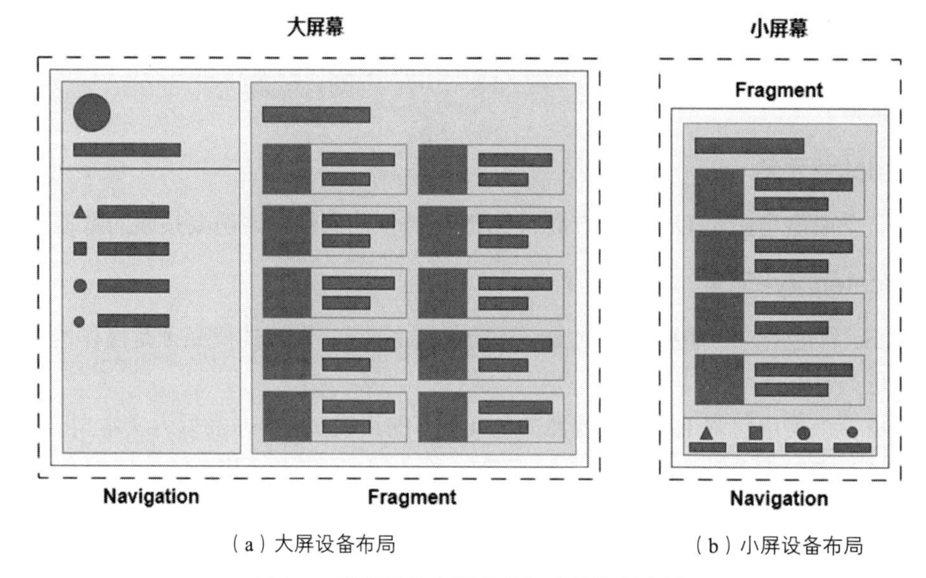

（a）大屏设备布局　　（b）小屏设备布局

图 4-5　某应用的大屏设备与小屏设备布局

在 Activity 中管理这些变体非常麻烦。将导航元素与内容分离可以使此过程更易于管理。Activity 负责显示正确的导航界面，而 Fragment 负责采用合适的布局显示列表。

使用 Fragment 可以轻松地在运行时修改 Activity 的外观。当 Activity 处于 STARTED 状态或更高级的状态时，可以添加、替换或移除 Fragment。此外，还可以将这些更改的信息保留到由 Activity 管理的返回堆栈中，以便在有需要时撤销更改。

可以在同一个 Activity 或不同的 Activity 中使用相同的 Fragment 的多个实例，甚至可以将其用作另一个 Fragment 的子级。考虑到这一点，需要仅为 Fragment 提供管理其自身界面所需的逻辑，避免出现一个 Fragment 过于依赖另一个 Fragment，或使用一个 Fragment 操控另一个 Fragment 的情况。

4.6.2 创建与使用 Fragment

1. 创建 Fragment

选择“File”→“New”→“Fragment”→“Fragment（Blank）”命令，弹出如图 4-6 所示的“New Android Component”对话框。

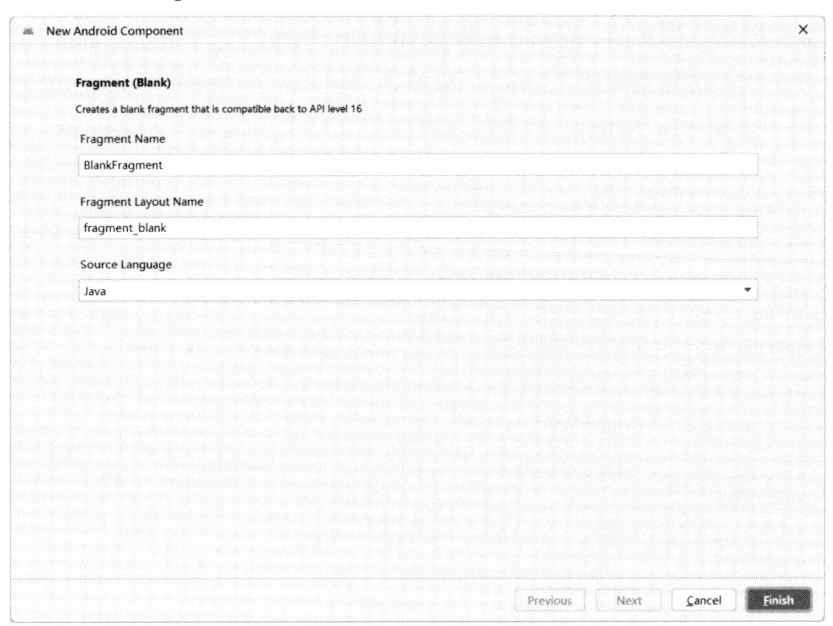

图 4-6 “New Android Component”对话框

在该对话框中设置创建 Fragment 的相关选项。该对话框中各选项的意义如下。

（1）Fragment Name：创建的 Fragment 的类名。

（2）Fragment Layout Name：布局文件的文件名。

（3）Source Language：源代码语言。

创建的 Fragment 自动添加了程序代码，可以清理这些程序代码。清理后的 Fragment 的程序代码如下。

```
    public class BlankFragment extends Fragment {
        public BlankFragment() {
        }

        @Override
        public void onCreate(Bundle savedInstanceState) {
            super.onCreate(savedInstanceState);
        }

        @Override
        public View onCreateView(LayoutInflater inflater, ViewGroup container,
Bundle savedInstanceState) {
```

```
        return inflater.inflate(R.layout.fragment_blank, container, false);
    }
}
```

2．使用 Fragment

使用 Fragment 的原理是将 Activity 的部分或全部区域剥离进行单独管理，以达到降低耦合度、重复使用组件的目的。因此，需要在 Activity 的布局文件中定义部分或全部区域作为占位符，并在程序运行期间使用 Fragment 替换该区域，以达到使用 Fragment 的目的。以下程序代码展示了如何在 Activity 的布局文件中定义一个区域用于 Fragment。

```
<?xml version="1.0" encoding="utf-8"?>
<LinearLayout xmlns:android=http://schemas.android.com/apk/res/android
    xmlns:app=http://schemas.android.com/apk/res-auto
    xmlns:tools=http://schemas.android.com/tools
    android:layout_width="match_parent"
    android:layout_height="match_parent"
    android:orientation="vertical"
    tools:context=".MainActivity">

    <FrameLayout
        android:id = "@+id/fragment_container "
        android:layout_width="match_parent"
        android:layout_height="match_parent"
        android:layout_weight="1"
        android:background="@color/green">
    </FrameLayout>

    <LinearLayout
        android:layout_width="match_parent"
        android:layout_height="wrap_content"
        android:orientation="horizontal"
        android:gravity="center_vertical">

        <Button
            android:id="@+id/btn_a"
            android:layout_width="0dp"
            android:layout_height="wrap_content"
            android:text="Fragment A"
            android:layout_weight="1">
        </Button>

        <Button
            android:id="@+id/btn_b"
            android:layout_width="0dp"
```

```
            android:layout_height="wrap_content"
            android:text="Fragment B"
            android:layout_weight="1">
        </Button>

        <Button
            android:id="@+id/btn_c"
            android:layout_width="0dp"
            android:layout_height="wrap_content"
            android:text="Fragment C"
            android:layout_weight="1">
        </Button>
    </LinearLayout>
</LinearLayout>
```

上述程序代码定义了类型为 FrameLayout、ID 为 fragment_container 的组件，用于在程序运行期间被替换为具体的 Fragment，运行效果如图 4-7 所示。

图 4-7　运行效果

FragmentManager 负责在应用的 Fragment 中执行一些操作（如添加或替换），以及将这些操作添加到返回堆栈中。在运行时，FragmentManager 可以通过执行返回堆栈操作来响应用户互动。每组更改作为一个单元（又称 FragmentTransaction）一起提交。

若需在布局容器中显示 Fragment，则应使用 FragmentManager 创建 FragmentTransaction。随后，可以对布局容器执行添加或替换操作。

例如，一个简单的 FragmentTransaction 可能如下。

```
FragmentManager fragmentManager =
getSupportFragmentManager();
fragmentManager.beginTransaction()
    .replace(R.id.fragment_container, ExampleFragment.class, null)
    .setReorderingAllowed(true)
    .addToBackStack("name")
    .commit();
```

在上述程序代码中，ExampleFragment 会替换当前在布局容器中的 Fragment，该布局容器由 R.id.fragment_container 进行标识。将 Fragment 的类提供给 replace() 方法可让 FragmentManager 使用 FragmentFactory 进行实例化。

除了可以使用在布局文件中定义占位组件的方式向 Activity 中插入 Fragment，还可以使用程序代码生成的方式向 Activity 中插入 Fragment。

4.6.3 Fragment 的生命周期

像 Activity 一样，Fragment 也有生命周期，由于 Fragment 不能单独使用，只能依托其他 Fragment 或 Activity，因此 Fragment 的生命周期与 Activity 的生命周期息息相关，Activity 的生命周期会直接影响到 Fragment 的生命周期。Fragment 的状态与 Activity 的状态类似，Fragment 存在如下 4 种状态。

运行：当前 Fragment 位于前台，用户可见，可以获得焦点。

暂停：其他 Activity 位于前台，Fragment 依然可见，只是不能获得焦点。

停止：Fragment 不可见，失去焦点。

销毁：Fragment 被完全删除，或 Fragment 所在的 Activity 被结束。

图 4-8 展示了 Fragment 的生命周期与 Activity 的生命周期的关联。

可以看出，Activity 的生命周期中的方法在 Fragment 的生命周期中基本都有，而在 Fragment 的生命周期中还多了几个方法。Fragment 的生命周期中的各个方法的含义如下。

onAttach()：Fragment 与 Activity 发生关联时被回调。

onCreate()：创建 Fragment 时被回调。

onCreateView()：每次创建、绘制 Fragment 的 View 时被回调，Fragment 将会显示返回的 View。

onActivityCreated()：启动完成 Fragment 所在的 Activity 后被回调。

onStart()：启动 Fragment 时被回调，此时 Fragment 可见。

onResume()：恢复 Fragment 时被回调，此时获取焦点。

onPaused()：暂停 Fragment 时被回调，此时失去焦点。

onStop()：停止 Fragment 时被回调，此时 Fragment 不可见。

onDestroyView()：销毁与 Fragment 有关的视图，但未与 Activity 解除绑定。

onDestroy()：销毁 Fragment 时被回调。

onDetach()：与 onAttach()方法对应，取消 Fragment 与 Activity 关联时被回调。

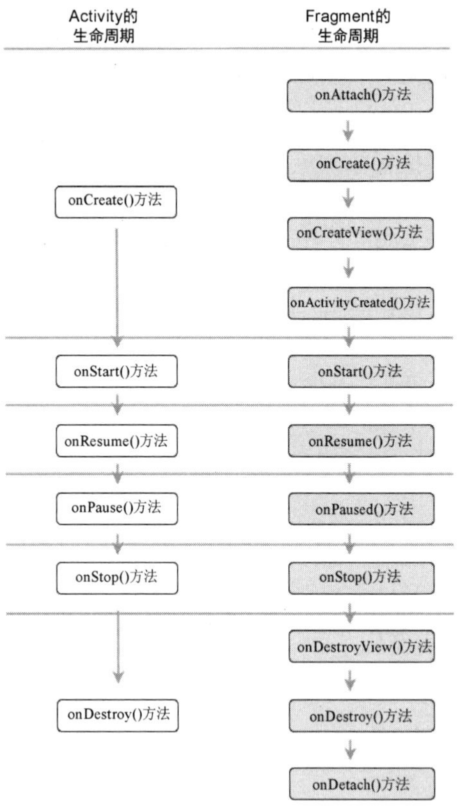

Activity的生命周期 | Fragment的生命周期

onAttach()方法
onCreate()方法
onCreate()方法 | onCreateView()方法
onActivityCreated()方法
onStart()方法 | onStart()方法
onResume()方法 | onResume()方法
onPause()方法 | onPaused()方法
onStop()方法 | onStop()方法
onDestroyView()方法
onDestroy()方法 | onDestroy()方法
onDetach()方法

图 4-8 Fragment 的生命周期与 Activity 的生命周期的关联

本章小结

本章主要介绍了 Android 应用开发中的重要组件之一 Activity，Activity 需要在清单文件中声明并配置相关属性，并通过 Activity 生命周期的回调方法实现整个操作流程。

当应用内多个 Activity 相互调用或不同应用之间交互时，需要使用 Intent 作为媒体中介，提供相互调用的相关信息，实现调用者与被调用者之间的解耦。

若单个 Activity 过于复杂导致难以维护或希望重用 Activity 中的局部区域代码，则应考虑使用 Fragment，以降低代码的复杂度，提高代码的可重用性。

拓展实践

1．Activity 的生命周期

（1）创建一个项目 ActivityLife，设置包名为 cn.edu.baiyunu.activitylife，使用 Java 语言，设置模板为 Empty Activity。

（2）新增一个 Activity，设置名称为 FirstActivity，并在 AndroidManifest.xml 文件中声明该 Activity。

（3）为各个重载函数添加日志输出。

（4）运行程序，并退出程序，设置 Logcat 的输出过滤，只显示标签为 MainActivity 的日志。

2．显式 Intent 与隐式 Intent

（1）创建一个项目 IntentSample，设置包名为 cn.edu.baiyunu.intentsample，使用 Java 语言，设置模板为 Empty Activity。

（2）新增一个 Activity，设置名称为 FirstActivity，并在 AndroidManifest.xml 文件中声明该 Activity。

（3）在 MainActivity 中添加一个 Button，并实现其响应方法。

（4）运行程序，可以看到点击按钮后程序切换到 FirstActivity。

（5）在 MainActivity 中添加两个 Button，并实现其响应方法。

（6）在 MainActivity 中添加 onActivityResult()方法。

（7）运行程序，点击第一个按钮，选择其中一个通讯录（如果没有，那么请先创建一个），返回后第二个按钮变为可点击状态。

3．Activity 之间的数据传递

（1）创建一个项目 DataSample，设置包名为 cn.edu.baiyunu.datasample，使用 Java 语

言，设置模板为 Empty Activity。

（2）为 MainActivity 添加两个 EditText，设置 id 属性的值分别为 et_phone 与 et_psw。

（3）为 MainActivity 添加两个 Button，设置 id 属性的值分别为 btn_login 与 btn_reset。

（4）为 btn_reset 添加响应代码，使用 Intent 将 et_phone 的内容作为启动其他 Activity 的数据。

（5）新增 FirstActivity，添加 3 个 EditText，设置 id 属性的值分别为 et_phone、et_code 和 et_psw，并在 onCreate()方法中添加获取 Activity 启动数据的程序代码。

（6）为 MainActivity 添加 onActivityResult()方法，用于获取其他 Activity 返回的结果。

（7）为 FirstActivity 添加一个 Button，设置 id 属性的值为 btn_confirm，并在 onCreate()方法中添加使用 Intent 设置返回结果的程序代码。

本章习题

一、选择题

1．以下（　　）属性是 Activity 在清单文件中声明时的必要属性。

A．name　　B．configChanges

C．enabled　　D．exported

2．以下关于在清单文件中声明 Intent 过滤器的说法正确的是（　　）。

A．每个 Activity 都必须声明< intent-filter>元素。

B．必须同时配置 android.intent.action.MAIN 与 android.intent.category.LAUNCHER

C．必须至少一个 Activity 同时配置了 android.intent.action.MAIN 与 android.intent.category.LAUNCHER

D．只能有一个 Activity 同时配置了 android.intent.action.MAIN 与 android.intent.category.LAUNCHER

3．在 Android Studio 中选择“File”→“New”→“Activity”→“Empty Views Activity”命令创建 Activity 时，若勾选了“Generate a Layout File”复选框，则以下（　　）是默认使用的根布局管理器。

A．LinearLayout　　B．ConstraintLayout

C．RelativeLayout　　D．AbsoluteLayout

4．以下（　　）方法是 Activity 必须实现的。

A．onCreate ()　　B．onStart ()

C．onStop()　　D．onDestroy()

5．当 Activity 从前台进入后台时，以下（　　）方法会最先被调用。

A．onResume()　　B．onPause()

C．onStop()　　D．onDestroy()

6．以下不属于 Intent 的功能的是（　　）。

A．传递 Broadcast　　B．启动 Service

C．管理 Fragment　　D．启动 Activity

7．在使用显式 Intent 时，必须包含（　　）。

A．组件名　　B．操作

C．数据　　D．类别

8．Activity 的默认启动模式是（　　）。

A．standard　　B．singleTop

C．singleTask　　D．singleInstance

9．当某个 Activity 的启动模式被声明为 singleTop 且当前处于堆栈顶部时，以下（　　）方法会接收到新 Intent。

A．onCreate ()　　B．onStart ()

C．onResume()　　D．onNewIntent()

10．以下属于 Fragment 的生命周期而不属于 Activity 的生命周期的回调方法是（　　）方法。

A．onCreate ()　　B．onActivityCreated()

C．onStop ()　　D．onDestroy ()

二、填空题

1．Activity 从创建到展现在用户面前，生命周期回调方法的调用顺序依次是＿＿＿＿＿＿＿＿、＿＿＿＿＿＿、＿＿＿＿＿＿。

2．Fragment 的生命周期存在＿＿＿＿＿＿、＿＿＿＿＿＿、＿＿＿＿＿＿、＿＿＿＿＿＿4 种状态。

3．若 Activity 仅支持竖屏，则应在清单文件中设置该 Activity 的 screenOrientation 属性的值为＿＿＿＿＿＿；若 Activity 仅支持横屏，则应在清单文件中设置该 Activity 的 screenOrientation 属性的值为＿＿＿＿＿＿。

三、简答题

1．简述 Intent 操作 ACTION_DAIL 与 ACTION_CALL 的区别。

2．简述 Activity 的 configChanges 属性的意义。

3．简述 Android 在什么情况下会调用 Activity 的 onDestroy()方法。

第 5 章

Android 高级控件

随着移动技术的飞速发展，Android 已经成为移动设备的核心。在开发 Android 应用时，高级控件扮演着十分重要的角色。本章将深入探讨 3 个高级控件：容器、菜单和对话框。

进行容器设计有助于有效地组织和展示界面元素，确保应用在各种屏幕尺寸和方向下都能得到良好的呈现。进行菜单设计可以为用户提供简单且直接的功能访问方式，使得复杂的操作变得轻松。而进行对话框设计则有助于加强用户与应用之间的互动，能够传达重要信息并引导用户做出决策。

高级控件在 Android 应用开发中十分重要，赋予了应用更多的交互性和吸引力。通过学习本章，读者将能够掌握高级控件的应用方法，为 Android 应用开发注入更多的创意和功能。

5.1 容器

在 Android 应用开发中，容器是一种常见和重要的元素，用于展示和管理大量数据或多个视图。使用容器可以帮助用户在应用中创建各种交互和展示方式，使用户能够很方便地浏览、选择和操作内容。下面先介绍 4 种常用的容器：Spinner（下拉框）、ListView（列表视图）、RecyclerView（可回收视图）和 ViewPager（滑动视图），它们在 Android 中具有广泛的应用和灵活的功能。

5.1.1 Spinner

1. Spinner 简介

Spinner 是一种常用的容器，用于显示一组可选项，允许用户从中选择一个选项。在 Android 应用开发中，Spinner 经常用于在表单中选择字段或筛选条件。例如，在岭南茶楼点餐 App 中，可以使用 Spinner 来展示菜单。Spinner 的使用效果如图 5-1 所示。

从图 5-1 中可知，Spinner 的外观类似于一个文本框，但它的右侧有一个小的下拉箭头。当用户点击下拉箭头或点击 Spinner 本身时，会展开一个下拉列表，显示所有可选项。用户可以在下拉列表中滚动并选择一个选项。被选中的选项将在 Spinner 上方的文本框中显示，以便用户可以随时查看已选择的内容。

对于 Spinner 的使用，需要重点关注两件事：一是如何配置数据源；二是如何获取已选择的选项。

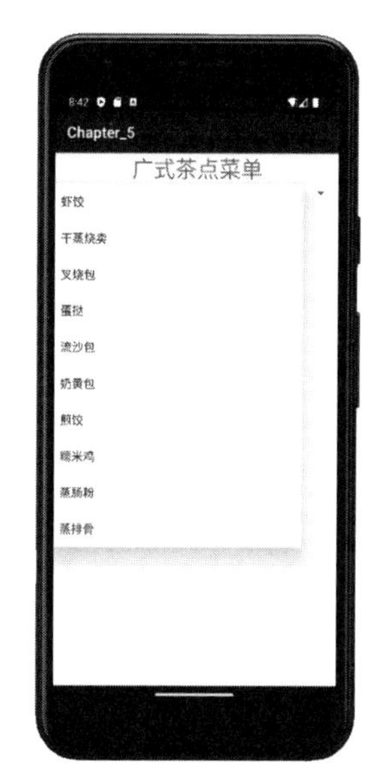

图 5-1　Spinner 的使用效果

2. 配置数据源

把数据填充到 Spinner 中有两种方式：一是在 XML 文件中使用 entries 属性配置数据源；二是在 Java 代码中使用适配器配置数据源。

1）使用 entries 属性

使用 entries 属性是一种简单而方便的方式，可以直接在 XML 文件中定义 Spinner 的选项列表。只需在 XML 文件中设置 entries 属性，并引用一个已定义的字符串数组即可。

首先，在 res/values/arrays.xml 文件中定义一个名为 teahouse_menu 的字符串数组，程序代码如下。

```
<string-array name="teahouse_menu">
    <item>虾饺</item>
    <item>干蒸烧卖</item>
    <item>叉烧包</item>
    <item>蛋挞</item>
    <item>流沙包</item>
    <item>奶黄包</item>
    <item>煎饺</item>
    <item>糯米鸡</item>
    <item>蒸肠粉</item>
    <item>蒸排骨</item>
</string-array>
```

其次，在 XML 文件中定义 Spinner，并设置 entries 属性，程序代码如下。

```
<Spinner
    android:entries="@array/teahouse_menu"
    android:layout_width="match_parent"
    android:layout_height="wrap_content" />
```

此时，Spinner 中将显示定义的各种茶点。使用 entries 属性的优点是简单、快速，entries 属性适用于静态的、不需要动态变化的选项列表。

2）使用适配器

使用适配器是一种更灵活和可定制的方式，可以处理更复杂的选项列表，包括动态变化的数据源、自定义布局等。

首先，在 XML 文件中定义 Spinner 并设置 id 属性，程序代码如下。

```
<Spinner
    android:id="@+id/spinner"
    android:layout_width="match_parent"
    android:layout_height="wrap_content" />
```

其次，在 Java 代码中创建适配器并将其与 Spinner 关联。适配器可以是 ArrayAdapter、CursorAdapter 或自定义适配器，程序代码如下。

```
Spinner spinner = findViewById(R.id.spinner);
String[] options = {"虎皮凤爪", "手打牛肉丸", "榴梿薄饼", "榴梿酥"};
ArrayAdapter<String> adapter = new ArrayAdapter<>(
this, android.R.layout.simple_spinner_item, options);
adapter.setDropDownViewResource(android.R.layout.simple_spinner_dropdown_it
em);
spinner.setAdapter(adapter);
```

此时，Spinner 中将显示 4 个选项，分别是虎皮凤爪、手打牛肉丸、榴梿薄饼和榴梿酥，效果如图 5-2 所示。

这个示例先创建了一个 ArrayAdapter，并将字符串数组作为数据源传递给它，再使用 setDropDownViewResource()方法设置了下拉列表的布局样式，并将适配器设置到了 Spinner 中。

无论使用 entries 属性还是适配器，Spinner 都提供了一种便捷的方式来展示选项列表，并且可以根据用户的选择执行相应的操作。选择哪种方法取决于具体的需求和使用情景。

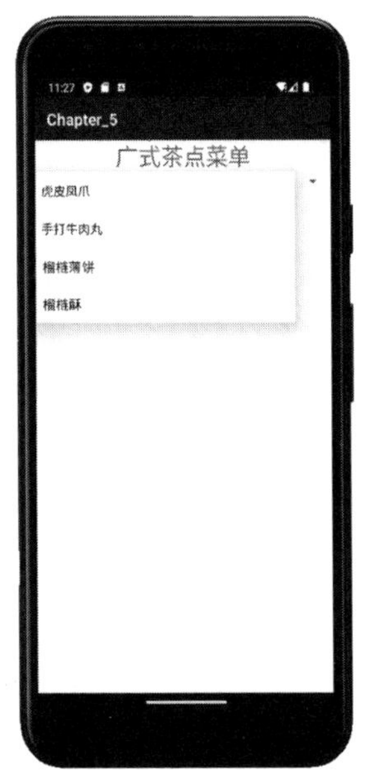

图 5-2　使用适配器展示茶点的效果

3. 获取已选择的选项

要获取用户在 Spinner 中已选择的选项，可以通过两种方法实现：一是通过使用选择事件监听器监听用户的选择获取已选择的选项；二是直接从 Spinner 中获取已选择的选项。

1）通过使用选择事件监听器监听用户的选择获取已选择的选项

可以为 Spinner 设置选择事件监听器，通过监听用户的选择获取已选择的选项。例如：

```
spinner.setOnItemSelectedListener(
    new AdapterView.OnItemSelectedListener()
{
    @Override
    public void onItemSelected(AdapterView<?>
parent,
```

```
                                  View view, int position, long id) {
            String selectedOption = Parent
                                  .getItemAtPosition(position)
                                  .toString();
            // 在这里可以根据用户选择的选项执行相应的操作
        }

        @Override
        public void onNothingSelected(AdapterView<?> parent) {
            // 没有选择选项时的处理逻辑
        }
    });
```

上述示例使用 setOnItemSelectedListener()方法为 Spinner 设置选择事件的监听器。在监听器的 onItemSelected()方法中，通过 Parent.getItemAtPosition(position)获取用户选择的选项，并将其转换为字符串。

可以在 onItemSelected()方法中根据用户选择的选项执行相应的操作，如更新界面、显示相关信息等。当没有选择选项时，将调用选择事件监听器的 onNothingSelected()方法，在该方法中处理相应的逻辑。

2）直接从 Spinner 中获取已选择的选项

还可以在需要时直接从 Spinner 中获取已选择的选项，而无须使用选择事件监听器。例如：

```
// 获取已选择选项的位置
int selectedPosition = spinner.getSelectedItemPosition();
// 获取已选择选项的值
String selectedValue = spinner.getSelectedItem().toString();
```

上述示例通过 getSelectedItemPosition()方法获取用户已选择选项的位置；通过 getSelectedItem()方法获取用户已选择选项的值，并将其转换为字符串。用户可以根据需要在适当时使用这些位置或值，执行相应的操作。无论是通过使用选择事件监听器监听用户的选择获取已选择的选项，还是直接从 Spinner 中获取已选择的选项，都可以轻松地获取用户在 Spinner 中已选择的选项，并根据已选择的选项执行相应的操作。

4. 自定义布局

Spinner 的自定义布局是一种灵活的方式，可以完全控制下拉列表中每个列表项的显示效果和布局。通过自定义布局，可以实现更具个性化和定制化的 Spinner 的外观。

首先，创建一个 spinner_item_layout.xml 文件，用于定义每个列表项的布局结构。用户可以通过自定义布局文件决定每个选项的外观，如添加图标、更改文本样式等，程序代码如下。

```
<?xml version="1.0" encoding="utf-8"?>
<LinearLayout
    xmlns:android="http://schemas.android.com/apk/res/android"
```

```
    android:layout_width="match_parent"
    android:layout_height="wrap_content"
    android:orientation="horizontal"
    android:padding="16dp">

    <ImageView
        android:id="@+id/icon"
        android:layout_width="24dp"
        android:layout_height="24dp" />

    <TextView
        android:id="@+id/text"
        android:layout_width="wrap_content"
        android:layout_height="wrap_content"
        android:textColor="#000000"
        android:textSize="16sp"
        android:layout_marginStart="8dp" />

</LinearLayout>
```

上述程序代码使用了 LinearLayout 作为根容器，其中包含一个 ImageView 用于显示图标，以及一个 TextView 用于显示内容。用户可以根据需要修改布局文件，添加其他视图或更改样式。

其次，创建一个 SpinnerItem，用于表示数据，和布局文件一一对应，程序代码如下。

```
public class SpinnerItem {
    private String Text;
    private int Icon;

    public String getText() {
        return Text;
    }

    public void setText(String text) {
        Text = text;
    }

    public int getIcon() {
        return Icon;
    }

    public void setIcon(int icon) {
        Icon = icon;
    }
}
```

最后，创建一个 SpinnerAdapter，该类继承 BaseAdapter，并实现必要的方法，程序代码如下。SpinnerAdapter 的作用就是将布局文件与数据进行关联。

```
public class SpinnerAdapter extends BaseAdapter {
    private final Context context;
    private final List<SpinnerItem> itemList;

    public SpinnerAdapter(Context context,
                          List<SpinnerItem> itemList) {
        this.context = context;
        this.itemList = itemList;
    }

    @Override
    public int getCount() {
        return itemList.size();
    }

    @Override
    public Object getItem(int position) {
        return itemList.get(position);
    }

    @Override
    public long getItemId(int position) {
        return position;
    }

    @Override
    public View getView(int position,
                        View convertView, ViewGroup parent) {
        View view = convertView;
        if (view == null) {
            LayoutInflater inflater = LayoutInflater.from(context);
            view = inflater.inflate(R.layout.custom_item_layout,
                                    parent, false);
        }

        SpinnerItem item = itemList.get(position);

        ImageView iconImageView = view.findViewById(R.id.icon);
        TextView textTextView = view.findViewById(R.id.text);

        iconImageView.setImageResource(item.getIcon());
```

```
        textTextView.setText(item.getText());

        return view;
    }
}
```

上述程序代码创建了一个 SpinnerAdapter。它接收了一个包含 SpinnerItem 的列表作为数据源，其中每个 SpinnerItem 包含一个图标和一个文本。在 getView()方法中使用了 LayoutInflater 从 custom_item_layout.xml 文件中实例化自定义布局的视图。通过 findViewById()方法获取了图标和文本的引用，并将对应的值设置到了视图中。需要注意的是，在实际使用时，需要根据数据和布局文件的结构来修改 SpinnerAdapter 的程序代码。

完成准备工作后，接下来就是将 SpinnerAdapter 设置到 Spinner 中，以显示自定义布局的列表项，程序代码如下。

```
Spinner spinner = findViewById(R.id.spinner);

List<SpinnerItem> itemList = new ArrayList<>();
itemList.add(new SpinnerItem("豉汁蒸凤爪", R.drawable.fengzhua));
itemList.add(new SpinnerItem("南乳蒸猪手", R.drawable.zhengzhushou));
itemList.add(new SpinnerItem("黑椒牛仔骨", R.drawable.niuzaigu));

SpinnerAdapter adapter = new SpinnerAdapter(this, itemList);

spinner.setAdapter(adapter);
```

图 5-3　完成效果

上述程序代码创建了一个包含 SpinnerItem 的列表作为数据源，并使用了 SpinnerAdapter 将数据源与 Spinner 关联起来。完成效果如图 5-3 所示。

通过上述步骤可以实现 Spinner 的自定义布局。每个列表项都会按照自定义布局文件的结构进行显示，并且可以自由控制每个选项的布局。这样用户就可以根据具体需求创建更加个性化和定制化的 Spinner。

5. 设置样式

Spinner 的样式可以通过属性进行设置，以实现个性化的外观效果。表 5-1 所示为 Spinner 的常用属性。

表 5-1　Spinner 的常用属性

属性	说明	取值
layout_width	设置宽度	wrap_content：根据内部内容所占空间的大小自动调整宽度； match_parent：填充父容器的宽度； 具体数值：使用固定的像素设置宽度
layout_height	设置高度	
background	设置背景	颜色值：如#RRGGBB 或@color/color_name； 图片资源：如@drawable/image_name； 九宫格图像：创建一个选择器，根据不同的状态设置不同的背景图片
padding	设置内边距	设置内部内容与边框的间距，可以使用像素值或 dp 设置内边距
gravity	设置对齐方式	设置内部内容的对齐方式，如居中、靠左、靠右等。 取值包括 center（居中对齐，默认值）、left（靠左对齐）、right（靠右对齐）等
spinnerMode	定义样式	设置样式。取值包括 dropdown（默认值）和 dialog。若值为 dropdown 则将在下拉列表中显示选项，若值为 dialog 则将以对话框的形式显示选项
style	自定义样式	在 styles.xml 文件中，使用<style>元素自定义样式，并将其应用于 Spinner

有关 Spinner 的其他属性，可以从官网获取。

在布局文件中对 Spinner 设置样式的程序代码如下。

```
<Spinner
    android:id="@+id/spinner"
    android:layout_width="match_parent"
    android:layout_height="wrap_content"
    android:background="@color/teal_200"
    android:gravity="center"
    android:padding="5dp"
    android:spinnerMode="dropdown" />
```

对 Spinner 设置样式的效果如图 5-4 所示。

图 5-4　对 Spinner 设置样式的效果

5.1.2 ListView

1. ListView 简介

ListView 是在 Android 开发中用于显示大量数据的可滚动列表。它可以在用户界面中显示各种类型的信息，如联系人列表、音乐播放列表、新闻列表等。ListView 的主要作用是以可滚动的方式呈现数据，使用户能够很方便地浏览和选择列表项。它是一种常见的用户界面控件，被广泛用于各种 Android 应用中。ListView 的使用效果如图 5-5 所示。

图 5-5　ListView 的使用效果

ListView 包括列表项、适配器和布局管理器 3 个部分。

1）列表项

列表项是 ListView 的基本单位，可以包含文本、图像、按钮等视图元素，用于展示特定的数据。

2）适配器

适配器负责将数据与列表项的视图进行关联，提供了一种将数据转换为视图的机制，并管理列表项的创建和复用。

3）布局管理器

布局管理器定义了列表项在 ListView 中的排列方式，决定了列表项的布局方式，如垂直列表、网格等。

2. 配置数据源

和 Spinner 一样，在 ListView 中，可以使用 entries 属性直接配置数据源。这种方式适用于静态数据源，即不需要动态加载或更新数据的情况。

1）使用 entries 属性

首先，在 res/values/strings.xml 文件中定义一个名为 teahouse_place 的字符串数组，程序代码如下。

```
<string-array name="teahouse_place">
    <item>百味鲜</item>
    <item>广州酒家</item>
    <item>莲香楼</item>
    <item>陶陶居</item>
    <item>泮溪酒家</item>
    <item>榕楼茶楼</item>
    <item>禧点茶楼</item>
    <item>蔡澜港式点心</item>
    <item>友和酒家</item>
    <item>懒夫子茶居</item>
</string-array>
```

其次，在 XML 文件中定义 ListView，并设置 entries 属性，程序代码如下。

```
<ListView
```

```
    android:id="@+id/listView"
    android:entries="@array/teahouse_place"
    android:layout_width="match_parent"
    android:layout_height="wrap_content" />
```

此时，ListView 将显示如图 5-5 所示的内容。

2）使用适配器

首先，在 XML 文件中定义 ListView 并设置 id 属性，程序代码如下。

```
<ListView
    android:id="@+id/listView"
    android:layout_width="match_parent"
    android:layout_height="wrap_content" />
```

其次，在 Java 代码中处理界面逻辑，程序代码如下。

```
// 定义数据源
String[] teahousePlace = {"爱群食店", "岐江印象", "富淳饭店",
                          "颐东大酒楼", "丰源轩"};

// 在 XML 文件中找到 ListView
ListView listView = findViewById(R.id.listView);

// 创建适配器并设置数据源
ArrayAdapter<String> adapter = new ArrayAdapter<>(this,
                    android.R.layout.simple_list_item_1,
                    teahousePlace);

// 将适配器设置给 ListView
listView.setAdapter(adapter);
```

上述示例找到了 XML 文件中的 ListView，并创建了一个 ArrayAdapter。ArrayAdapter 使用系统提供的简单列表项进行布局（layout.simple_list_item_1.xml 文件），使用数据源（teahousePlace）进行配置。完成效果如图 5-6 所示。

图 5-6　完成效果 1

3. 常用的监听器

在 Android 应用开发中，监听器是一种机制，用于监听和响应特定事件的发生。对于 ListView 来说，监听器用于捕获用户与列表项进行交互的动作，如点击、长按和选择等。

ListView 常用的监听器包括点击事件监听器、长按事件监听器和选择事件监听器。

1）点击事件监听器

点击事件监听器（OnItemClickListener）用于监听用户在 ListView 中点击某个列表项的事件。当用户点击某个列表项时，触发点击事件，可以通过点击事件监听器来处理点击操作。点击事件监听器的监听对象为AdapterView.OnItemClickListener。在一般情况下，可以使用匿名内部类的方式实现点击事件。例如：

```
listView.setOnItemClickListener(
    new AdapterView.OnItemClickListener() {
    @Override
    public void onItemClick(AdapterView<?> parent,
                View view, int position, long id) {
        // 点击事件处理逻辑


    }
});
```

在 onItemClick()方法中，可以获取点击的列表项的位置、视图和其他相关信息，并通过编写相应的处理逻辑代码处理用户的点击操作。通过点击事件监听器，可以实现以下功能。

（1）响应用户的点击操作：当用户点击某个列表项时，可以根据点击的列表项展示相应的详细信息，执行特定的操作或进行界面跳转等。

（2）更新 UI：根据点击的列表项，可以修改选中状态、改变文本颜色、显示不同的样式等。

2）长按事件监听器

长按事件监听器（OnItemLongClickListener）用于监听用户在 ListView 中长按某个列表项的事件。当用户长按某个列表项时，会触发长按事件。通过长按事件监听器可以处理长按操作。例如：

```
listView.setOnItemLongClickListener(
new AdapterView.OnItemLongClickListener() {
    @Override
    public boolean onItemLongClick(AdapterView<?> parent,
                View view, int position, long id) {
        // 长按事件处理逻辑
        return true;
    }
});
```

在 onItemLongClick()方法中，可以获取长按的列表项的位置、视图和其他相关信息，并通过编写相应的处理逻辑代码处理用户的长按操作。通过长按事件监听器，可以实现以下功能。

（1）弹出上下文菜单：当用户长按某个列表项后，可以弹出上下文菜单，提供更多的选项。

（2）执行批量操作：当用户长按某个列表项后，可以选择多个列表项进行批量操作，如删除、分享、移动等。

3）选择事件监听器

选择事件监听器（OnItemSelectedListener）用于监听用户在 ListView 中选择某个列表项的事件。当用户选择某个列表项时，会触发选择事件。通过选择事件监听器可以处理选择操作。例如：

```
listView.setOnItemSelectedListener(
    new AdapterView.OnItemSelectedListener() {
    @Override
    public void onItemSelected(AdapterView<?> parent,
                View view, int position, long id) {
        // 选择事件处理逻辑
    }


    @Override
    public void onNothingSelected(AdapterView<?> parent) {

    }
});
```

在 onItemSelected()方法中，可以获取选择的列表项的位置、视图和其他相关信息，并通过编写相应的处理逻辑代码处理用户的选择操作。在 onNothingSelected()方法中，可以处理当没有列表项被选择时的逻辑。通过选择事件监听器，可以实现以下功能。

（1）数据筛选：根据选择的列表项筛选和展示相应的数据。

（2）界面更新：根据选择的列表项更新内容或样式，如显示选中状态或改变视图样式。

4. 自定义布局

和 Spinner 一样，ListView 的自定义布局同样是一种灵活的方式，可以完全控制下拉列表中每个列表项的显示效果和布局。通过自定义布局，可以实现更具个性化和定制化的 ListView 的外观。

首先，创建一个 list_item_layout.xml 文件，用于定义每个列表项的布局结构。在该布局文件中，可以使用各种布局和视图控件设计列表项的外观，程序代码如下。

```
<?xml version="1.0" encoding="utf-8"?>
<LinearLayout
xmlns:android="http://schemas.android.com/apk/res/android"
    android:layout_width="match_parent"
    android:layout_height="wrap_content"
    android:orientation="horizontal"
    android:padding="16dp">

    <ImageView
        android:id="@+id/icon"
        android:layout_width="64dp"
```

```
        android:layout_height="64dp"
        android:scaleType="centerCrop" />

    <LinearLayout
        android:layout_width="0dp"
        android:layout_height="wrap_content"
        android:layout_weight="1"
        android:orientation="vertical">

        <TextView
            android:id="@+id/title"
            android:layout_width="wrap_content"
            android:layout_height="0dp"
            android:layout_marginStart="16dp"
            android:layout_weight="1"
            android:textColor="#000000"
            android:textSize="18sp" />

        <TextView
            android:id="@+id/msg"
            android:layout_width="wrap_content"
            android:layout_height="0dp"
            android:layout_marginStart="16dp"
            android:layout_weight="1"
            android:textColor="#000000"
            android:textSize="20sp" />
    </LinearLayout>

</LinearLayout>
```

上述程序代码使用了 LinearLayout 作为根容器，其中包含一个 ImageView 和两个 TextView，分别用于显示图标、标题和内容。

其次，创建一个 ListViewItem，用于表示数据，和布局文件一一对应，程序代码如下。

```
public class ListViewItem {
    private int icon;
    private String title;
    private String msg;

    public ListViewItem(int icon, String title, String msg) {
        this.icon = icon;
        this.title = title;
        this.msg = msg;
    }
```

```
    public int getIcon() {
        return icon;
    }

    public void setIcon(int icon) {
        this.icon = icon;
    }

    public String getTitle() {
        return title;
    }

    public void setTitle(String title) {
        this.title = title;
    }

    public String getMsg() {
        return msg;
    }

    public void setMsg(String msg) {
        this.msg = msg;
    }
}
```

上述程序代码定义了一个名为 ListViewItem 的 Java 类，它具有图标、标题和内容的属性，并提供了相应的获取方法。

最后，创建一个 ListViewAdapter，该类继承 BaseAdapter，并重写必要的方法，程序代码如下。ListViewAdapter 的作用就是将布局文件与数据进行关联，并为每个列表项生成视图。

```
public class ListViewAdapter extends BaseAdapter {
    private final List<ListViewItem> itemList;
    private final LayoutInflater inflater;

    public ListViewAdapter(Context context,
            List<ListViewItem> itemList) {
        this.itemList = itemList;
        inflater = LayoutInflater.from(context);
    }

    @Override
    public int getCount() {
        return itemList.size();
```

```
    }

    @Override
    public Object getItem(int position) {
        return itemList.get(position);
    }

    @Override
    public long getItemId(int position) {
        return position;
    }

    @Override
    public View getView(int position,
              View convertView, ViewGroup parent) {
        if (convertView == null) {
            convertView = inflater.inflate(
                        R.layout.listview_item_layout,
                                        parent, false);
        }

        ImageView icon = convertView.findViewById(R.id.icon);
        TextView title = convertView.findViewById(R.id.title);
        TextView msg = convertView.findViewById(R.id.msg);

        ListViewItem item = itemList.get(position);
        icon.setImageResource(item.getIcon());
        title.setText(item.getTitle());
        msg.setText(item.getMsg());

        return convertView;
    }
}
```

上述程序代码在 getView()方法中使用了 LayoutInflater 从布局文件中获取视图，并将数据源中的数据绑定到了控件上。

完成准备工作后，接下来就是将 ListViewAdapter 设置到 ListView 中，以显示自定义布局的列表项，程序代码如下。

```
ListView listView = findViewById(R.id.listView);

List<ListViewItem> itemList = new ArrayList<>();
itemList.add(new ListViewItem(R.drawable.dancong,
                        "岭头单丛",
                        "条索紧结匀整，色泽黄褐油润"));
```

```
    itemList.add(new ListViewItem(R.drawable.fenghuang,
                                  "凤凰单丛",
                                  "形美、色翠、香郁、味甘"));
    itemList.add(new ListViewItem(R.drawable.hongcha,
                                  "英德红茶",
                                  "色泽乌润，香气高锐，茶汤红亮"));
    itemList.add(new ListViewItem(R.drawable.chancha,
                                  "紫金蝉茶",
                                  "蜜香浓郁、喉韵回甘"));

    ListViewAdapter adapter = new ListViewAdapter(this,
itemList);
    listView.setAdapter(adapter);
```

通过以上步骤可以实现 ListView 的自定义布局，将岭南四大名茶的信息显示在列表中，并根据定义的布局进行展示。用户可以根据需要添加更多的数据，并根据自己的布局设计需求进行调整。完成效果如图 5-7 所示。

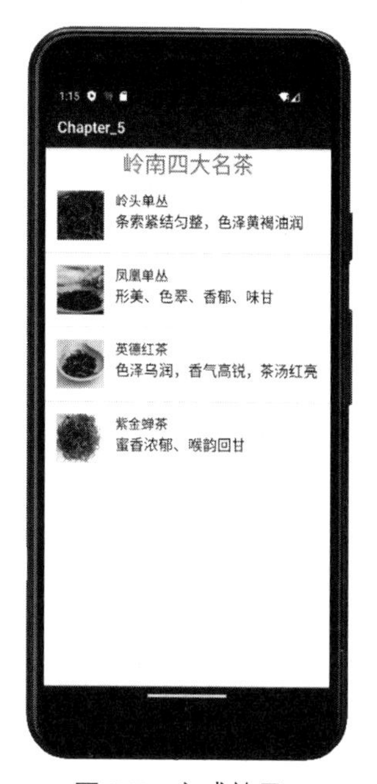

图 5-7　完成效果 2

5.1.3　RecyclerView

1. RecyclerView 简介

RecyclerView 是一种强大而灵活的容器，用于展示列表数据。作为 Android 官方推荐的 ListView 的替代品，RecyclerView 提供了丰富的功能，为开发者带来了很好的列表展示体验。

RecyclerView 的设计目的是解决传统 ListView 的局限性和性能问题。与传统的 ListView 相比，RecyclerView 在多个方面进行了优化。

首先，RecyclerView 提供了灵活的布局管理器，可以实现各种列表布局，如线性布局、网格布局等。这使得开发者能够根据应用的需求自定义列表的外观和排列方式。

其次，RecyclerView 实现了视图的复用机制。通过回收和复用列表项的视图，RecyclerView 大大减少了内存占用和视图创建的开销，提高了列表的滚动性能和流畅度。这种优化使得 RecyclerView 在处理大量数据时依然能够保持出色的性能。

此外，RecyclerView 还内置了对列表项添加动画的支持，可以轻松地为插入、删除、移动等操作添加动画效果，以改善用户的交互体验。

RecyclerView 的使用相对灵活，通过适配器模式将数据源与 ListView 分离，实现了数据管理和展示的分离，便于对数据进行操作。

总之，RecyclerView 提供了丰富的定制化列表项和出色的性能，为开发者带来了很好的列表展示效果和用户体验。无论是展示少量数据还是处理大量数据，RecyclerView 都是必不可少的选择。

2. 开发流程

RecyclerView 的开发流程类似于前面介绍的 Spinner 和 ListView 自定义布局的流程。RecyclerView 的开发流程包括准备工作和使用步骤。

准备工作：首先，创建用于显示每个列表项的布局文件，定义列表项的外观和布局结构；其次，创建继承 RecyclerView.Adapter 的适配器，用于管理数据源和列表项的视图。

使用步骤：首先，在布局文件中添加 RecyclerView，设置其宽度、高度和位置；其次，准备要显示的数据集，可以是数组、列表或数据库查询结果等；再次，创建适配器，用于管理数据源和列表项的视图，并将数据集传递给适配器；最后，创建布局管理器，并将其设置给 RecyclerView，用于指定列表项的排列方式。

通过正确实现适配器的 onCreateViewHolder()方法和 onBindViewHolder()方法，以及根据需要设置布局管理器和其他监听器，可以实现自定义的列表展示和交互效果。

需要注意的是，适配器用于将数据源与列表项的视图关联；布局管理器用于指定列表项的排列方式。适配器和布局管理器的配合使用，可以实现灵活的列表布局和数据展示效果。

下面根据上述开发步骤，使用 RecyclerView 显示茶楼菜品。

首先，创建一个 RecyclerView_item_layout.xml 文件，用于定义每个列表项的布局结构，程序代码如下。

```
<?xml version="1.0" encoding="utf-8"?>
<LinearLayout
    xmlns:android="http://schemas.android.com/apk/res/android"
    android:layout_width="match_parent"
    android:layout_height="wrap_content"
    android:orientation="horizontal"
    android:padding="16dp">

    <ImageView
        android:id="@+id/icon"
        android:layout_width="64dp"
        android:layout_height="64dp"
        android:scaleType="centerCrop" />

    <LinearLayout
        android:layout_width="0dp"
        android:layout_height="wrap_content"
        android:layout_weight="1"
        android:orientation="vertical">

        <TextView
            android:id="@+id/title"
            android:layout_width="wrap_content"
```

```
            android:layout_height="wrap_content"
            android:layout_marginStart="16dp"
            android:textColor="#000000"
            android:textSize="18sp" />

        <TextView
            android:id="@+id/msg"
            android:layout_width="wrap_content"
            android:layout_height="0dp"
            android:layout_marginStart="16dp"
            android:layout_weight="1"
            android:textColor="#000000"
            android:textSize="20sp" />
    </LinearLayout>

</LinearLayout>
```

上述程序代码中的每条数据都包含一个图标和两个字符串。

此外，上述程序代码使用了 LinearLayout 作为根容器，其中包含一个 ImageView 和两个 TextView，分别用于显示茶楼菜品的图片、名称和描述。

其次，创建一个 RecyclerViewItem，用于表示每个列表项的数据，程序代码如下。

```
public class RecyclerViewItem {
    private int icon;
    private String title;
    private String msg;

    public RecyclerViewItem(int icon, String title, String msg) {
        this.icon = icon;
        this.title = title;
        this.msg = msg;
    }

    public int getIcon() {
        return icon;
    }

    public void setIcon(int icon) {
        this.icon = icon;
    }

    public String getTitle() {
        return title;
    }
```

```
    public void setTitle(String title) {
        this.title = title;
    }

    public String getMsg() {
        return msg;
    }

    public void setMsg(String msg) {
        this.msg = msg;
    }
}
```

最后，创建一个 RecyclerViewAdapter，该类继承 RecyclerView.Adapter，并重写必要的方法，程序代码如下。RecyclerViewAdapter 的作用就是将布局文件与数据进行关联，并为每个列表项生成视图。

```
public class RecyclerViewAdapter extends
        RecyclerView.Adapter<RecyclerViewAdapter.ViewHolder> {

    private final RecyclerViewItem[] data;

    public RecyclerViewAdapter(RecyclerViewItem[] data) {
        this.data = data;
    }

    @Override
    public ViewHolder onCreateViewHolder(ViewGroup parent, int viewType) {
        LayoutInflater inflater = LayoutInflater.from(parent.getContext());
        View view = inflater.inflate(
                                R.layout.RecyclerView_item_layout,
                                parent,
                                false);
        return new ViewHolder(view);
    }

    @Override
    public void onBindViewHolder(ViewHolder holder, int position) {
        holder.icon.setImageResource(data[position].getIcon());
        holder.title.setText(data[position].getTitle());
        holder.msg.setText(data[position].getMsg());
    }

    @Override
    public int getItemCount() {
```

```
        return data.length;
    }

    public class ViewHolder extends RecyclerView.ViewHolder {
        public final ImageView icon;
        public final TextView title;
        public final TextView msg;

        public ViewHolder(View itemView) {
            super(itemView);
            icon = itemView.findViewById(R.id.icon);
            title = itemView.findViewById(R.id.title);
            msg = itemView.findViewById(R.id.msg);
        }
    }
}
```

完成准备工作后，接下来在 Activity 或 Fragment 中使用 RecyclerView。首先，在布局文件中添加 RecyclerView，设置其宽度、高度和位置，程序代码如下。

```
<androidx.recyclerview.widget.RecyclerView
    android:id="@+id/RecyclerView"
    android:layout_width="match_parent"
    android:layout_height="wrap_content" />
```

其次，准备要显示的数据集，可以是数组、列表或数据库查询结果等，程序代码如下。

```
RecyclerViewItem[] data = new RecyclerViewItem[4];
data[0] = new RecyclerViewItem(R.drawable.baiqieji,
                "粤式白切鸡",
                "走地鸡、生葱、生姜、料酒、冰块等");
data[1] = new RecyclerViewItem(R.drawable.qiezi,
                "避风塘茄子",
                "茄子、红椒、青椒、大蒜、面包糠等");
data[2] = new RecyclerViewItem(R.drawable.jizhua,
                "豉油皇鸡爪",
                "鸡爪、生葱、生姜、大蒜、干辣椒、香菜根等");
data[3] = new RecyclerViewItem(R.drawable.niurou,
                "凉瓜炒牛肉",
                "牛肉、凉瓜、姜片、黑豆豉等");
```

再次，创建一个继承 RecyclerView.Adapter 的 MyRecyclerViewAdapter，用于管理数据源和列表项的视图，并将数据集传递给适配器，程序代码如下。

```
RecyclerView recyclerview = findViewById(R.id.recyclerview);
RecyclerViewAdapter adapter = new RecyclerViewAdapter(data);
```

```
    recyclerview.setAdapter(adapter);
```

最后，创建一个布局管理器，并将其设置给 RecyclerView，用于指定列表项的排列方式，程序代码如下。完成效果如图 5-8 所示。

```
    recyclerview.setLayoutManager(new
LinearLayoutManager(this));
```

图 5-8　完成效果

以上就是 RecyclerView 的开发流程。其中，和 ListView 的自定义适配器不同的是，RecyclerView 的适配器中有一个 ViewHolder（全称为 RecyclerView.ViewHolder），同时，还有 onCreateViewHolder()和 onBindViewHolder()两个重写方法。

3. RecyclerView.Adapter 和 ViewHolder

RecyclerView.Adapter 和 ViewHolder 是框架中的两个核心类，它们协同工作来管理数据源和列表项的视图绑定。

ViewHolder 的主要作用是缓存列表项的视图中的子视图的引用，以便快速访问和操作子视图，避免出现重复的视图查找操作。简单来说，RecyclerView 的每个列表项或者说每条数据都对应一个 ViewHolder 对象，不同的列表项对应不同的 ViewHolder 对象。

创建 ViewHolder 对象的过程发生在 RecyclerView.Adapter 的 onCreateViewHolder()方法中。在该方法中，需要创建一个 ViewHolder 对象，并将列表项的布局文件通过 LayoutInflater 解析成视图，将视图的子视图引用存储到 ViewHolder 对象中。

在 RecyclerView.Adapter 的 onBindViewHolder()方法中，通过传入的 ViewHolder 对象，可以直接访问和操作子视图，而无须通过 findViewById()等方法进行查找。这样，可以快速地将数据绑定到列表项的子视图上。

当列表项滚动离开屏幕时，RecyclerView 会回收对应的 ViewHolder 对象，并将其存储到一个内部对象池中。当需要显示新列表项时，RecyclerView 会尝试从对象池中获取一个可以重复使用的 ViewHolder 对象，而不是重新创建一个 ViewHolder 对象。这样可以避免频繁地创建和销毁 ViewHolder 对象，提高了列表的性能。

在 ListView 中，每个列表项的布局结构都是一样的，而 RecyclerView 引用了 ViewHolder，可以为不同类型的列表项创建不同的 ViewHolder，并在 RecyclerView.Adapter 的 onCreateViewHolder()方法中根据列表项的类型创建对应的 ViewHolder 对象。这样，RecyclerView 将根据列表项的类型来选择合适的 ViewHolder 对象进行复用，以实现多类型列表的展示。

介绍完了 ViewHolder 的作用，下面总结 RecyclerView 显示一条数据的完整过程。

（1）在初始状态下，RecyclerView 显示一个空白列表。

（2）当需要显示一条新数据时，RecyclerView 会调用 RecyclerView.Adapter 的 onCreateViewHolder()方法，在该方法中把列表项的布局文件通过 LayoutInflater 解析成视

图，新建的 ViewHolder 对象保存着这个视图，并将其返回给 RecyclerView。

（3）RecyclerView 接收到 ViewHolder 对象后，将携带的视图显示在列表中，当需要绑定数据到这个列表项的视图时，RecyclerView 会调用 RecyclerView.Adapter 的 onBindViewHolder()方法。

（4）在 onBindViewHolder()方法中，RecyclerView.Adapter 根据给定的位置从数据源中获取相应的数据项，将数据绑定到 ViewHolder 持有的视图（如 holder.icon.setImageResource(data [position].getIcon())）上。

（5）列表项的视图被更新，显示被绑定的数据。

（6）如果用户滚动屏幕，那么列表项可能会离开屏幕。当列表项离开屏幕时，RecyclerView 会将对应的 ViewHolder 对象标记为可复用状态。被标记为可复用状态的 ViewHolder 对象被存储在 RecyclerView 的对象池中。当新的列表项需要进入屏幕时，RecyclerView 会尝试从对象池中获取一个之前回收的 ViewHolder 对象。如果对象池中有可复用的 ViewHolder 对象，那么 RecyclerView 会从对象池中取出该 ViewHolder 对象，并通过调用 onBindViewHolder()方法重新绑定数据到该 ViewHolder 对象中。如果对象池中没有可复用的 ViewHolder，那么 RecyclerView 会创建一个新的 ViewHolder 对象，并重复前面的步骤。

通过这个过程，RecyclerView 可以逐条显示数据，并在需要时复用 ViewHolder 对象，以减少创建和销毁视图的次数，提高性能和滚动的流畅性。

前面的示例把 ViewHolder 以内部类的方式定义在适配器中，当然也可以将 ViewHolder 分开定义在两个独立的文件中。

4. 常用的布局管理器

设置完 RecyclerView 的适配器后，还要设置布局管理器。setLayoutManager()方法是 RecyclerView 的一个重要方法，决定了列表项的排列方式和布局规则。RecyclerView 提供了几种常用的布局管理器，用户可以根据不同的需求选择合适的布局管理器。

1）线性布局管理器

线性布局管理器（LinearLayoutManager）将列表项以线性方式排列，可以通过设置水平或垂直方向来指定列表项的排列方式。在默认情况下，列表项垂直排列。

2）网格布局管理器

网格布局管理器（GridLayoutManager）将列表项以网格方式排列，可以通过设置每行或每列的数量来控制列表项的分布。列表项在网格中平均分布。

3）瀑布流布局管理器

瀑布流布局管理器（StaggeredGridLayoutManager）将列表项以瀑布流方式排列，不仅可以设置每行或每列的数量，而且可以设置水平或垂直方向。列表项会像瀑布一样不规则地排列。

如果系统提供的布局管理器无法满足用户需求，那么可以自定义布局管理器，继承 RecyclerView.LayoutManager，并实现其中的方法，以实现自定义的列表项排列和布局。

5．常用的监听器

RecyclerView 提供了多种监听器，用于捕捉和处理与列表项交互相关的事件。以下是一些 RecyclerView 常用的监听器。

1）触摸事件监听器

触摸事件监听器（RecyclerView.OnItemTouchListener）用于捕捉和处理与列表项交互相关的触摸事件，如点击、长按、滑动等。通过触摸事件监听器可以自定义触摸事件的处理逻辑。

2）滚动事件监听器

滚动事件监听器（RecyclerView.OnScrollListener）用于捕捉和处理与列表项交互相关的滚动事件。通过继承滚动事件监听器类，并重写其中的方法，可以监听列表的滚动状态、滚动位置的变化情况，以及滚动速度等。

3）数据变化监听器

数据变化监听器（RecyclerView.AdapterDataObserver）用于捕捉和处理与列表项交互相关的数据变化事件。当数据发生变化（如插入、删除、更新等）时，通过数据变化监听器可以监听并相应地更新列表显示的信息。

除了以上监听器，还可以通过设置列表项中的视图的点击事件监听器、长按事件监听器等来捕捉和处理更细粒度的与列表项交互相关的事件。

要使用这些监听器，可以通过 RecyclerView 的相应方法进行设置。例如，可以通过 addOnItemTouchListener()方法添加触摸事件监听器，通过 addOnScrollListener()方法添加滚动事件监听器。

监听器提供了丰富的回调方法，可以处理各种交互事件。监听器用于响应用户的操作，实现点击、长按、滑动等交互行为，并执行相应的操作或更新列表的显示信息。

5.1.4 ViewPager

1．ViewPager 简介

ViewPager 是一种容器，用于实现水平滑动的界面切换。ViewPager 可以容纳多个界面，每个界面通常是一个独立的 Fragment。ViewPager 常用于创建引导界面、图片浏览器界面等需要滑动切换的界面。

2．ViewPager 的基本用法

ViewPager 是一个简单的界面切换控件，可以先往里面填充多个视图，然后左右滑动，从而切换不同的视图。和 ListView、GridView 一样，也需要一个适配器将视图和 ViewPager 进行绑定，而 ViewPager 有一个特定的适配器，即 PagerAdapter。另外，Google 官方建议使用 Fragment 填充 ViewPager，这样可以更加方便地生成每个界面，以及管理每个界面的生命周期。官方提供了两个 Fragment 专用的适配器，即 FragmentPagerAdapter 和 FragmentStatePagerAdapter。本节将介绍 PagerAdapter 的基本用法。

首先，在 XML 文件中添加 ViewPager，并为其指定唯一的 ID，程序代码如下。

```
<androidx.viewpager.widget.ViewPager
    android:id="@+id/viewpager"
    android:layout_width="match_parent"
    android:layout_height="wrap_content" />
```

其次，编写一个 MyPagerAdapter，继承 PagerAdapter，用于管理 ViewPager 的界面，程序代码如下。

```
public class MyPagerAdapter extends PagerAdapter {
    private final ArrayList<View> viewLists;

    public MyPagerAdapter(ArrayList<View> viewLists) {
        super();
        this.viewLists = viewLists;
    }

    @Override
    public int getCount() {
        return viewLists.size();
    }

    @Override
    public boolean isViewFromObject(View view, Object object) {
        return view == object;
    }

    @Override
    public Object instantiateItem(ViewGroup container,
                                  int position) {
        container.addView(viewLists.get(position));
        return viewLists.get(position);
    }

    @Override
    public void destroyItem(ViewGroup container,
                            int position, Object object) {
        container.removeView(viewLists.get(position));
    }
}
```

可以看到，继承 PagerAdapter 需要重写 4 个方法，具体如下。

（1）getCount()方法：用于指定 ViewPager 中界面的总数。ViewPager 将根据该数量确定要显示的界面数量。

（2）isViewFromObject()方法：用于判断 ViewPager 的界面视图是否与给定的对象关联。

它在内部被用于确定哪些视图应该被销毁或重复使用。

（3）instantiateItem()方法：用于实例化每个界面，并将其添加到 ViewPager 的容器中。

（4）destroyItem()方法：用于销毁不再需要的界面，并将其从 ViewPager 的容器中移除。

这些重写的方法是 PagerAdapter 的核心部分，作为适配器与 ViewPager 之间的桥梁，管理界面的创建、销毁和视图的关联。要实现自定义的 PagerAdapter，用户需要根据数据和自己的需求正确地重写这些方法，以确保 ViewPager 能够正确地显示和管理界面。

再次，创建布局界面作为视图，如创建 3 个布局文件，即 view_one.xml、view_two.xml、view_three.xml，其代码结构和下面的程序代码一致。

```
<?xml version="1.0" encoding="utf-8"?>
<LinearLayout
xmlns:android="http://schemas.android.com/apk/res/android"
    android:layout_width="match_parent"
    android:layout_height="match_parent"
    android:background="#FFBA55"
    android:orientation="vertical">

    <TextView
        android:layout_width="wrap_content"
        android:layout_height="wrap_content"
        android:layout_gravity="center"
        android:text="豉汁蒸凤爪"
        android:textColor="#000000"
        android:textSize="18sp"
        android:textStyle="bold" />

    <ImageView
        android:layout_width="wrap_content"
        android:layout_height="wrap_content"
        android:src="@drawable/fengzhua" />
</LinearLayout>
```

每个布局文件都包含一个 TextView 和一个 ImageView，分别用于显示标题和图片。

最后，在 Activity 中获取 ViewPager 实例，并通过 setAdapter()方法将适配器与 ViewPager 关联，程序代码如下。

```
ViewPager viewpager = findViewById(R.id.viewpager);

ArrayList<View> aList = new ArrayList<View>();
LayoutInflater inflater = getLayoutInflater();
aList.add(inflater.inflate(R.layout.view_one,null,false));
aList.add(inflater.inflate(R.layout.view_two,null,false));
aList.add(inflater.inflate(R.layout.view_three,null,false));
```

```
MyPagerAdapter mAdapter = new MyPagerAdapter(aList);
viewpager.setAdapter(mAdapter);
```

完成效果如图 5-9 所示。

图 5-9　完成效果 1

使用 ViewPager 可以提供良好的用户体验，用户可以通过水平滑动来浏览不同的界面，或通过指示器进行界面切换。

3．管理界面

前面有提到，Google 官方提供了两个 Fragment 专用的适配器，即 FragmentPagerAdapter 和 FragmentStatePagerAdapter。

FragmentPagerAdapter 会缓存当前 Fragment、左侧的一个 Fragment、右侧的一个 Fragment，即总共会缓存 3 个 Fragment。而 FragmentStatePagerAdapter 则会在 Fragment 对用户不可见时，销毁整个 Fragment，只保存 Fragment 的状态，在界面需要重新显示时，会生成新界面。

FragmentPagerAdapter 适用于界面数量较少且固定的情况。它会将所有界面实例保存在内存中，不会销毁除当前界面及其相邻界面外的其他界面实例，这样可以保持界面的状态，但也会占用较多的内存。此外，FragmentPagerAdapter 适用于静态数据或界面数量不变的情况，如底部导航栏等。由于 FragmentPagerAdapter 将所有界面实例都保存在内存中，因此它在界面切换时的性能较好。

下面是使用 FragmentPagerAdapter 的程序代码。

```
public class MyFragmentPagerAdapter extends FragmentPagerAdapter {

    private final List<Fragment> fragments;

    public MyFragmentPagerAdapter(FragmentManager fragmentManager,
```

```
                              List<Fragment> fragments) {
        super(fragmentManager, BEHAVIOR_RESUME_ONLY_CURRENT_FRAGMENT);
        this.fragments = fragments;
    }

    @Override
    public Fragment getItem(int position) {
        return fragments.get(position);
    }

    @Override
    public int getCount() {
        return fragments.size();
    }
}
```

FragmentStatePagerAdapter 适用于界面数量较多或需要动态创建销毁的情况。它只保留当前界面及其相邻界面实例，其他界面会在用户不可见时被销毁，以释放内存。此外，FragmentStatePagerAdapter 适用于动态数据或界面数量较多的情况，如图片浏览器、新闻列表等。由于 FragmentStatePagerAdapter 只保留少量界面实例，因此它对内存的消耗较少，但在界面切换时可能会稍微有一点性能损耗。

下面是使用 FragmentStatePagerAdapter 的程序代码。

```
public class MyFragmentStatePagerAdapter
        extends FragmentStatePagerAdapter {

    private final List<Fragment> fragments;

public MyFragmentStatePagerAdapter(
            FragmentManager fragmentManager,
            List<Fragment> fragments) {
        super(fragmentManager, BEHAVIOR_RESUME_ONLY_CURRENT_FRAGMENT);
        this.fragments = fragments;
    }

    @Override
    public Fragment getItem(int position) {
        return fragments.get(position);
    }

    @Override
    public int getCount() {
        return fragments.size();
```

```
    }
}
```

这里，准备 3 个 Fragment 作为界面，分别为 MyFragment1、MyFragment2 和 MyFragment3。下面以 MyFragment1 为例进行介绍，MyFragment2 和 MyFragment3 的程序代码与以下程序代码基本相同。

```
public class MyFragment1 extends Fragment {

    @Override
    public View onCreateView(LayoutInflater inflater,
                             ViewGroup container,
                             Bundle savedInstanceState) {
        // Inflate the layout for this fragment
        return inflater.inflate(R.layout.fragment_one,
                                container,
                                false);
    }
}
```

对应的 fragment_one.xml 文件的程序代码如下。

```
<?xml version="1.0" encoding="utf-8"?>
<LinearLayout
xmlns:android="http://schemas.android.com/apk/res/android"
    xmlns:tools="http://schemas.android.com/tools"
    android:layout_width="match_parent"
    android:layout_height="match_parent"
    android:orientation="vertical"
    tools:context=".MyFragment1">

    <TextView
        android:layout_width="match_parent"
        android:layout_height="wrap_content"
        android:gravity="center"
        android:text="岭头单丛"
        android:textSize="20sp" />

    <ImageView
        android:layout_width="wrap_content"
        android:layout_height="wrap_content"
        android:layout_gravity="center"
        android:src="@drawable/dancong" />

</LinearLayout>
```

准备好了适配器和 Fragment，即可在 Activity 中关联它们。使用 MyFragmentPagerAdapter

的程序代码如下。

```
ViewPager viewPager = findViewById(R.id.viewpager);

List<Fragment> fragments = new ArrayList<>();
fragments.add(new MyFragment1());
fragments.add(new MyFragment2());
fragments.add(new MyFragment3());

MyFragmentPagerAdapter adapter =
          new MyFragmentPagerAdapter(getSupportFragmentManager(),
          fragments);
viewPager.setAdapter(adapter);
```

若要使用 MyFragmentStatePagerAdapter，则只需创建对应实例即可，其他程序代码不变。完成效果如图 5-10 所示。

图 5-10　完成效果 2

运行上述程序代码会在 Activity 中使用 ViewPager 显示界面，先获取 ViewPager 实例，再创建 Fragment 列表，并将它们传递给适配器，最后通过调用 setAdapter()方法，将适配器与 ViewPager 关联。这样即可在 Fragment 中使用 FragmentPagerAdapter 或 FragmentStatePagerAdapter 显示或销毁 Fragment 界面，以实现界面切换。

4．ViewPager2

ViewPager2 是 AndroidX 库中的一个新一代界面滑动容器，是对 ViewPager 的改进和升级。ViewPager2 提供了更加灵活和强大的功能，能够更好地支持 Android 应用开发。

以下是 ViewPager2 的一些重要功能。

1）支持垂直滑动

ViewPager2 不仅支持水平滑动，而且支持垂直滑动。通过设置 orientation 属性，可以在水平方向和垂直方向上滑动。

2）支持更复杂的布局结构

ViewPager2 内部使用 RecyclerView，这使得 ViewPager2 可以更好地与其他控件进行嵌套和组合。ViewPager2 支持在嵌套滚动容器中使用，并且更容易实现复杂的布局结构。

3）支持更强大和高效的数据集更新

ViewPager2 通过使用 RecyclerView 的适配器和 DiffUtil，支持更强大和高效的数据集更新。ViewPager2 可以使用 notifyItemInserted()、notifyItemRemoved()等方法动态更新界面中的内容，同时提供了更精确的动画效果。

4）支持 RTL（Right-to-Left）布局

ViewPager2 在 ViewPager 的基础上增加了对 RTL 布局的支持，可以更好地适应从右向左的布局需求。

5）支持 Fragment 和普通视图混合使用

ViewPager2 支持在同一个 ViewPager 中 Fragment 和普通视图混合使用。这样用户可以根据需要动态添加和删除界面，更加灵活地管理内容。

6）支持边界效果和界面间距设置

ViewPager2 提供了设置边界效果（如渐变、缩放等）和界面间距的功能，通过设置 PageTransformer 和 CompositePageTransformer 来实现自定义的界面切换效果。

7）API 更加简化

ViewPager2 的 API 设计更加简化。ViewPager2 提供了简单、易用的方法用于处理界面的滑动、选择和状态等，这样开发者能够更方便地操作和控制 ViewPager2。

下面介绍 ViewPager2 的使用步骤。

首先，在 build.gradle 文件中添加相关依赖，程序代码如下。

```
implementation 'androidx.viewpager2:viewpager2:1.0.0'
```

其次，在 XML 文件中添加 ViewPager2，程序代码如下。

```
<androidx.viewpager2.widget.ViewPager2
   android:id="@+id/viewpager2"
   android:layout_width="match_parent"
   android:layout_height="wrap_content" />
```

创建显示一条数据的 viewpager2_item_layout.xml 文件，程序代码如下。

```
<?xml version="1.0" encoding="utf-8"?>
<LinearLayout
xmlns:android="http://schemas.android.com/apk/res/android"
   android:layout_width="match_parent"
   android:layout_height="match_parent"
   android:orientation="vertical">

   <ImageView
      android:id="@+id/icon"
      android:layout_width="match_parent"
```

```
        android:layout_height="wrap_content"
        android:scaleType="centerCrop" />

    <TextView
        android:id="@+id/msg"
        android:layout_width="match_parent"
        android:layout_height="wrap_content"
        android:gravity="center"
        android:textColor="#000000"
        android:textSize="20sp" />

</LinearLayout>
```

使用 RecyclerViewItem 作为表示数据项的类。

MyViewPager2Adapter 继承 RecyclerView.Adapter，大体内容和前面介绍的 MyRecyclerViewAdapter 一样，程序代码如下。

```
public class MyViewPager2Adapter
extends RecyclerView.Adapter<MyViewPager2Adapter.ViewHolder> {

    private final RecyclerViewItem[] data;

    public MyViewPager2Adapter(RecyclerViewItem[] data) {
        this.data = data;
    }

    @Override
    public MyViewPager2Adapter.ViewHolder onCreateViewHolder(
                                            ViewGroup parent,
                                            int viewType) {
        LayoutInflater inflater = LayoutInflater
                                            .from(parent.getContext());
        View view = inflater.inflate(R.layout.viewpager2_item_layout,
                                            parent, false);
        return new MyViewPager2Adapter.ViewHolder(view);
    }

    @Override
    public void onBindViewHolder(
                            MyViewPager2Adapter.ViewHolder holder,
                            int position) {
        holder.icon.setImageResource(data[position].getIcon());
        holder.msg.setText(data[position].getMsg());
    }
```

```
    @Override
    public int getItemCount() {
        return data.length;
    }

    public class ViewHolder extends RecyclerView.ViewHolder {
        public ImageView icon;
        public TextView msg;

        public ViewHolder(View itemView) {
            super(itemView);
            icon = itemView.findViewById(R.id.icon);
            msg = itemView.findViewById(R.id.msg);
        }
    }
}
```

最后，在 Activity 中关联适配器和 ViewPager2，程序代码如下。

```
// 定义数据源
ViewPager2Item[] data = new ViewPager2Item[3];
data[0] = new ViewPager2Item(R.drawable.baiqieji, "粤式白切鸡");
data[1] = new ViewPager2Item(R.drawable.qiezi, "避风塘茄子");
data[2] = new ViewPager2Item(R.drawable.jizhua, "豉油皇鸡爪");
ViewPager2 viewPager2 = findViewById(R.id.viewpager2);
MyViewPager2Adapter adapter = new MyViewPager2Adapter(data);
viewPager2.setAdapter(adapter);
```

通过以上步骤，即可使用 ViewPager2 来实现界面的滑动，并根据具体需求进行定制和扩展。与 ViewPager 相比，ViewPager2 提供了更多的功能和更高的灵活性，能够更好地满足现代 Android 应用开发的需求。

5.2 菜单

菜单是 Android 应用开发中的一种常用的用户界面控件，用于向用户展示可用的操作选项和功能列表。它提供了一种方便的方式，用户可以通过点击菜单项来执行特定的操作或导航到其他部分。菜单在应用中起到了以下几个重要的作用。

提供导航功能：菜单可以用于导航应用的不同部分，以帮助用户浏览和切换不同的模块。通过菜单，用户可以快速访问应用的各个模块，提高应用的可用性和改善用户体验。

显示操作选项：菜单用于展示应用中可用的操作选项，如编辑、删除、分享、设置等。用户可以通过菜单选择所需的操作，以便与应用进行交互。菜单将相关操作组织在一起，用户可以很方便地找到和使用它们。

隐藏复杂功能：某些应用可能有很多功能和选项，为了简化用户界面，避免出现过多的元素和混乱的界面，可以使用菜单来隐藏那些不常用或高级的功能。这样可以使应用界面更加清晰和更易于使用。

常见的菜单包括选项菜单（Options Menu）和上下文菜单（Context Menu）。这两个菜单在 Android 应用开发中起到了不同的作用，用户可以根据应用的需求和设计风格进行选择。

5.2.1 选项菜单

选项菜单通常以图标或文本的形式显示在应用的顶部或底部，通过点击菜单按钮（通常是 3 个垂直排列的点或竖线）或按设备的菜单键来打开。选项菜单提供了应用的主要操作选项，如搜索、设置、刷新等。可以通过在菜单文件中定义菜单项来创建选项菜单。

加载选项菜单的方式有两种，一种是使用 XML 文件，另一种是使用纯 Java 代码。

1. 使用 XML 文件

首先，在 menu 目录中创建一个 XML 文件，用于定义选项菜单的布局结构和菜单项。例如，创建一个 menu_options.xml 文件，程序代码如下。

```
<?xml version="1.0" encoding="utf-8"?>
<menu xmlns:android="http://schemas.android.com/apk/res/android"
    xmlns:app="http://schemas.android.com/apk/res-auto">
    <item
        android:id="@+id/action_search"
        android:title="搜索"
        app:showAsAction="ifRoom" />
    <item
        android:id="@+id/action_settings"
        android:title="设置"
        app:showAsAction="never" />
</menu>
```

其次，在需要显示选项菜单的 Activity 中重写 onCreateOptionsMenu()方法，并通过 MenuInflater 对象加载菜单资源文件，程序代码如下。

```
@Override
public boolean onCreateOptionsMenu(Menu menu) {
    getMenuInflater().inflate(R.menu.menu_options, menu);
    return true;
}
```

使用上述程序代码将会加载创建的 menu_options.xml 文件，并将其显示在 Activity 的顶部。完成效果如图 5-11 所示。

图 5-11　完成效果

为了响应选项菜单中菜单项的点击事件需要重写 onOptionsItemSelected()方法，程序代码如下。

```
@Override
public boolean onOptionsItemSelected(MenuItem item) {
    int id = item.getItemId();
    if (id == R.id.action_search) {
        // 处理搜索操作
        return true;
    } else if (id == R.id.action_settings) {
        // 处理设置操作
        return true;
    }
    return super.onOptionsItemSelected(item);
}
```

<item>元素的常用属性如表 5-2 所示。

表 5-2　<item>元素的常用属性

属性	说明	取值
id	标识菜单项	字符串
title	定义菜单项的显示文本	字符串
icon	表示菜单的图标	@drawable/action_settings 等
showAsAction	表示菜单项的显示方式	never：菜单项会显示在溢出菜单中； ifRoom：当操作栏有足够空间时，菜单项会显示在操作栏中； always：以溢出菜单的形式显示
enabled	表示菜单项是否可用	true、false
visible	表示菜单项是否可见	true、false
orderInCategory	表示菜单项在同一个菜单中的顺序	按照数值升序排列，先显示较小的数值

2. 使用纯 Java 代码

如果希望使用纯 Java 代码，而不是使用 XML 文件加载菜单，那么可以按照以下步骤进行操作。

首先，在 Activity 中重写 onCreateOptionsMenu()方法，该方法用于创建选项菜单，程序代码如下。

```
@Override
public boolean onCreateOptionsMenu(Menu menu) {
    MenuItem searchItem = menu.add(Menu.NONE, R.id.action_search,
                    Menu.NONE, "搜索");
    searchItem.setShowAsAction(MenuItem.SHOW_AS_ACTION_IF_ROOM);

    MenuItem settingsItem = menu.add(Menu.NONE, R.id.action_settings,
                Menu.NONE, "设置");
    settingsItem.setShowAsAction(MenuItem.SHOW_AS_ACTION_NEVER);

    return true;
}
```

上述程序代码使用了 Menu 对象的 add()方法添加菜单项。第一个参数用于表示组 ID（可以使用 Menu.NONE），第二个参数用于表示菜单项的 ID（用于识别菜单项），第三个参数用于表示菜单项的顺序，第四个参数用于表示菜单项的显示文本。使用 setShowAsAction()方法可以设置菜单项的显示方式。其中，SHOW_AS_ACTION_IF_ROOM 表示菜单项将在有充足空间的情况下被显示在操作栏中，SHOW_AS_ACTION_NEVER 表示菜单项将被显示在溢出菜单中。

其次，为了响应选项菜单中菜单项的点击事件需要重写 onOptionsItemSelected()方法，程序代码如下。

```
@Override
public boolean onOptionsItemSelected(MenuItem item) {
    int id = item.getItemId();
    if (id == R.id.action_search) {
        // 处理搜索操作
        return true;
    } else if (id == R.id.action_settings) {
        // 处理设置操作
        return true;
    }
    return super.onOptionsItemSelected(item);
}
```

通过以上步骤即可使用纯 Java 代码创建选项菜单，并处理菜单项的点击事件。这种方式适用于一些简单的菜单，如果菜单较为复杂，那么可以考虑使用 XML 文件加载选项菜单。

5.2.2 上下文菜单

上下文菜单也称长按菜单，在用户长按应用中的某个元素（如图片等）时显示。上下文菜单提供了与所选元素相关的操作选项，如编辑、删除、分享等。通过注册视图的上下文菜单并定义菜单项可以创建上下文菜单。

简单来说，需要给特定的控件绑定一个上下文菜单，在使用时长按这个控件，即可弹出上下文菜单。

首先，在 menu 目录中创建一个 XML 文件，用于定义上下文菜单的布局结构和菜单项。例如，创建一个 menu_context.xml 文件，程序代码如下。

```
<?xml version="1.0" encoding="utf-8"?>
<menu xmlns:android="http://schemas.android.com/apk/res/android">
    <item
        android:id="@+id/context_order"
        android:title="下单/取消下单" />
    <item
        android:id="@+id/context_comment"
        android:title="点评菜品" />
</menu>
```

上述程序代码定义了两个菜单项，一个用于下单或取消下单，另一个用于点评菜品。使用 id 属性来标识菜单项，使用 title 属性来定义菜单项的显示文本。

其次，在 Activity 中重写 onCreateContextMenu()方法和 onContextItemSelected()方法，用于创建上下文菜单和处理菜单项的点击事件，程序代码如下。

```
@Override
public void onCreateContextMenu(ContextMenu menu, View v,
                                ContextMenu.ContextMenuInfo menuInfo) {
    getMenuInflater().inflate(R.menu.menu_context, menu);
}

@Override
public boolean onContextItemSelected(@NonNull MenuItem item) {
    int id = item.getItemId();
    if (id == R.id.context_order) {
        // 处理下单/取消下单
        return true;
    } else if (id == R.id.context_comment) {
        // 处理点评菜品操作
        return true;
    }
    return super.onContextItemSelected(item);
}
```

最后，在 Activity 中给需要的控件注册上下文菜单，以便系统能够识别并显示上下文

图 5-12　完成效果

菜单，程序代码如下。

```
    @Override
    protected void onCreate(Bundle savedInstanceState) {
        super.onCreate(savedInstanceState);
        setContentView(R.layout.activity_main);

        // 注册上下文菜单

registerForContextMenu(findViewById(R.id.imageview));
    }
```

至此，完成了对 TextView 的上下文菜单的注册。在运行程序后，长按 TextView，即可弹出上下文菜单，完成效果如图 5-12 所示。

5.3 对话框

在 Android 应用开发中，对话框是一种常用的用户界面控件。对话框用于显示提示、请求输入或确认操作。对话框以弹窗的形式出现，可以在当前活动的上方显示，并在用户完成操作后关闭。对话框提供了一种便捷的方式来与用户进行交互，提高了功能性。

对话框在 Android 应用开发中扮演着至关重要的角色，可以用于以下多种场景。

提示用户关键信息：对话框可以用来向用户展示重要的提示、警告或错误消息，确保用户及时了解关键信息。

获取用户输入：通过对话框，应用可以很方便地获取用户输入的文本、数字或其他类型的数据，以进一步处理或验证。

进行选择：对话框可以提供选项供用户选择。

自定义交互界面：用户可以根据应用的需求自定义交互界面，以满足特定的设计要求。

正确地设计和使用对话框对于提供用户友好界面、改善用户体验至关重要。了解不同类型的对话框及它们的实现方式，可以使开发者灵活地在应用中使用和定制对话框，以满足应用的特定需求。本节将介绍普通对话框、选项对话框和自定义对话框。

5.3.1　普通对话框

普通对话框是一种常见的对话框，用于向用户显示信息并获取用户的确认或响应信息。

创建和显示普通对话框涉及 AlertDialog 类，早期通过直接创建该对象来生成对话框，目前主流的做法是使用 AlertDialog.Builder 对象设置对话框，使用 create()方法创建 AlertDialog 对象。下面介绍如何创建和显示普通对话框。

首先，确保导入了 android.app.AlertDialog 和 android.content.DialogInterface 类库。

其次，创建 AlertDialog.Builder 对象，并使用 AlertDialog.Builder 类创建对话框，传入当前的 Context 作为参数。

再次，使用 setIcon()方法设置对话框的图标；使用 setTitle()方法设置对话框的标题；使用 setMessage()方法设置对话框的消息；使用 setPositiveButton()方法和 setNegativeButton()方法设置对话框的按钮及其相应的点击事件监听器；使用 DialogInterface.OnClickListener 的 onClick()方法处理按钮的点击事件。

最后，使用 create()方法创建 AlertDialog 对象，使用 show()方法显示对话框。

创建和显示普通对话框的完整程序代码如下。

```
private void showNormalDialog() {
    // 创建 AlertDialog.Builder 对象
    AlertDialog.Builder builder =
            new AlertDialog.Builder(MainActivity9.this);

    // 设置对话框的图标、标题和消息
    builder.setIcon(R.drawable.jizhua)
            .setTitle("豉油皇鸡爪")
            .setMessage("食材：鸡爪、生葱、生姜、大蒜、干辣椒、香菜根等");

    // 设置对话框的按钮及其相应的点击事件监听器
    builder.setPositiveButton("确认下单",
        new DialogInterface.OnClickListener() {
            @Override
            public void onClick(DialogInterface dialog, int which) {
                // 处理“确认下单”按钮的点击事件
            }
        });
    builder.setNegativeButton("不喜欢",
        new DialogInterface.OnClickListener() {
            @Override
            public void onClick(DialogInterface dialog, int which) {
                // 处理“不喜欢”按钮的点击事件
            }
        });

    // 创建和显示对话框
    AlertDialog dialog = builder.create();
    dialog.show();
}
```

通过设置按钮的点击事件监听器，使用 onClick()方法处理用户在对话框中点击按钮的事件，并编写相应的程序代码。

为了测试这个对话框，在 XML 文件中添加一个 ImageView 并通过为它设置点击事件来触发这个对话框。添加一个 ImageView 的程序代码如下。

```
<?xml version="1.0" encoding="utf-8"?>
<LinearLayout
xmlns:android="http://schemas.android.com/apk/res/android"
    xmlns:app="http://schemas.android.com/apk/res-auto"
    xmlns:tools="http://schemas.android.com/tools"
    android:layout_width="match_parent"
    android:layout_height="match_parent"
    android:orientation="vertical"
    tools:context=".MainActivity9">

    <TextView
        android:layout_width="match_parent"
        android:layout_height="wrap_content"
        android:gravity="center"
        android:text="茶楼经典菜单"
        android:textSize="30sp" />

    <ImageView
        android:id="@+id/imageview"
        android:layout_width="match_parent"
        android:layout_height="wrap_content"
        android:src="@drawable/jizhua" />

</LinearLayout>
```

为 ImageView 添加点击事件的程序代码如下。

```
findViewById(R.id.imageview)
    .setOnClickListener(new View.OnClickListener() {
    @Override
    public void onClick(View v) {
        showNormalDialog();
    }
});
```

图 5-13　完成效果

上述程序代码演示了如何创建和显示普通对话框。点击图片后，完成效果如图 5-13 所示。

5.3.2　选项对话框

选项对话框也是一种常见的对话框，用于提供选项供用户选择。它通常包含一个标题和一组选项，用户可以从中选择一个或多个选项。

创建和显示选项对话框的步骤很简单，完整程序代码如下。

```
private void showOptionDialog() {
    // 创建AlertDialog.Builder对象
    AlertDialog.Builder builder =
            new AlertDialog.Builder(MainActivity9.this);

    // 设置对话框的图标、标题和消息
    builder.setIcon(R.drawable.ic_launcher_background)
            .setTitle("请选择您喜欢的茶类型");

    // 设置选项
    final String[] options = {"岭头单丛", "凤凰单丛",
                              "英德红茶", "紫金蝉茶"};
    builder.setItems(options, new DialogInterface.OnClickListener() {
        @Override
        public void onClick(DialogInterface dialog, int which) {
            String selectedOption = options[which];
            // 处理选择逻辑
        }
    });

    // 创建和显示对话框
    AlertDialog dialog = builder.create();
    dialog.show();
}
```

上述程序代码演示了如何创建和显示选项对话框。点击“选择茶叶类型”按钮后，会短暂地弹出一个 Toast，指示用户选择的内容，完成效果如图 5-14 所示。

图 5-14　完成效果

5.3.3　自定义对话框

自定义对话框允许用户根据应用需求创建独特的对话框样式和布局。用户可以自定义对话框的视图元素、样式和交互行为，以实现特定的设计要求。

下面介绍如何创建和显示自定义对话框。

首先，创建自定义对话框的 custom_dialog.xml 文件，程序代码如下。

```
<?xml version="1.0" encoding="utf-8"?>
<LinearLayout xmlns:android="http://schemas.android.com/apk/res/android"
    android:layout_width="match_parent"
```

```
    android:layout_height="match_parent"
    android:orientation="vertical"
    android:padding="16dp">

    <TextView
        android:id="@+id/dialog_title"
        android:layout_width="match_parent"
        android:layout_height="wrap_content"
        android:paddingBottom="8dp"
        android:text="Title"
        android:textSize="20sp"
        android:textStyle="bold" />

    <EditText
        android:id="@+id/input_text"
        android:layout_width="match_parent"
        android:layout_height="wrap_content"
        android:hint="请输入您本次的用餐体验" />

    <Button
        android:id="@+id/confirm_button"
        android:layout_width="match_parent"
        android:layout_height="wrap_content"
        android:text="确定提交" />
</LinearLayout>
```

这个自定义对话框中有一个 TextView、一个 EditText 和一个 Button。

其次，使用这个自定义对话框，程序代码如下。

```
private void showCustomDialog() {
    Dialog dialog = new Dialog(MainActivity9.this);
    dialog.setContentView(R.layout.custom_dialog);
    dialog.setCancelable(true);

    TextView dialogTitle = dialog.findViewById(R.id.dialog_title);
    EditText inputText = dialog.findViewById(R.id.input_text);
    Button confirmButton = dialog.findViewById(R.id.confirm_button);

    dialogTitle.setText("请反馈您本次的用餐体验");

    confirmButton.setOnClickListener(new View.OnClickListener() {
        @Override
        public void onClick(View v) {
            String input = inputText.getText().toString();
            Toast.makeText(MainActivity9.this, "您的评价：" + input,
```

```
                        Toast.LENGTH_SHORT).show();
            dialog.dismiss();
        }
    });

    dialog.show();
```

上述程序代码创建了一个 Dialog 对象。后面的步骤在前面已经介绍过，此处不再赘述。上述程序代码演示了如何创建和显示自定义对话框。点击按钮后，会短暂地弹出一个 Toast。完成效果如图 5-15 所示。

图 5-15　完成效果

本章小结

本章深入介绍了不同类型的控件。

首先介绍了容器，容器包括 Spinner、ListView、RecyclerView 和 ViewPager。使用这些控件有助于组织和展示数据，提供用户友好界面。

其次，介绍了菜单，菜单包括选项菜单和上下文菜单。选项菜单是应用顶部的导航菜单，而上下文菜单则是在进行特定操作时通过长按或其他手势触发的菜单。通过设计菜单，用户能够很方便地浏览和选择不同的操作。

最后，深入介绍了对话框，对话框包括普通对话框、选项对话框和自定义对话框。对话框是一种弹出式窗口，用于展示重要信息、提供选择、引导用户进行特定操作。用户可以根据应用的需求，选择合适类型的对话框。

通过学习本章，读者应该掌握进行容器、菜单和对话框设计的技能，为构建功能丰富的 Android 应用打下基础。此外，读者应理解每个控件的用法和适用场景，并能够将其灵活运用于不同的 Android 应用中。

学习本章有助于读者扩展 Android 应用的界面设计和用户交互功能，提高 Android 应用的质量和用户的满意度。下一章将继续探索更多有关 Android 应用开发的相关知识。

拓展实践

创建一个 Android 应用，根据本章所学控件，设计一个点餐界面，要求显示菜品图片、菜品描述、菜品价格等，如图 5-16 所示。

图 5-16 点餐界面

本章习题

一、选择题

1．以下（　　）用于在不同的界面之间进行滑动切换。

A．ViewPager　　B．RecyclerView　　C．Spinner　　D．ListView

2．以下（　　）用于展示多个选项，且只能选择一个选项。

A．ListView　　B．Spinner　　C．RecyclerView　　D．ViewPager

3．以下（　　）通常以图标或文本的形式显示在应用的顶部或底部，通过点击菜单按钮或按设备的菜单键来打开。

A．上下文菜单　　B．选项菜单　　C．普通对话框　　D．自定义对话框

4．以下（　　）用于展示一个垂直滚动的列表，可以显示文本、图片等内容。

A．Spinner　　B．ViewPager　　C．RecyclerView　　D．ListView

5．以下（　　）允许用户从一组选项中选择一个或多个选项。

A．普通对话框　　B．自定义对话框　　C．选项对话框　　D．上下文菜单

6．以下（　　）用于展示一个灵活的、可垂直或水平滚动的列表，可以显示不同的布局结构。

A．ListView　　B．Spinner　　C．RecyclerView　　D．ViewPager

7．以下（　　）用于展示多个选项。

A．Spinner　　B．ListView　　C．RecyclerView　　D．ViewPager

8．以下（　　）用于显示提示、请求输入或确认操作。

A．自定义对话框　　B．选项对话框　　C．普通对话框　　D．上下文菜单

9．以下（　　）是一种自定义的弹出式窗口，可以包含自定义的 UI 元素。

A．自定义对话框　　B．选项对话框　　C．普通对话框　　D．上下文菜单

10．以下（　　）用于在长按某个视图元素时弹出一个包含操作选项的菜单。

A．选项菜单　　B．上下文菜单　　C．普通对话框　　D．自定义对话框

二、填空题

1．ViewPager 通过__________来管理数据和视图的关系。

2．Spinner 的数据源可以是__________。

3．在创建菜单资源文件时，通常使用_________格式定义菜单项及其属性。

4．为了支持 RecyclerView 的滑动操作，可以在布局文件中的_____________属性处设置相应的滑块标识。

5．要设置对话框的图标，应使用__________方法。

三、简答题

1．简述 ViewPager 的功能。

2．简述 RecyclerView 和 ListView 的区别及它们分别适用于哪些场景。

3．简述选项菜单和上下文菜单的区别及它们各自的用途。

第 6 章

Android 数据存储与处理

通过前面的学习，相信读者已经能够实现丰富多彩的应用界面了，但是 Android 应用开发的核心仍然是业务功能。要实现业务功能，就必须为业务提供数据存储与处理功能，也就是为数据提供保存、读取、更新和删除等功能。

Android 平台提供了多种技术可以实现简洁、高效的数据存储，如 SharedPreferences 数据存储、文件数据存储、SQLite 数据存储、网络数据存储等。本章将重点介绍既是 Android 特有的又是使用十分广泛的 SharedPreferences 数据存储和 SQLite 数据存储。通过学习本章内容，读者将能够熟练运用这两种数据存储技术，为 Android 应用实现数据持久化。

6.1 Android 数据存储方式

由于 Android 应用开发是基于 Java 技术的，因此可以使用的数据存储方式非常丰富，这些数据存储方式有些是 Android 内部提供的特定解决方案，有些则是 Java 开源世界提供的通用解决方案。下面介绍几种常用的 Android 数据存储方式。需要注意的是，每种数据存储方式都有不同的特点和适用场景，开发者在开发时需要根据具体需求选择。

1）SharedPreferences 数据存储

SharedPreferences 用于存储键值对形式的数据，适合保存少量简单且零散的数据，如应用中的配置信息、用户设置等。它是最简单的轻量级数据存储方式。

2）文件数据存储

文件数据存储是一种通用的数据存储方式。在 Java 技术中可以使用文件输入输出流（IO Stream）的方式读写文件，Android 中的文件流接口和 Java 官方的文件流接口大同小异，只是在 Android 中操作文件时需要注意路径和访问权限的问题。文件数据存储过于简单，难以直接用于存储业务数据。文件适合保存整体的数据块，如图片、音频和视频等。

3）SQLite 数据存储

Android 内置了轻量级的 SQLite，SQLite 是关系数据库，通过表与关系存储数据，使用 SQL 语句实现数据的增删改查。SQLite 适合保存结构化数据，如应用中的业务对象。使用 SQLite 数据存储可以保障数据的完整性，避免冗余。

4）网络数据存储

网络数据存储是一种开放的存储方式，通过网络连接保存数据到后端远程服务器中，一般配合后端的 RESTful API 使用。网络数据存储适用于互联网应用，需要结合后端服务器来实现，有一定的复杂性。

5）ContentProvider 数据存储

严格来说，ContentProvider 不是数据存储接口，而是数据分享接口。Android 应用中的数据可以分为私有数据和公有数据，私有数据不能被其他应用访问，但能通过 ContentProvider 在不同的应用之间实现数据共享。Android 常用的数据存储方式如图 6-1 所示。

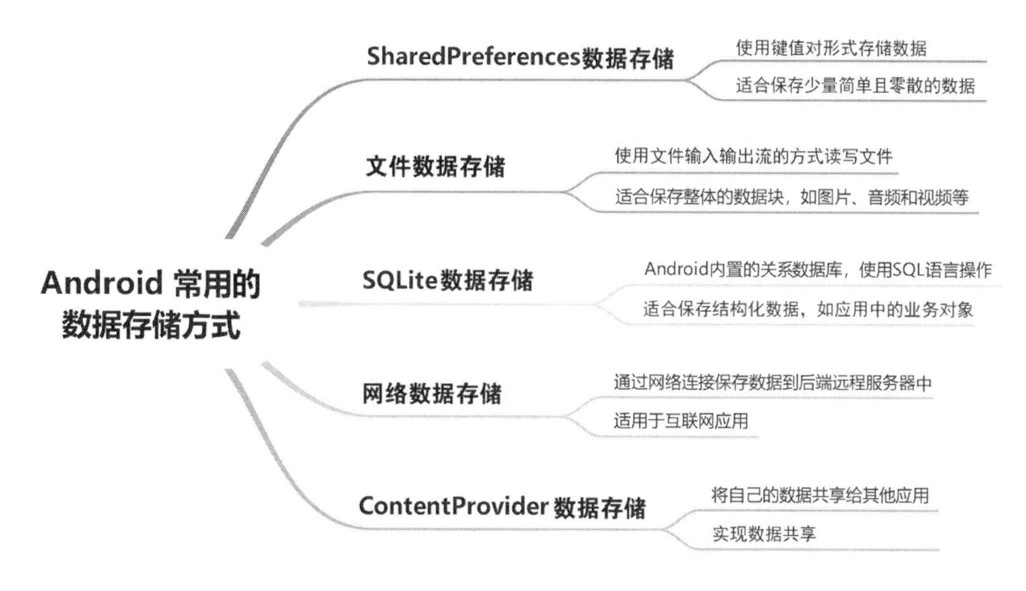

图 6-1　Android 常用的数据存储方式

实际上，Android 应用开发中可以使用的数据存储方式有很多。限于篇幅，本章重点介绍 Android 中特有的 SharedPreferences 数据存储和 SQLite 数据存储，这也是 Android 应用开发中使用频率较高的本地存储方式，而关于网络数据存储将在后面的“网络编程”一章中详细介绍。

6.2 SharedPreferences 数据存储与处理

应用中经常需要保存一些配置信息和用户状态。例如，在微信中，可以设置字体大小（见图 6-2）；在 QQ 中，可以记住之前的登录账号等。这些配置信息简单且零散，不便于管

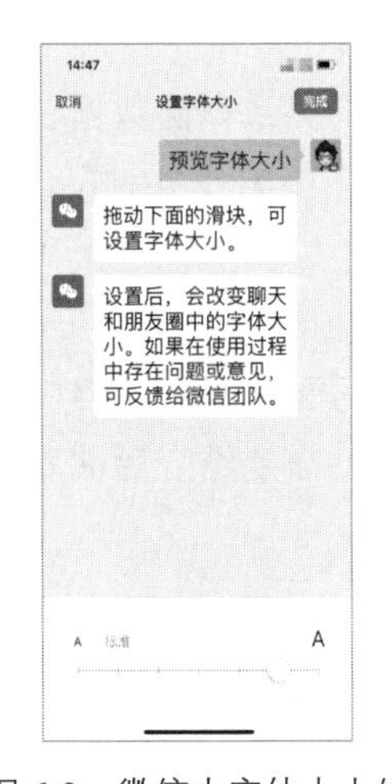

图 6-2 微信中字体大小的设置

理。为了统一存储这些用户的配置信息，Android 提供了 SharedPreferences 数据存储。

SharedPreferences 数据存储是一种轻量级的键值对存储方式，主要特点如下。

（1）数据以键值对形式存储，键和值都是基础类型数据。

（2）通过 getSharedPreferences()方法获得 SharedPreferences。

（3）一般配合 SharedPreferences.Editor 来对存储的数据进行修改。

（4）修改后需要调用 commit()方法或 apply()方法提交变更。

（5）通过 SharedPreferences 的 getInt()、getString()等方法读取数据。

（6）数据实际被保存在 XML 文件中，每份 SharedPreferences 对应一个 XML 文件。

（7）有公有、私有等多种存储模式，私有模式下的数据只能被本程序访问。

（8）不适合存储复杂数据，适合存储轻量级配置信息。

（9）线程安全，可以在多线程环境中使用。

SharedPreferences 数据存储用到的对象有 SharedPreferences 和 SharedPreferences.Editor，前者用于管理和读取数据，后者用于写入和删除数据。SharedPreferences 数据存储中常用的方法如表 6-1 所示。

表 6-1 SharedPreferences 数据存储中常用的方法

方法	说明
Activity.getSharedPreferences(String name, int mode)	在 Activity 中获取 SharedPreferences
SharedPreferences.edit()	获取 SharedPreferences.Editor
SharedPreferences.getString(String key)/getInt(String key)/...	从 SharedPreferences 中获取键为 key 的字符串或整数，此外还可以使用多种 getXxx()方法获取其他基础类型数据
Editor.putString(String key, String value)/putInt(String key, int value)/...	向 SharedPreferences 写入键为 key、值为 value 的字符串或整数，此外还可以使用多种 putXxx()方法写入其他基础类型数据
Editor.remove(String key)	根据键移除 SharedPreferences 中的存放的值
Editor.apply()/commit()	提交修改的内容

SharedPreferences 数据存储的使用简单且方便，适合保存少量简单且零散的数据。

6.2.1 SharedPreferences 的写入

下面介绍如何使用 SharedPreferences 写入数据。

1. SharedPreferences 的获取

SharedPreferences 可以通过 Activity 等的 getSharedPreferences(String name, int mode)方法获取，该方法有两个参数，即 name 和 mode。

（1）参数 name 用于指定 SharedPreferences 存储文件的文件名。

（2）参数 mode 用于指定数据存储模式。数据存储模式主要有以下几种。

① MODE_PRIVATE：默认模式，表示该 SharedPreferences 数据只能被本应用的其他组件访问，对其他应用是不可见的。

② MODE_APPEND：表示检查之前是否存在同名的 SharedPreferences 文件，如果存在那么继续追加写入，而不是覆盖。

③ MODE_WORLD_READABLE：表示允许所有其他应用写入该 SharedPreferences 数据，目前已不推荐使用。

④ MODE_WORLD_WRITEABLE：表示允许所有其他应用写入该 SharedPreferences 数据，目前已不推荐使用。

⑤ MODE_MULTI_PROCESS：用于在多进程环境下访问 SharedPreferences 数据，但需谨慎使用，有被锁死的风险。

⑥ MODE_ENABLE_WRITE_AHEAD_LOGGING：表示支持提前写入日志功能，注意需使用 Android 4.0 及以上版本。

MODE_PRIVATE：最常用的模式，可以保证内部数据的安全性。

以下示例在 Activity 中获取了私有 SharedPreferences，数据被保存在 data.xml 文件中。

```
SharedPreferences sp = getSharedPreferences("data", MODE_PRIVATE);
```

2. SharedPreferences.Editor 的使用

在使用 SharedPreferences 写入数据时，需要用到 SharedPreferences.Editor，该对象通过 SharedPreferences.editor()方法获取。通过 SharedPreferences.Editor 的 putString()等方法可以写入键值对，值可以是任意基础类型，只要选择不同类型的 putXxx()方法即可。写入数据后，必须通过 apply()方法或 commit()方法提交修改的内容，只有这样数据才会真正被保存到文件中。以下示例在 data.xml 文件中保存了键为 name、age 和 married 的 3 种不同类型的数据。

```
    SharedPreferences sp = getSharedPreferences("data", MODE_PRIVATE); // 获取
//SharedPreferences
    SharedPreferences.Editor editor = sp.edit();            // 获取编辑器
    editor.putString("name","Sam");                         // 写入字符串
    editor.putInt("age",28);                                // 写入整数
    editor.putBoolean("married", false);                    // 写入布尔值
    editor.apply();                                         // 提交修改的内容
```

6.2.2 SharedPreferences 的读取

在读取数据时，直接使用 SharedPreferences 的 getXxx()方法即可，该方法传入键和默认值作为参数，返回键对应的值，如果该键值对不存在那么返回默认值。

以下示例使用 SharedPreferences 读取了之前在 data.xml 文件中保存的数据，包含 name 对应的字符串、age 对应的整数和 married 对应的布尔值。

```
    SharedPreferences sp = getSharedPreferences("data", MODE_PRIVATE); // 获取
//SharedPreferences
    String name = sp.getString("name", "");              // 获取字符串，默认值为""
    int age = sp.getInt("age",0);                        // 获取整数，默认值为 0
    boolean married = sp.getBoolean("married", false);   // 获取布尔值，默认值为false
```

除了可以写入和读取数据，在不需要时也可以移除数据，通过 SharedPreferences.Editor 的 remove()方法可以根据键移除数据。

以下示例在 SharedPreferences 中移除了键为 name 的数据。和写入数据一样，移除数据后必须使用 apply()方法或 commit()方法提交修改的内容，只有这样变更的数据才会被真正保存下来。

```
    SharedPreferences sp = getSharedPreferences("data", MODE_PRIVATE);
    SharedPreferences.Editor editor = sp.edit();         // 获取编辑器
    editor.remove("name");                               // 移除数据
    editor.apply();                                      // 提交修改的内容
```

前面提到过，SharedPreferences 数据实际上是被保存在 XML 文件中的，可以通过“Device File Explorer”窗口查看设备中保存的 SharedPreferences 文件。如图 6-3 所示，上述示例中的 SharedPreferences 数据被保存在“/data/data/程序主包名/shared_prefs”目录下的 data.xml 文件中。

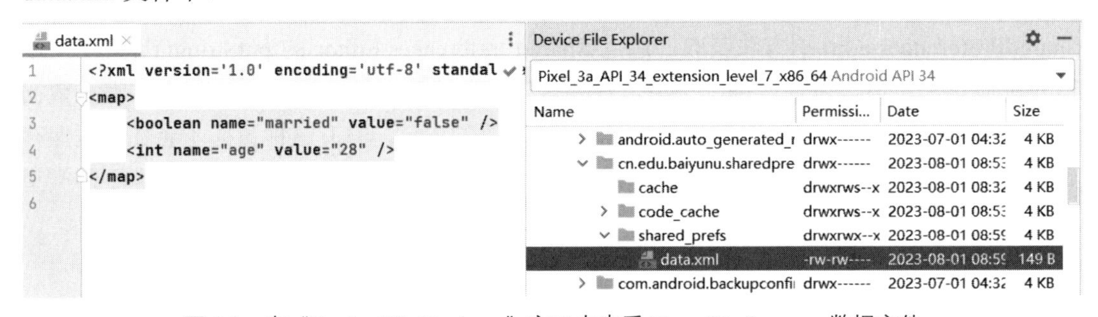

图 6-3 在“Device File Explorer”窗口中查看 SharedPreferences 数据文件

6.3 SQLite 数据存储与处理

上一节介绍了 SharedPreferences 数据存储与处理。通过学习，读者可以了解到 SharedPreferences 适合保存少量简单且零散的数据。但对于 Android 应用开发而言，常见的

需求是存储大量相互关联的结构化数据。例如，在一个阅读器中，需要读写用户信息、图书信息、阅读记录、读书笔记等业务数据，这些数据结构固定、有一定的复杂性且相互关联。在 Android 应用开发中，通常使用关系数据库来保存这样的业务数据。

关系数据库，也称 SQL 数据库，是目前 Android 应用开发中十分重要的数据存储工具，主要有以下优点。

（1）关系数据库使用预定义的数据表来保存数据，使用关系来描述数据之间的关联，非常适合保存复杂的业务数据。

（2）关系数据库提供数据约束，支持事务管理，保证数据操作的完整性和一致性。

（3）关系数据库支持 SQL 语句，语法简单、易用，可以很方便地实现数据管理，降低了开发门槛。

（4）关系数据库可靠性高，大多数产品拥有完善的故障恢复、高可用性等机制，非常适合对数据安全要求严苛的应用场景。

（5）关系数据库有较高的读写效率和较少的存储消耗量。

关系数据库是传统应用开发中的主要数据库，业界比较成熟的数据库管理系统如 SQLite、Oracle、MySQL、SQL Server 等，都是关系数据库。

由于关系数据库具有以上优点，因此 Android 特别内置了 SQLite，推荐使用 SQLite 进行复杂数据的存储。

6.3.1 SQLite 概述

1. SQLite 的概念

SQLite 是一种轻量级的关系数据库，由 Richard Hipp 于 2000 年创建。SQLite 的核心代码主要由 C 语言开发。SQLite 是一种世界上使用广泛的数据库，常常被用于各类小型系统和设备中。与其他关系数据库相比，SQLite 又具有如下特点。

（1）体积小、资源占用少：SQLite 仅需几百 KB，在运行时不需要独立的数据库进程或服务器，可以直接嵌入到客户端程序中。

（2）自包含和零配置：SQLite 不需要安装和配置，可以作为程序的一个组件集成。

（3）开源：SQLite 是开源软件，任何人都可以自由地使用 SQLite，同时可以根据需要改造 SQLite。

（4）跨平台和可移植：SQLite 可以运行在许多操作系统和平台上，也可以跨平台使用。

（5）易使用和兼容性强：SQLite 使用常见的 SQL 语句，与其他数据库的兼容性高，容易上手。

（6）功能强大：SQLite 支持事务、约束和触发器等高级数据库功能。

一般的关系数据库（如 Oracle、SQL Server、MySQL 等）主要服务于大型企业级应用和互联网应用，需要支持海量数据存储与高并发。这些数据库在被运行时需要消耗大量的内存和计算资源。而 SQLite 则不同，它的重点并非海量数据与高并发，而致力于轻量和高效，是专门为资源有限的小型设备打造的。

正因如此，Android 选择了 SQLite 作为内置数据库。SQLite 的资源占用少，适合存储空间和计算能力有限的移动设备且 SQLite 不需要服务器进程，降低了架构上的复杂性。更重要的是，SQLite 开源，可以自由地被集成在 Android 和第三方应用中。

2．SQLite 开发环境的搭建

由于 SQLite 既不需要安装和配置又不需要服务器进程，可以作为程序的一个组件来使用，因此在使用 SQLite 时，只需要安装一款 SQLite 的客户端即可，通过客户端就能使用 SQL 语句进行数据库的开发。

作为一款开源数据库，SQLite 有许多免费的图形客户端可供选择，常见的有 DB Browser for SQLite、SQLite Expert 等。这些软件都有免费版本，覆盖了主流操作系统，用户可以根据需要自行选择。本书使用了较为常见的 SQLite Expert。该软件可以在 SQLite Expert 官网获取，选择下载免费的个人版，在计算机中默认安装即可使用。SQLite Expert 的下载界面如图 6-4 所示。

图 6-4　SQLite Expert 的下载界面

SQLite Expert 安装成功后运行，通过可视化菜单即可创建 SQLite。在 SQLite Expert 的主界面中选择“File”→“New Database”命令，会弹出“保存”对话框，选择文件的保存位置后点击“打开”按钮，即可创建一个空白数据库。选择“SQL”选项卡，可以打开 SQL 视图窗口，借助 SQL 视图窗口就可以编写 SQL 脚本进行数据库开发了。SQLite Expert 的主界面如图 6-5 所示。

3．SQLite 中的数据类型

关系数据库以二维表的形式存储数据，表结构需要预定义，每个表由若干个字段（数据列）组成，每个字段均需要指定数据类型和约束。因此，在创建表之前需要先熟悉 SQLite 支持的字段的数据类型。SQLite 中的数据类型比较简单，具体如表 6-2 所示。

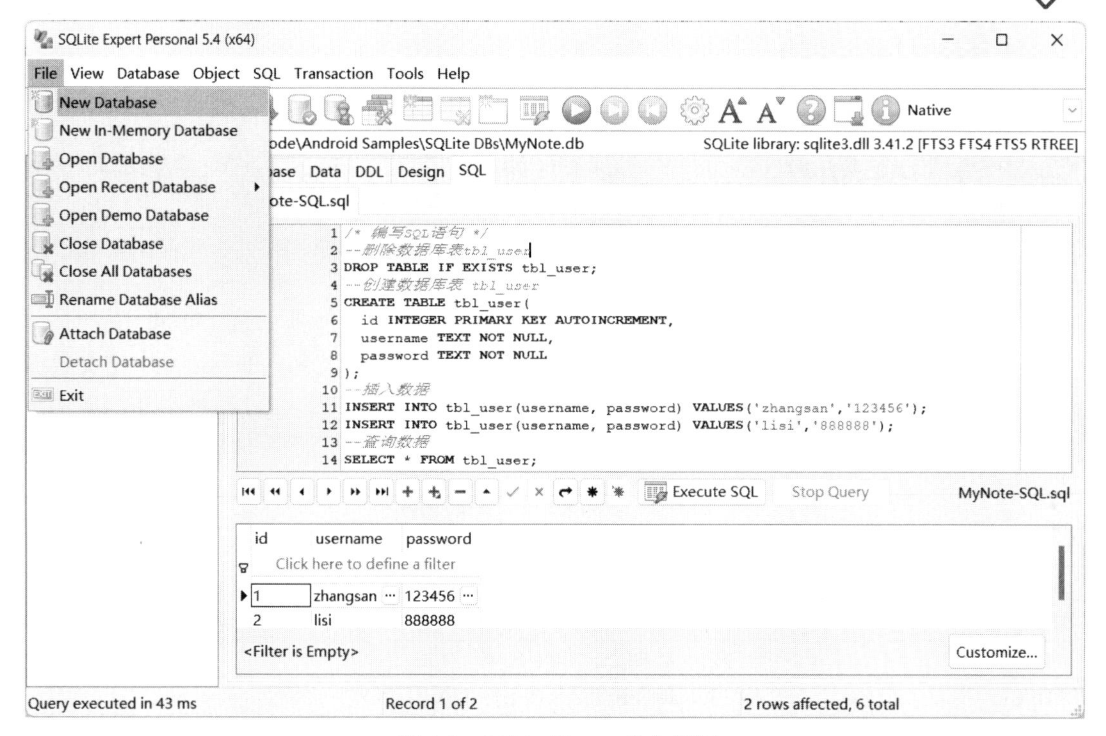

图 6-5 SQLite Expert 的主界面

表 6-2 SQLite 中的数据类型

数据类型	说明
NULL	空值，表示该字段的值为空
INTEGER	整型
REAL	浮点型
TEXT	字符串型，使用数据库设定的编码（UTF-8、UTF-16BE 或 UTF-16LE）存储
BLOB	二进制形式，用于存放图片、音频等，不建议过多使用

4. 常用的 SQL 语句

在开发关系数据库时必然要使用 SQL 语句。SQL 的全称为 Structured Query Language，即结构化查询语言，是一种标准的数据库查询和程序设计语言，使用 SQL 语句可以实现数据库对象的创建、数据的增删改查、事务的管理和权限的管理等功能。

尽管市面上的关系数据库系统的种类繁多，但每种都要遵循对应的 SQL 语句国际标准，如 SQLite 中的 SQL 语句就是基于 SQL92 制定的。简而言之，只要学习过基本的 SQL 语句，就可以快速上手 SQLite 的开发。为了方便学习，这里对 SQLite 的开发中经常使用的 SQL 语句进行简要的介绍。

SQL 语句按功能可以分为 DDL（数据定义语言）、DML（数据操作语言）、TCL（事务控制语言）和 DCL（数据控制语言）。下面重点介绍 DDL 语句和 DML 语句。DDL 语句用于定义数据库对象，如创建、修改、删除数据表等；DML 语句用于对数据表中的数据进行增删改查，这些都是常用的 SQL 语句，在后续 SQLite 的开发中需要使用。

1）常用的 DDL 语句

（1）CREATE 语句：创建数据表。

CREATE 语句的语法如下。

```
CREATE TABLE 数据表名(
  字段名 数据类型 约束,
  字段名 数据类型 约束,
  …
);
```

创建数据表使用 CREATE TABLE 命令，该命令后紧跟数据表名，在小括号中定义数据表中的字段结构，也就是数据表中的各列。每个字段均包含字段名、数据类型和约束，字段之间使用逗号分隔。SQLite 中支持的约束如表 6-3 所示。

表 6-3　SQLite 中支持的约束

约束	说明
NOT NULL	非空约束，要求值不能为空
UNIQUE	唯一约束，要求值是唯一的
PRIMARY KEY	主键约束，要求值是当前行的唯一标识
CHECK	检查约束，要求值满足某些条件
DEFAULT	默认值约束，用于设置默认值
REFERENCES	外键约束，要求值引用其他数据表的主键
AUTOINCREMENT	为整型的主键字段设置自动增长，在插入新记录时，如果不指定主键，那么自动按顺序生成一个主键，并确保主键唯一

以下是一个创建数据表的示例。该示例在 SQLite 中创建了一个数据表 tbl_user，用于保存用户账号。其中 id 字段为自增长主键；username 字段和 password 字段则分别用于保存用户名和密码，这两个字段的数据类型都是字符串型，不允许存放空值。

```
/* 编写 SQL 语句 */
--创建数据表 tbl_user
CREATE TABLE tbl_user(
  id INTEGER PRIMARY KEY AUTOINCREMENT,
  username TEXT NOT NULL,
  password TEXT NOT NULL
);
```

在编写程序代码时，经常使用代码注释。SQLite 的 SQL 脚本支持两种代码注释，即使用“/*”和“*/”的多行注释、使用“--”的单行注释。

（2）DROP 语句：删除数据表。

DROP 语句的语法如下。

```
DROP TABLE 数据表名;
```

删除数据表使用 DROP TABLE 命令，该命令后紧跟需要删除的数据表名。

以下示例删除了数据表 tbl_user。

```
DROP TABLE tbl_user;
```

2）常用的 DML 语句

（1）INSERT 语句：插入数据。

INSERT 语句用于向数据表中插入数据，语法如下。

```
INSERT INTO 数据表名(字段1, 字段2,…) values(字段值1, 字段值2,…);
```

以下示例向 tbl_user 表中插入了一条记录，其中可以不提供被定义为自增长的主键，由系统生成一个自动增长的编号。

```
INSERT INTO tbl_user(username, password) VALUES('zhangsan','123456');
```

（2）UPDATE 语句：更新数据。

UPDATE 语句用于更新数据表中的数据，语法如下。

```
UPDATE 数据表名 SET 字段1=值1, 字段2=值2,…,WHERE 筛选条件;
```

以下示例更新了 bl_user 表中 id=1 的记录。在更新数据时，通常使用主键作为条件筛选需要更新的具体记录。

```
UPDATE tbl_user SET username='zs', password='123' WHERE id=1;
```

（3）DELETE 语句：删除数据。

DELETE 语句用于删除数据表中的数据，语法如下。

```
DELETE FROM 数据表名 WHERE 筛选条件;
```

以下示例删除了 tbl_user 表中 id=1 的记录。在删除数据时，通常使用主键作为条件筛选需要删除的具体记录。

```
DELETE FROM tbl_user WHERE id=1;
```

（4）SELECT 语句：查询数据。

SELECT 语句用于查询数据表中的数据。SELECT 语句是十分复杂的 DML 语句，用于实现对数据的选择、连接、筛选、排序、聚合分组等功能，这里不再赘述。一个常见的单表查询 SQL 语句的语法如下。

```
SELECT 字段列表 FROM 数据表名 WHERE 筛选条件 ORDER BY 排序字段列表;
```

以下示例查询了 tbl_user 表中的所有记录，并按照 ID 降序排列。

```
SELECT * FROM tbl_user ORDER BY id DESC;
```

由于篇幅所限，这里只对下面用到的 SQLite 中的 SQL 语句进行简单的介绍，需要进一步学习或回顾 SQL 语句的读者可以参考相关书籍或数据库系统的官方文档。

6.3.2 SQLiteOpenHelper

在使用 SQLite 进行数据存储时，常用的几个数据库操作类，主要有 SQLiteOpenHelper、SQLiteDatabase、Cursor、ContentValues、SQLiteStatement 和 SQLiteException，如表 6-4 所示。

表 6-4 使用 SQLite 进行数据存储的常用类

类	说明
SQLiteOpenHelper	用于创建数据库并打开数据库连接的帮助类
SQLiteDatabase	SQLite 实例，用于执行 SQL 语句

续表

类	说明
Cursor	数据库游标，表示执行 SQL 语句后结果集中的每行记录
ContentValues	用于封装插入或更新数据时的键值对
SQLiteStatement	预编译的 SQLite 程序，可以重复执行
SQLiteException	数据库操作产生的异常

在上述类中，需要重点掌握的是 SQLiteOpenHelper 和 SQLiteDatabase。SQLiteOpenHelper 用于创建数据库并打开数据库连接，而 SQLiteDatabase 则用于执行 SQL 语句，尤其是 INSERT 语句、UPDATE 语句、DELETE 语句、SELECT 语句等。下文将通过介绍这两个类，展示如何实现 SQLite 数据存储。

1. SQLiteOpenHelper 概述

要进行 SQLite 数据存储，首先要创建数据库，其次要打开数据库连接并获取 SQLiteDatabase，这些工作都需要通过 SQLiteOpenHelper 来完成。SQLiteOpenHelper 是访问 SQLite 的重要帮助类，主要作用如下。

（1）完成数据库的创建和版本的管理。SQLiteOpenHelper 会根据数据库版本号自动管理数据库的创建、升级和打开，大大地简化这些操作。

（2）避免重复数据库操作。SQLiteOpenHelper 使用单例模式，可以避免多次重复打开同一个数据库。同时可以避免在多线程环境中重复创建数据库。

（3）支持数据库创建和版本迁移事件回调。通过重载 onCreate()方法和 onUpgrade()方法，可以在创建数据库和升级版本时进行必要的数据库操作。

（4）方便数据库访问。通过 getReadableDatabase()方法或 getWritableDatabase()方法可以获取 SQLiteDatabase，简化数据库的读写操作。

（5）自动管理数据库连接的打开和关闭。程序在调用 getReadableDatabase()方法或 getWritableDatabase()方法时打开数据库连接，在需要时自动关闭数据库连接。

总之，使用 SQLiteOpenHelper 简化了数据库操作的流程，是访问 SQLite 的标准方式，可以有效地避免资源泄漏和线程安全问题。

SQLiteOpenHelper 的常用方法如表 6-5 所示。

表 6-5　SQLiteOpenHelper 的常用方法

方法	说明
onCreate()	在第一次创建数据库时调用，重写该方法可以实现数据库的创建和初始化
onUpgrade()	在升级数据库时调用，重写该方法可以实现删除数据表、添加数据表或修改数据表等操作，以满足程序升级到新版本时对数据库结构的修改需求
SQLiteOpenHelper()	构造方法，创建帮助对象，打开或管理数据库。该方法通常快速返回。数据库并没有实际被创建或打开，直到 getReadableDatabase()方法或 getWritableDatabase()方法被调用
close ()	关闭任何已打开的数据库

续表

方法	说明
getWritableDatabase ()	创建或打开数据库，获取的是一个可用于读取和写入数据的 SQLite 实例。该方法在被调用时，数据库会被打开，相应的 onCreate()方法、onUpgrade()方法或 onOpen()方法将被调用
getReadableDatabase ()	创建或打开数据库，和 getWritableDatabase()方法返回的对象是同一个，获取的是一个只可以用于读取的 SQLite 实例。该方法在被调用时，数据库会被打开，相应的 onCreate()方法、onUpgrade()方法或 onOpen()方法将被调用

2. 使用 SQLiteOpenHelper 创建数据库

在使用 SQLiteOpenHelper 时不能直接创建对象，而需要通过自定义 SQLiteOpenHelper 的子类来实现。SQLiteOpenHelper 的使用步骤具体如下。

（1）自定义子类继承 SQLiteOpenHelper，并重写 onCreate()方法和 onUpgrade()方法。

（2）在 onCreate()方法中执行创建数据表等数据库初始化操作。在首次创建数据库时调用 onCreate()方法。

（3）在 onUpgrade()方法中执行删除或修改数据表等升级操作。在升级数据库版本时调用 onUpgrade()方法。

（4）在构造函数中传递数据库名称、数据库版本号等给父类对象。

（5）调用 getReadableDatabase()方法或 getWritableDatabase()方法获取 SQLiteDatabase 实例。

（6）使用 SQLiteDatabase 执行创建表、插入数据等操作。

（7）在不使用数据库时，调用 close()方法关闭数据库。

（8）在应用退出时，调用 close()方法释放资源。

通过继承 SQLiteOpenHelper 可以轻松地管理数据库的创建、升级、打开和关闭等操作，且可以通过获取到的 SQLiteDatabase 实例执行具体的 SQL 语句。按照这些步骤就可以实现 SQLite 数据存储。

以下示例创建了一个名为 AppDbOpenHelper 的子类去继承 SQLiteOpenHelper，重写其中的 onCreate()方法，执行 DDL 语句创建数据表。需要注意的是，SQLiteOpenHelper 没有默认构造函数，在创建对象时需要传入应用上下文、数据库名称和数据库版本号等。在实际开发中，开发者可以根据需要定义数据库名称，数据库版本号一般从 1 开始。当增加数据库版本号时，SQLiteOpenHelper 会调用 onUpgrade()方法。

```
/**
 * 继承 SQLiteOpenHelper ，创建并初始化数据库
 */
public class AppDbOpenHelper extends SQLiteOpenHelper {
    //定义数据库名称
    private static final String DB_NAME="AppDb.db";
    //定义数据库版本号
    private static final int DB_VERSION=1;
    //实现父类构造函数
```

```
    public AppDbOpenHelper(@Nullable Context context) {
        super(context, DB_NAME, null, DB_VERSION);
    }
    //在首次创建数据库时调用 onCreate()方法
    public void onCreate(SQLiteDatabase db) {
        db.execSQL("CREATE TABLE tbl_user(\n" +
                "  id INTEGER PRIMARY KEY AUTOINCREMENT,\n" +
                "  username TEXT NOT NULL,\n" +
                "  password TEXT NOT NULL\n" +
                ");");
    }
    //在升级数据库版本时调用 onUpgrade()方法
    public void onUpgrade(SQLiteDatabase db, int oldVersion, int newVersion)
{

    }
}
```

上述 AppDbOpenHelper（SQLiteOpenHelper 的子类）的 onCreate()方法十分重要，如果应用中的数据库文件不存在，那么在调用 SQLiteOpenHelper 的 getReadableDatabase()方法或 getWritableDatabase()方法时，会自动调用 AppDbOpenHelper 的 onCreate()方法，以创建并初始化数据库。需要注意的是，如果数据库文件已存在，那么在调用 getReadableDatabase()方法或 getWritableDatabase()方法时，不会执行 onCreate()方法。不要手动调用 onCreate()方法，onCreate()方法的调用是由系统自动触发的。

3. 测试数据库的创建过程

为了进一步理解 onCreate()方法的执行原理，可以通过 Android 单元测试（Android Test）来测试上述过程。

在使用 Android Studio 创建 Android 项目时，已经准备好了编写目录，可以看到有两个目录，分别是 test 目录和 androidTest 目录（见图 6-6），它们都用于添加进行单元测试的程序代码。

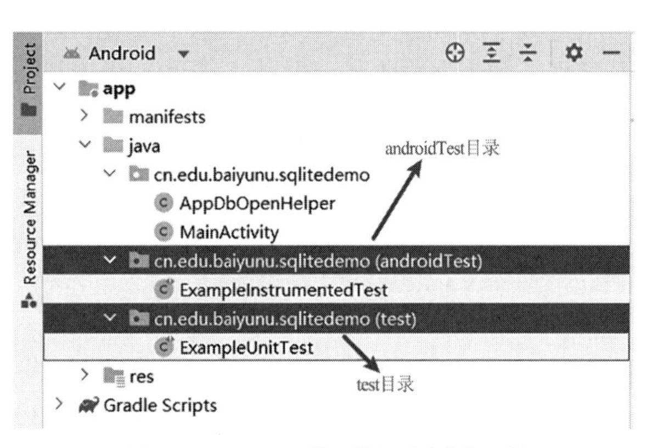

图 6-6　Android 项目的两个测试目录

test 目录中的单元测试只是普通的 JUnit4 单元测试，在运行时无法获取 Android 设备或虚拟机的支持，也就是说，在运行时不会启动虚拟机，在测试中无法访问磁盘、网络、传感器等 Android 资源。

androidTest 目录中的单元测试则可以获取 Android 设备或虚拟机的支持，也就是说，在运行时需要先连接 Android 设备或启动虚拟机，在单元测试中可以访问 Android 资源，如创建数据库等。

针对上述 AppDbOpenHelper 进行单元测试，在测试中需要触发 onCreate()方法的调用并在应用中创建数据库，这里需要用到 Android 的应用上下文对象和设备磁盘。因此，需要在 androidTest 目录中添加单元测试。在 androidTest 目录中添加单元测试并测试 AppDbOpenHelper 的创建和数据库连接的打开的具体程序代码如下。

```
    /**
     * 单元测试，将在 Android 设备或虚拟机上执行
     * 作为 Android 设备或虚拟机上的单元测试需要添加注解
     */
    @RunWith(AndroidJUnit4.class)
    public class AppDbOpenHelperTest {
        @Test
        public void testGetWritableDatabase() {
            // 在单元测试中获取应用上下文对象（相当于 Activity 中的 this 对象）
            Context appContext = InstrumentationRegistry.getInstrumentation().
getTargetContext();
            //创建 SQLiteOpenHelper 的子类对象
            AppDbOpenHelper dbOpenHelper = new AppDbOpenHelper(appContext);
            //获取数据库操作对象，第一次执行时会触发 onCreate()方法的调用
            SQLiteDatabase db = dbOpenHelper.getWritableDatabase();
            //从性能方面考虑，使用完 SQLiteDatabase 后应该关闭
            db.close();
        }
    }
```

为了便于观察 onCreate()方法何时被调用，下面在该方法中添加一行日志使用 Logcat 进行输出。

```
        public void onCreate(SQLiteDatabase db) {
            db.execSQL("CREATE TABLE tbl_user(\n" +
                    "  id INTEGER PRIMARY KEY AUTOINCREMENT,\n" +
                    "  username TEXT NOT NULL,\n" +
                    "  password TEXT NOT NULL\n" +
                    ");");
            //添加日志进行输出，标志 onCreate()方法何时被调用
            Log.d("SQLite Test","---AppDbOpenHelper 的 onCreate()方法被调用---");
        }
```

选择单元测试，点击“Run Test”按钮，运行单元测试，如图 6-7 所示。

在第一次运行单元测试时会连接 Android 设备或启动虚拟机，等待测试结束后，可以查看 onCreate()方法中输出的日志，如图 6-8 所示。

随后，多次重复运行上述单元测试，在后续的单元测试中，Logcat 中不再输出日志，也就是说，onCreate()方法只会在第一次运行时被调用，一旦创建并初始化数据库，onCreate()方法将不再被调用。

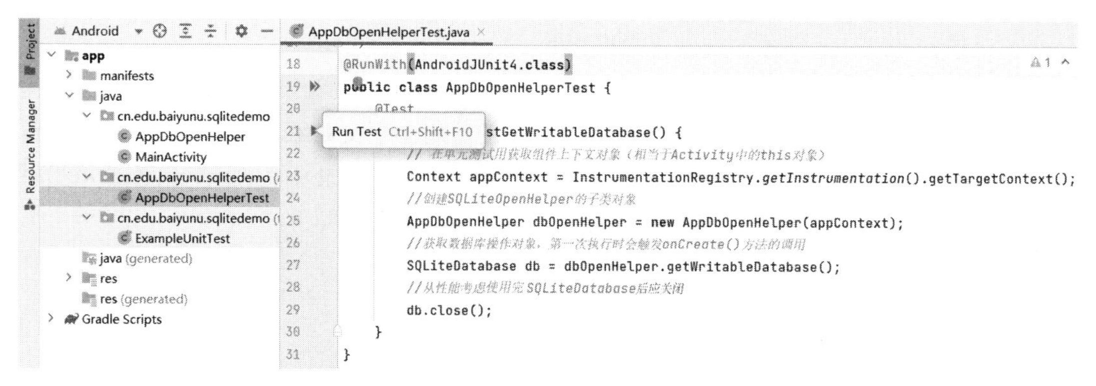

图 6-7 运行单元测试

```
tag:"SQLite Test"
13743) for package cn.edu.baiyunu.sqlitedemo ---------------------------
t              cn.edu.baiyunu.sqlitedemo              D   ---AppDbOpenHelper的onCreate()方法被调用---
743) for package cn.edu.baiyunu.sqlitedemo ---------------------------
```

图 6-8 查看 onCreate()方法中输出的日志

通过“Device File Explorer”窗口可以在“/data/data/程序主包名/databases/AppDb.db”目录中找到生成的 SQLite 文件，如图 6-9 所示。

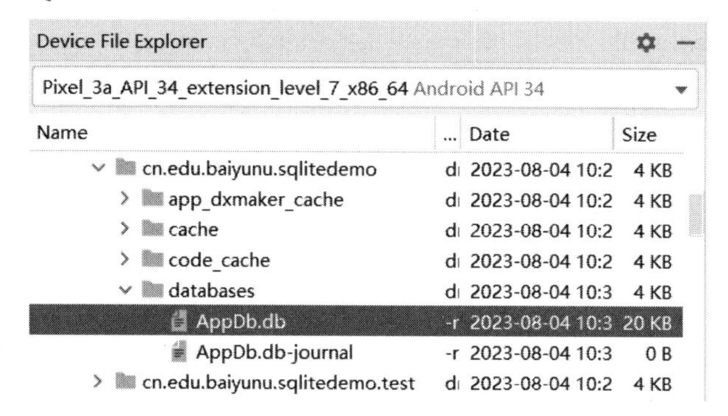

图 6-9 找到生成的 SQLite 文件

将该 SQLite 文件另存到指定磁盘中，使用 SQLite Expert 打开，可以查看生成的 SQLite 数据表的结构，如图 6-10 所示。

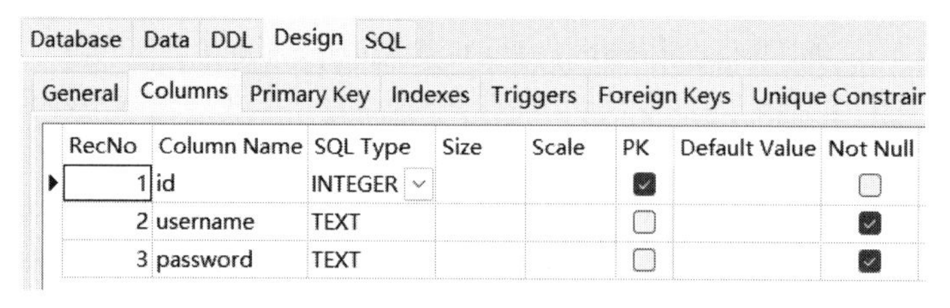

RecNo	Column Name	SQL Type	Size	Scale	PK	Default Value	Not Null
1	id	INTEGER			☑		☐
2	username	TEXT			☐		☑
3	password	TEXT			☐		☑

图 6-10 查看生成的 SQLite 数据表的结构

4. 使用 SQLiteOpenHelper 升级数据库

数据库创建完成后，应用就可以使用它进行数据存储了。但随着版本的升级，可能需要对数据库结构进行升级，以实现新数据存储功能。在 AppDbOpenHelper 中通过重写继承父类 SQLiteOpenHelper 的 onUpgrade()方法，可以在升级版本时执行预先设定的 SQL 脚本，以实现数据库结构的更新。实现数据库升级的步骤如下。

（1）在 SQLiteOpenHelper 的子类中重写 onUpgrade()方法，在该方法中执行数据表的删除、创建或修改等更新数据库结构的 SQL 脚本。

（2）指定新数据库版本号，如果新数据库版本号高于之前的数据库版本号，那么 onUpgrade()方法会被调用。数据库版本号是通过 SQLiteOpenHelper 的构造方法参数 version 指定的，该构造方法签名如下。

```
    public SQLiteOpenHelper(Context context, String name, CursorFactory
factory, int version) {
    }
```

（3）增加数据库版本号后，在首次调用 SQLiteOpenHelper 的 getReadableDatabase()方法或 getWritableDatabase()方法时，onUpgrade()方法会被调用。

下面通过修改上文中 SQLiteOpenHelper 的子类 AppDbOpenHelper 来演示数据库的升级过程。

AppDbOpenHelper 中设置了一个常量 DB_VERSION，该常量被当作数据库版本号传入 SQLiteOpenHelper 的构造方法，当把 DB_VERSION 的值从 1 增加到 2 时就实现了数据库版本号的增加。

重写 AppDbOpenHelper 的 onUpgrade()方法，在该方法中先执行 DROP 语句删除 tbl_user 表，再重新创建数据表并增加一个角色字段，最后为了方便查看测试效果，在 Logcat 中输出一行日志。

修改后的 AppDbOpenHelper 的具体程序代码如下。

```
public class AppDbOpenHelper extends SQLiteOpenHelper {
    //定义数据库名称
    private static final String DB_NAME="AppDb.db";
    //定义数据库版本号
    private static final int DB_VERSION=2;  //数据库版本号从 1 升级为 2
    //此处省略构造方法和 onCreate()方法
    //onUpgrade()方法在升级数据库版本时被调用
    public void onUpgrade(SQLiteDatabase db, int oldVersion, int newVersion) {
        // 删除原数据库
        db.execSQL("DROP TABLE tbl_user;");
        // 重新创建数据表
        db.execSQL("CREATE TABLE tbl_user(\n" +
                    "  id INTEGER PRIMARY KEY AUTOINCREMENT,\n" +
                    "  username TEXT NOT NULL,\n" +
                    "  password TEXT NOT NULL,\n" +
                    "  role TEXT NOT NULL     --为 tbl_user 表增加角色字段\n" +
                    ");");
        // 添加日志进行输出，标志 onCreate()方法何时被调用
```

```
        Log.d("SQLite Test","---AppDbOpenHelper 的 onUpgrade()方法被调用---");
    }
}
```

修改 AppDbOpenHelper 后，重新执行 AppDbOpenHelperTest，也就是调用 getWritableDatabase()方法。这时，可以查看 Logcat 中 onUpgrade()方法被调用时的日志，如图 6-11 所示。

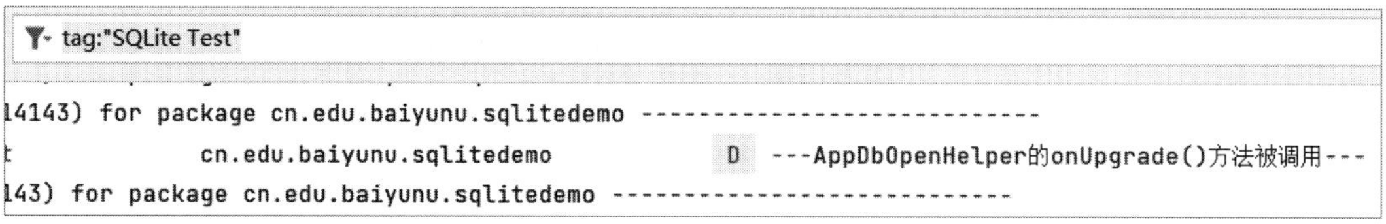

```
tag:"SQLite Test"
14143) for package cn.edu.baiyunu.sqlitedemo ---------------------------
t            cn.edu.baiyunu.sqlitedemo                 D  ---AppDbOpenHelper的onUpgrade()方法被调用---
143) for package cn.edu.baiyunu.sqlitedemo ---------------------------
```

图 6-11　查看 onUpgrade()方法被调用时的输出日志

升级数据库后，再次通过“Device File Explorer”窗口导出数据库文件。查看升级后的数据表结构如图 6-12 所示。

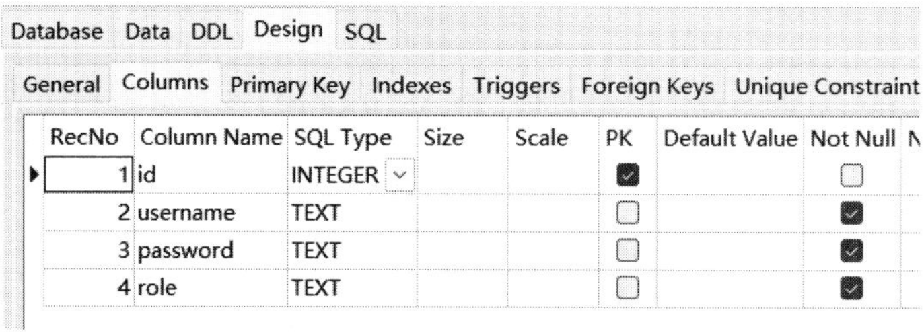

Database　Data　DDL　Design　SQL

General　Columns　Primary Key　Indexes　Triggers　Foreign Keys　Unique Constraint

RecNo	Column Name	SQL Type	Size	Scale	PK	Default Value	Not Null
1	id	INTEGER			☑		☐
2	username	TEXT			☐		☑
3	password	TEXT			☐		☑
4	role	TEXT			☐		☑

图 6-12　查看升级后的数据表结构

6.3.3　SQLiteDatabase

应用中的 SQLite 被建立后，就可以使用 SQLite 进行数据存储了。应用需要执行 INSERT 语句、DELETE 语句、UPDATE 语句、SELECT 语句等，以实现数据的增删改查，这时就需要使用 SQLiteDatabase。

通过 SQLiteOpenHelper 的 getReadableDatabase()方法或 getWritableDatabase()方法可以返回 SQLiteDatabase，它是 SQLite 的 SQL 语句执行器，主要作用如下。

（1）内置 SQLite 的连接，可以封装对数据库的操作。

（2）提供可以执行 SQL 语句的大量方法，如 execSQL()、rawQuery()等，可以实现数据库对象的创建，以及数据的增删改查等。

（3）提供提交事务的方法，用于管理数据库事务。

（4）管理数据库的打开与关闭。

SQLiteDatabase 为 SQLite 提供了丰富的接口。通过 SQLiteDatabase 可以实现日常的 SQLite 数据存储。

需要注意的是，SQLiteOpenHelper 的 getReadableDatabase()方法返回的是只读的 SQLiteDatabase，只执行读取或查询操作；而 getWritableDatabase()方法返回的是可写的

SQLiteDatabase，除了可以执行读取操作还可以执行增删改查等操作。

表 6-6 列举出了 SQLiteDatabase 的常用方法。

表 6-6　SQLiteDatabase 的常用方法

方法	说明
void execSQL(String sql)	执行非查询的 SQL 语句。 参数 sql：SQL 语句
void execSQL(String sql, Object[] bindArgs)	执行非查询的 SQL 语句。 参数 sql：SQL 语句，可以使用问号作为参数占位符； 参数 bindArgs：SQL 语句中的参数数组
long insert(String table, String nullColumnHack, ContentValues values)	插入数据行。 参数 table：表名； 参数 nullColumnHack：指定一个或多个字段名，如果 ContentValues 集合中没有包含这些字段的值，那么在插入数据时这些字段将会使用 NULL 来填充； 参数 values：插入数据的键值对集合，其中键是列名，值是列值； 返回值 long：插入数据返回的自增长主键值
int delete(String table, String whereClause, String[] whereArgs)	删除数据行。 参数 table：表名； 参数 whereClause：删除数据的条件，如果值为 NULL，那么删除所有数据； 参数 whereArgs：删除条件中的 WHERE 参数数组； 返回值 int：受影响的行数
int update(String table, ContentValues values, String whereClause, String[] whereArgs)	更新数据行。 参数 table：表名； 参数 values：更新数据的键值对集合，其中键是列名，值是列值； 参数 whereClause：更新数据的条件； 参数 whereArgs：更新条件中的 WHERE 参数数组； 返回值 int：受影响的行数
void beginTransaction()	开始事务
void endTransaction()	提交事务
Cursor query(boolean distinct, String table, String[] columns, String selection, String[] selectionArgs, String groupBy, String having, String orderBy, String limit);	查询数据并返回数据库游标。 参数 distinct：如果值为 true，那么在查询结果中删除重复的行； 参数 table：表名； 参数 columns：查询列的列表； 参数 selection：查询条件； 参数 selectionArgs：查询条件参数； 参数 groupBy：分组字段，被处理为 GROUP BY 子句； 参数 having：被处理为 SQL HAVING 子句； 参数 orderBy：被处理为 SQL ORDER BY 子句； 参数 limit：返回的行数； 返回值 Cursor：数据库游标，用于读取查询结果集中的数据
Cursor rawQuery(String sql, String[] args)	执行原生 SQL 语句。 参数 sql：SQL 语句，可以使用问号作为参数占位符； 参数 args：提供的参数数组

观察表 6-6 可以发现一件有趣的事情，即 SQLiteDatabase 虽然提供了 insert()、delete()、

update()、query()等方法用于实现数据库的增删改查，但这些方法都在尽量避免使用原生的SQL 语句。这样做其实是为了提高安全性和便利性。从安全性角度来讲，直接拼接 SQL 字符串容易引发 SQL 注入攻击，而使用这些方法可以避免这个风险；从便利性角度来讲，使用这些方法可以让数据库操作起来更加简单，用户甚至无须熟悉 SQL 语句，降低了出错风险。当然，这些方法只针对简单操作，并不适用于所有情况。例如，用于查询的 query()方法就无法实现多表联查，且把 SQL 语句拆分成许多参数也更为累赘。在实际开发中，可以根据需要选择是否使用原生的 SQL 语句操作数据。

1．使用 SQLiteDatabase 实现数据的插入

使用 SQLiteDatabase 的 insert()方法可以实现数据的插入。

在项目中添加一个 SQLiteDatabaseTest，用于测试 SQLiteDatabase 的增删改查功能。

使用 testInsert()方法在 tbl_user 表中插入一条记录，其中 username 字段的值为 zhangsan，password 字段的值为 123456，id 字段的值使用主键自增长，程序代码如下。

```
@RunWith(AndroidJUnit4.class)
public class SQLiteDatabaseTest {
    // 在单元测试中获取应用上下文对象（相当于 Activity 中的 this 对象）
    Context appContext = InstrumentationRegistry.getInstrumentation().
getTargetContext();
    // 测试数据的插入
    @Test
    public void testInsert(){
        // 创建 SQLiteOpenHelper 的子类对象
        AppDbOpenHelper appDbOpenHelper = new AppDbOpenHelper(appContext);
        // 获取数据库操作对象
        SQLiteDatabase db = appDbOpenHelper.getWritableDatabase();
        // 使用 ContentValues 封装插入 tbl_user 表中的数据（username 字段的值和
password 字段的值）
        ContentValues cv = new ContentValues();
        cv.put("username","zhangsan");
        cv.put("password","123456");
        // 执行 insert()方法
        long result = db.insert("tbl_user",null, cv);
        // 关闭数据库连接以释放资源
        db.close();
        // 输出 insert()方法的执行结果
        Log.d("SQLite Test","insert()方法的执行结果: "+result);
    }
}
```

运行单元测试方法，从 Logcat 中输出日志，可以看到受影响的行数为 1，数据插入成功，如图 6-13 所示。

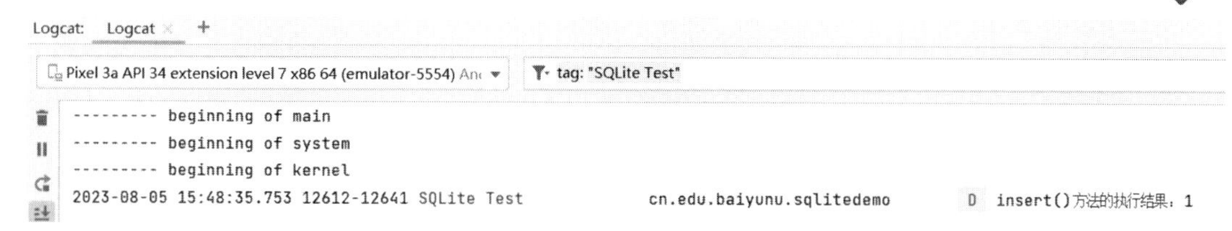

图 6-13　Logcat 中显示的 insert()方法的执行结果

需要说明的是，insert()方法中有一个参数 nullColumnHack，该参数用于指定一个或多个字段名，如果 ContentValues 集合中没有包含这些字段的值，那么在插入数据时这些字段将会使用 NULL 来填充。如果所有字段的值都有在 ContentValues 中被提供，那么可以传入 NULL 作为参数 nullColumnHack 的值，这样 SQLite 会用更快的方式插入数据，避免因空判断而造成时间浪费。

2．使用 SQLiteDatabase 实现数据的查询

SQLiteDatabase 提供了 query()和 rawQuery()两个方法，用于实现数据的查询。query()方法需要传入非常多的参数描述 SQL 语句，而 rawQuery()方法则需要直接使用原生的 SQL 语句。对于学习过 SQL 语句的读者，更推荐使用 rawQuery()方法。使用 rawQuery()方法不仅更简洁而且可以通过 SQL 语句实现多表连接查询。

query()方法和 rawQuery()方法的返回值都是 Cursor，它代表了结果集。Cursor 可以看作一个指向结果集的指针，本质上并不存储实际的数据，而对结果集提供访问接口，在数据库中这种指针通常被称为“游标”。

Cursor 的主要作用如下。

（1）通过 Cursor 可以遍历访问结果集返回的所有数据行。

（2）对每行数据都可以通过 Cursor 中提供的 getXxx()方法获取每列的值。

（3）调用 Cursor 的 moveToFirst()、moveToNext()等方法可以遍历结果集。

（4）调用 close()方法可以关闭 Cursor。

（5）可以基于 Cursor 获取更多元数据。

总之，Cursor 充当的是一个数据库访问的迭代器角色，应用通过 Cursor 可以完整地遍历结果集，读取数据。表 6-7 列出了 Cursor 的常用方法。

表 6-7　Cursor 的常用方法

方法	说明
moveToFirst()	游标移动到结果集的第一行，当结果集非空（第一行存在）时返回 true，否则返回 false
moveToNext()	游标移动到结果集的下一行，如果有下一行那么返回 true，如果没有下一行（已指向末尾）那么返回 false
getInt()	获取当前行指定列索引处的整数
getString()	获取当前行指定列索引处的字符串。类似的还有 getLong()、getFloat()、getBoolean()等方法，此处省略
getColumnIndex()	获取指定列名对应的列索引

续表

方法	说明
getColumnName()	获取指定列索引对应的列名
getCount()	返回结果集中的行数
close()	关闭 Cursor
isClosed()	检测 Cursor 是否已被关闭

在 SQLiteDatabaseTest 中添加 testRawQuery()方法，完成 rawQuery()方法的使用，并验证之前插入的数据是否已被正确保存，程序代码如下。

```
// 测试数据的查询
@Test
public void testRawQuery(){
    // 创建 SQLiteOpenHelper 的子类对象
    AppDbOpenHelper appDbOpenHelper = new AppDbOpenHelper(appContext);
    // 获取数据库操作对象
    SQLiteDatabase db = appDbOpenHelper.getWritableDatabase();
    // 定义 SQL 语句，查询所有记录
    String sql = "select * from tbl_user";
    // 执行 rawQuery()方法（在没有 SQL 语句的参数时可以传入 null）
    Cursor cursor = db.rawQuery(sql,null);
    // 读取数据
    if(cursor.moveToFirst()){          // 如果结果集非空那么可以移动到第一行
        do{                            // 读取当前行的数据
            int id = cursor.getInt(0);
            String username = cursor.getString(1);
            String password = cursor.getString(2);
            // 使用 Logcat 输出当前行的数据
            Log.d("SQLite Test","id:"+id+", "+username+", "+password);
        }while (cursor.moveToNext());// 移动到下一行继续读取，若没有下一行则退出循环
    }
    // 读取结束，关闭 Cursor
    cursor.close();
    // 关闭数据库连接以释放资源
    db.close();
}
```

运行单元测试方法，从 Logcat 中输出日志，可以看到已经插入到 tbl_user 表中的数据，如图 6-14 所示。

```
Logcat:  Logcat ×  +
Pixel 3a API 34 extension level 7 x86 64 (emulator-5554) An    tag:"SQLite Test"    查询到的数据
--------------------------- PROCESS STARTED (20943) for package cn.edu.baiyunu.sqlitedemo ---------------------------
2023-08-05 17:50:00.692 20943-20968 SQLite Test    cn.edu.baiyunu.sqlitedemo    D  id:1, zhangsan, 123456
2023-08-05 17:50:00.692 20943-20968 SQLite Test    cn.edu.baiyunu.sqlitedemo    D  id:2, lisi, 888888
--------------------------- PROCESS ENDED (20943) for package cn.edu.baiyunu.sqlitedemo ---------------------------
```

图 6-14　Logcat 中显示的 rawQuery()方法的执行结果

3．使用 SQLiteDatabase 实现数据的更新

使用 SQLiteDatabase 的 update()方法可以实现数据的更新。

update()方法的第一个参数 table 表示表名，第二个参数 values 表示更新数据的键值对集合，第三个参数 whereClause 是 UPDATE 语句中的 WHERE 条件表达式，第四个参数 whereArgs 则是 WHERE 条件表达式中的 SQL 语句参数值。update()方法的返回值是数据库中受影响的行数。

在 SQLiteDatabaseTest 中添加 testUpdate()方法，完成 update()方法的使用，并使用 update()方法修改 tbl_user 表中 id=1 的数据行，将 username 字段的值修改为 zs，将 password 字段的值修改为 000000，相当于执行语句 update tbl_user set username='zs', password='000000' where id=1;，程序代码如下。

```
    // 测试数据的更新
    @Test
    public void testUpdate(){
        // 创建 SQLiteOpenHelper 的子类对象
        AppDbOpenHelper appDbOpenHelper = new AppDbOpenHelper(appContext);
        // 获取数据库操作对象
        SQLiteDatabase db = appDbOpenHelper.getWritableDatabase();
        // 使用 ContentValues 封装更新 tbl_user 表中的数据（username 字段的值和
// passworde 字段的值）
        ContentValues cv = new ContentValues();
        cv.put("username","zs");
        cv.put("password","000000");
        // 相当于执行 update tbl_user set username='zs', password='000000'
// where id=1
        long result = db.update("tbl_user",cv,"id=?",new String[]{"1"});
        // 关闭数据库连接以释放资源
        db.close();
        // 输出 update()方法的执行结果
        Log.d("SQLite Test","update()方法的执行结果："+result);
    }
```

运行单元测试方法，从 Logcat 中输出日志，可以看到受影响的行数为 1，数据更新成功，如图 6-15 所示。有兴趣的读者可以再次执行 testRawQuery()方法，查询数据是否已被更新。

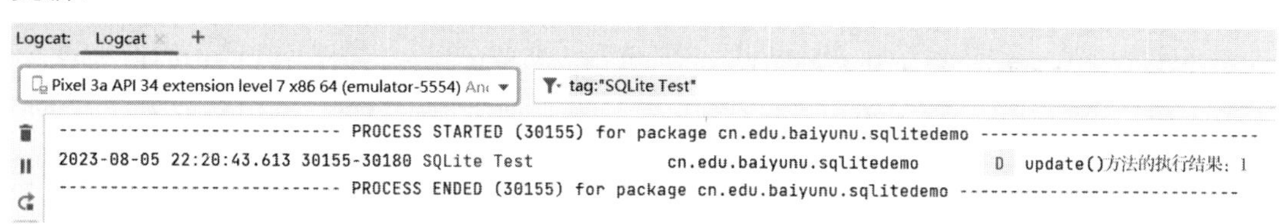

图 6-15 Logcat 中显示的 update()方法的执行结果

4. 使用 SQLiteDatabase 实现数据的删除

使用 SQLiteDatabase 的 delete()方法可以实现数据的删除。

该方法的第一个参数 table 表示表名，第二个参数 whereClause 表示 SQL 语句中的 WHERE 条件表达式，第三个参数 whereArgs 表示 WHERE 条件中的 SQL 语句参数值。delete()方法的返回值是数据库中受影响的行数。

在 SQLiteDatabaseTest 中添加 testDelete()方法，完成 delete()方法的使用，并使用 delete()方法删除 tbl_user 表中 id=1 的数据行，相当于执行语句 delete from tbl_user where id=1;，程序代码如下。

```
// 测试数据的删除
@Test
public void testDelete(){
    // 创建 SQLiteOpenHelper 的子类对象
    AppDbOpenHelper appDbOpenHelper = new AppDbOpenHelper(appContext);
    // 获取数据库操作对象
    SQLiteDatabase db = appDbOpenHelper.getWritableDatabase();
    // 相当于执行语句 delete from tbl_user where id=1
    long result = db.delete("tbl_user","id=?",new String[]{"1"});
    // 关闭数据库连接以释放资源
    db.close();
    // 输出 delete()方法的执行结果
    Log.d("SQLite Test","delete()方法的执行结果: "+result);
}
```

运行单元测试方法，从 Logcat 中输出日志，可以看到受影响的行数为 1，删除成功，如图 6-16 所示。有兴趣的读者可以再次执行 testRawQuery()方法，查询数据是否已被删除。

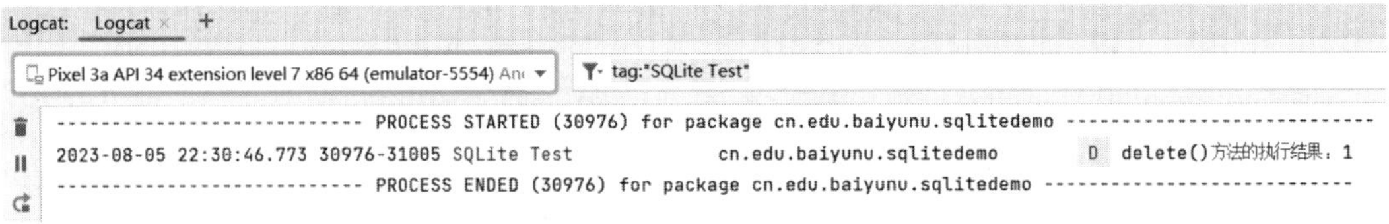

```
Logcat:  Logcat ×  +
Pixel 3a API 34 extension level 7 x86 64 (emulator-5554) An▾    tag:"SQLite Test"
---------------------------- PROCESS STARTED (30976) for package cn.edu.baiyunu.sqlitedemo ----------------------------
2023-08-05 22:30:46.773 30976-31005 SQLite Test          cn.edu.baiyunu.sqlitedemo          D  delete()方法的执行结果: 1
---------------------------- PROCESS ENDED (30976) for package cn.edu.baiyunu.sqlitedemo ----------------------------
```

图 6-16　Logcat 中显示的 delete()方法的执行结果

6.3.4　分层结构与 DAO 模式

通过前面的学习，读者基本可以掌握如何使用 SQLite 进行数据存储。不难发现，即使在不考虑异常处理的情况下执行简单的 SQL 语句，数据库操作也有一定的复杂性。而在实际开发中，要面对诸如多表连接、复杂查询、异常处理等现实问题，访问数据库程序代码就必然会变得更加复杂。把这些复杂的数据库程序代码直接放到事件回调中进行处理显然是不合适的，如何让数据库程序代码分离出来从而让程序更加可控是本节需要讨论的重点。

1. 分层结构概述

在一定规模的项目中，为了降低程序代码的复杂性，提高可重用性和可维护性，通常采用分层结构来构建项目。三层结构是分层结构中的典型结构。在三层结构的开发中，可以把项目程序代码划分成以下 3 个逻辑层次。

1）表示层

表示层（Presentation Layer）又称用户接口层（User Interface，UI），主要负责用户界面，提供界面显示、界面跳转和用户交互功能。

2）业务逻辑层

业务逻辑层（Business Logic Layer）包含程序的业务功能和处理流程，主要负责业务计算、数据处理、业务规则执行等。

3）数据访问层

数据访问层（Data Access Layer）主要封装对数据库、文件等数据源的读写操作。它抽象了数据源，为上层提供了统一的数据操作接口。数据访问层中的对象通常被称为 DAO（Data Access Object）。

三层结构的执行原理如图 6-17 所示。表示层接收用户请求，根据需要调用业务逻辑层的方法；业务逻辑层处理业务逻辑，根据需要调用数据访问层的接口，执行数据读写；数据访问层使用数据库对象执行对数据库的增删改查；数据库返回结果给数据访问层；数据访问层将封装好的结果返回给业务逻辑层；业务逻辑层将最终处理结果返回给表示层；表示层将结果展示给用户。

在包含 SQLite 数据存储的 Android 项目开发中，表示层包含 Activity 和各种控件，在 Activity 和各种控件的事件回调的程序代码中，处理用户输入的数据，加载所需数据并显示输出的数据。DAO 则封装 SQLite 数据存储的程序代码，也就是与 SQLiteOpenHelper 和 SQLiteDatabase 相关的数据库程序代码。在业务逻辑层，实际上显示表示层和数据访问层以外的业务处理程序代码。由于初学时的项目比较简单，几乎没有业务需求，因此这里不进行讨论。

由于表示层、业务逻辑层和数据访问层之间需要相互传递数据，因此需要为各层制定公共的数据用来装载数据表中的记录，这些专门用作数据容器的对象通常被称为数据实体，即 Entity。分层结构中的每一层都要引用这些 Entity。

可以把 Android 项目简单地划分为 3 个组件包，分别是：ui 包、dao 包和 entity 包。分层结构与数据实体的逻辑结构如图 6-18 所示。

在 Android Studio 中，按照三层结构创建项目，并为各层组件划分 Java 包结构，如图 6-19 所示。

2. 使用 DAO 模式封装数据库操作

下面介绍如何使用 DAO 模式把数据库操作封装到 DAO 中。

数据访问层一般使用 DAO 模式进行封装。DAO 模式的思想是，为每个数据源（数据表）的数据访问设计一个中介类，又称 DAO。DAO 可以封装所有对该数据源的访问，其他类对象通过 DAO 访问数据，不在其他地方直接访问数据。

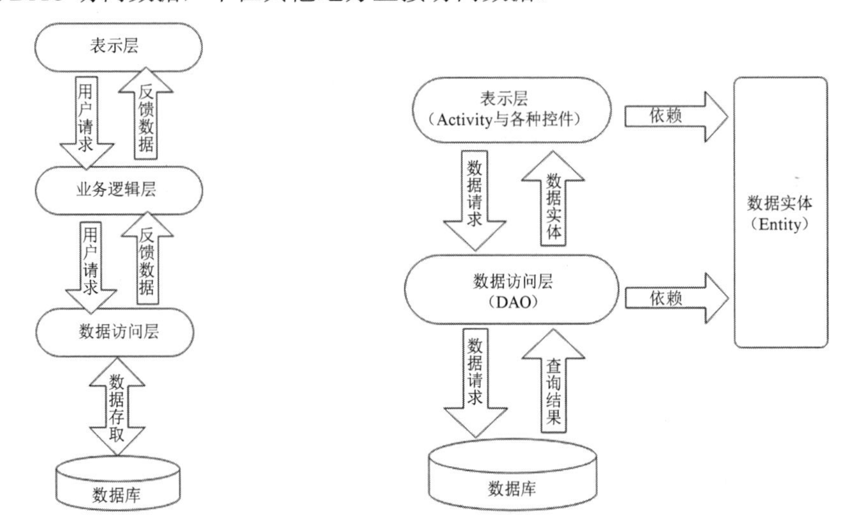

图 6-17　三层结构的执行原理　　　　图 6-18　分层结构与数据实体的逻辑结构

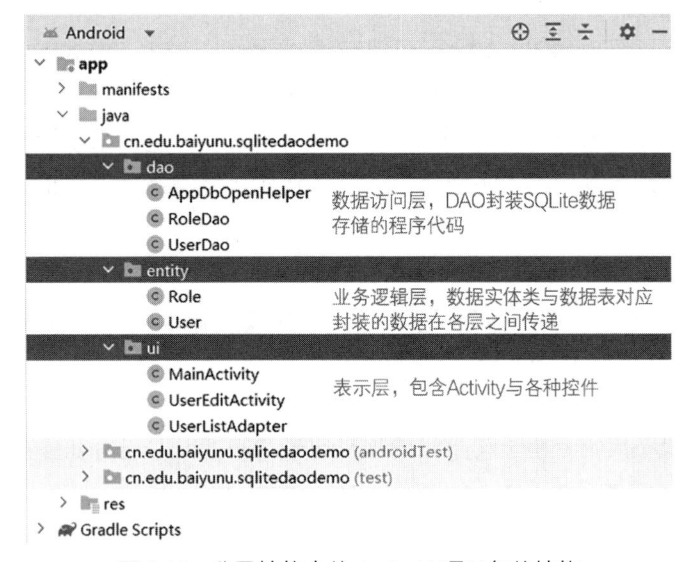

图 6-19　分层结构中的 Android 项目包的结构

DAO 模式的优点是，降低了程序其他部分与数据源的耦合；更易于进行单元测试；当变更数据库访问需求时，只需要修改 DAO 即可。

1）为数据表创建数据实体

在一般情况下，会为每个数据表创建一个数据实体类，该类用于封装数据表中的每条记录。这些数据实体通常被放到 entity 包或 model 包中。

例如，对于 tbl_user 表，在 entity 包中添加名为 User 的实体，实体中的属性与数据表中的字段基本一一对应，程序代码如下。

```
/**
 * 用于封装 tbl_user 表中的数据实体
```

```
 */
public class User implements Serializable {
    // 构造方法
    public User(){}
    public User(int id, String username, String password) {
        this.id = id;
        this.username = username;
        this.password = password;
    }
    // 成员
    private int id;
    private String username;
    private String password;
    // 属性
    public int getId() {
        return id;
    }
    public void setId(int id) {
        this.id = id;
    }
    public String getUsername() {
        return username;
    }
    public void setUsername(String username) {
        this.username = username;
    }
    public String getPassword() {
        return password;
    }
    public void setPassword(String password) {
        this.password = password;
    }
    // 重写toString()方法
    public String toString() {
        return "User{" +
                "id=" + id +
                ", username='" + username + '\'' +
                ", password='" + password + '\'' +
                '}';
    }
}
```

2）创建 DAO

封装数据实体之后，下面为每个数据表创建一个 DAO，DAO 中提供若干个方法，用于封装程序对该数据表的增删改查操作。

（1）封装数据查询操作。

下面为 tbl_user 表创建一个名为 UserDao 的类，并编写一个 queryAll()方法，用于查询该数据表中的所有数据并将其封装到用户列表中返回。

需要注意的是，SQLiteDatabase 代表数据库连接，在每个 DAO 方法结束时，都应该及时调用 close()方法以释放连接。由于前面介绍的测试并没有对程序代码进行异常处理，因此发生异常后，无法继续执行程序代码，SQLiteDatabase 也就无法及时被关闭。为了解决这个问题，需要引入异常处理。由于 SQLiteDatabase 实现了 Closeable 接口，因此在后续的 DAO 方法中，可以使用 JDK 中的 try-with-resources 语法。该语法可以确保在 try 语句块结束时自动调用创建对象的 close()方法，可以起到异常处理和释放资源的作用，也就是无论程序代码是否异常，close()方法都会被执行。

```
/**
 * UserDao，用于封装对 tbl_user 表的增删改查操作
 */
public class UserDao {
    // 声明 SQLiteOpenHelper 的子类对象
    private AppDbOpenHelper dbOpenHelper;
    // 在构造方法中创建 SQLiteOpenHelper 对象
    public UserDao(Context context) {
        this.dbOpenHelper = new AppDbOpenHelper(context);
    }
    // 封装查询操作：查询 tbl_user 表中的所有数据
    public List<User> queryAll(){
        // 创建用户列表对象，保存多行数据
        List<User> users = new ArrayList<>();
        // 使用 JDK 中的 try-with-resources 语法打开数据库，以确保发生异常时数据库会被关闭
        try(SQLiteDatabase db = dbOpenHelper.getWritableDatabase()) {
            // 执行 rawQuery()方法
            Cursor cursor = db.rawQuery("select * from tbl_user",null);
            if(cursor.moveToFirst()){
                do{
                    // 把结果集中的每行数据都封装到 User 中
                    int id = cursor.getInt(0);
                    String username = cursor.getString(1);
                    String password = cursor.getString(2);
                    User user = new User(id, username, password);
                    // 把每个 User 都保存到用户列表中
                    users.add(user);
                }while (cursor.moveToNext());
            }
            cursor.close();
```

```
        }
        return users;
    }
}
```

（2）测试 DAO 方法。

DAO 方法无法直接运行，使用单元测试来验证它们是否正确非常有必要。若不及时对 DAO 方法进行验证，则后期在进行开发与调试时就会变得非常困难。

为了及时验证上述 DAO 方法，这里在 androidTest 目录中创建名为 UserDaoTest 的单元测试类，添加 testQueryAll()方法对 DAO 方法进行验证，程序代码如下。

```
@RunWith(AndroidJUnit4.class)
public class UserDaoTest {
    // 在单元测试中获取 Context（相当于 Activity 中的 this 对象）
    Context appContext =
InstrumentationRegistry.getInstrumentation().getTargetContext();
    // 测试 UserDao 的 queryAll()方法
    @Test
    public void testQueryAll(){
        // 创建 DAO
        UserDao userDao = new UserDao(appContext);
        // 执行 selectAll()方法
        List<User> userList = userDao.selectAll();
        // 通过日志查看结果，循环输出每个 User
        for(User user: userList){
            Log.d("SQLite Test", user.toString());
        }
    }
}
```

运行单元测试方法，从 Logcat 中输出日志，可以得知 DAO 方法是否实现了查询功能。测试 DAO 方法时输出的日志如图 6-20 所示。

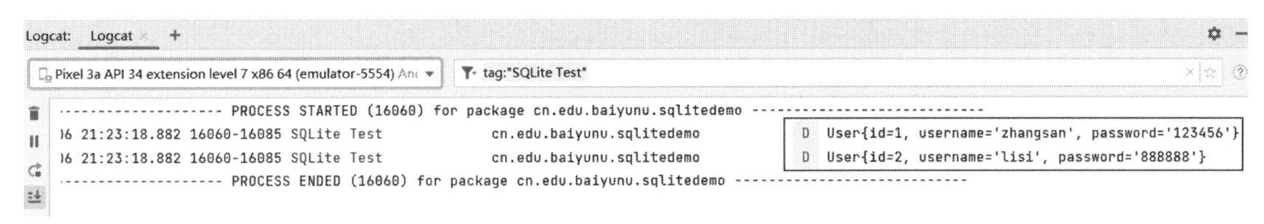

图 6-20　测试 DAO 方法时输出的日志

（3）封装数据删除、更新和插入操作。

按照上述方式，可以继续为 DAO 添加删除、更新和插入方法，封装数据库的删除、更新和插入操作，下面是完整的 UserDao 的程序代码。

```
/**
 * UserDao，用于封装对 tbl_user 表的增删改查操作
 */
```

```
public class UserDao {
    // 声明 SQLiteOpenHelper 的子类对象
    private AppDbOpenHelper dbOpenHelper;
    // 在构造方法中创建 SQLiteOpenHelper 对象
    public UserDao(Context context) {
        this.dbOpenHelper = new AppDbOpenHelper(context);
    }
    // 封装查询操作：查询 tbl_user 表中的所有数据
    public List<User> selectAll(){ // 省略查询方法
    }
    // 根据 id 字段删除一行 tbl_user 表中的数据
    public int delete(int id){
        try(SQLiteDatabase db = dbOpenHelper.getWritableDatabase()) {
            return db.delete("tbl_user", "id=?", new String[]{id+""});
        }
    }
    // 根据传入的 User 更新 tbl_user 表中的数据
    public int update(User user){
        try(SQLiteDatabase db = dbOpenHelper.getWritableDatabase()) {
            ContentValues values = new ContentValues();
            values.put("username", user.getUsername());
            values.put("password", user.getPassword());
            return db.update("tbl_user", values, "id=?", new String[]{user.
getId()+""});
        }
    }
    // 根据传入的 User 插入 tbl_user 表中的数据
    public long insert(User user){
        try(SQLiteDatabase db = dbOpenHelper.getWritableDatabase()) {
            ContentValues values = new ContentValues();
            values.put("username", user.getUsername());
            values.put("password", user.getPassword());
            return db.insert("tbl_user", null, values);
        }
    }
}
```

和查询方法相同，每个 DAO 方法在完成封装后，都应该先使用单元测试验证是否正确，再进行下一步的开发。

3. 综合示例：使用 DAO 进行 Android 应用开发

下面介绍使用 DAO 进行 Android 应用开发的综合示例。实现数据库查询并通过 ListView 把数据显示在界面上。

（1）创建 SQLite。

创建 SQLiteOpenHelper 的子类，重写 onCreate()方法，为应用创建数据库。在数据库中添加 tbl_porcelain 表。tbl_porcelain 表的结构如图 6-21 所示。该表的每条记录都用于保存一件广彩瓷器的信息。该表包含 id 字段、name 字段和 image 字段。

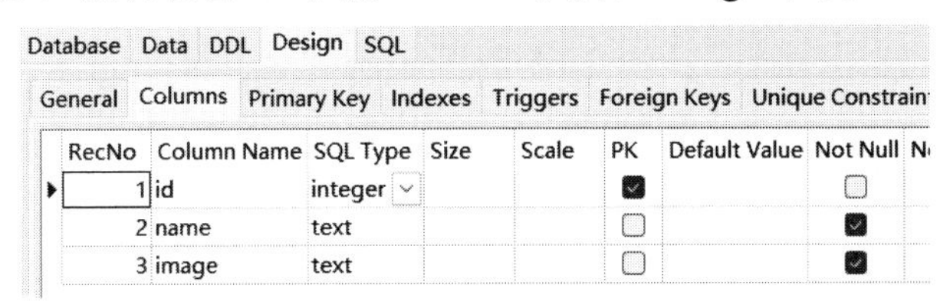

图 6-21 tbl_porcelain 表的结构

（2）为数据表创建数据实体。

参照 tbl_porcelain 表的结构，创建一个名为 Porcelain 的数据实体，用于装载一件广彩瓷器的信息，程序代码如下。

```
public class Porcelain implements Serializable {
    // 构造方法
    public Porcelain(){}
    public Porcelain(int id, String name, String image) {
        this.id = id;
        this.name = name;
        this.image = image;
    }
    // 成员
    private int id;
    private String name;
    private String image;
    // 省略属性 getter 方法和 setter 方法
}
```

（3）为数据表添加 DAO，封装需要的操作。

添加一个 DAO，封装需要的操作，这里仅演示查询操作，程序代码如下。

```
public class PorcelainDao {
    // 声明 SQLiteOpenHelper 的子类对象
    private AppDbOpenHelper dbOpenHelper;
    // 在构造方法中创建 SQLiteOpenHelper 对象
    public PorcelainDao(Context context) {
        this.dbOpenHelper = new AppDbOpenHelper(context);
    }
    // 封装查询操作：查询 tbl_porcelain 表中的所有数据
    public List<Porcelain> selectAll(){
        List<Porcelain> porcelains= new ArrayList<>();
        try(SQLiteDatabase db = dbOpenHelper.getWritableDatabase()) {
            // 执行 rawQuery()方法
```

```
            Cursor cursor = db.rawQuery("select * from tbl_porcelain",null);
            if(cursor.moveToFirst()){
                do{
                    int id = cursor.getInt(0);
                    String name = cursor.getString(1);
                    String image = cursor.getString(2);
                    Porcelain entity = new Porcelain(id, name, image);
                    porcelains.add(entity);
                }while (cursor.moveToNext());
            }
            cursor.close();
        }
        return porcelains;
    }
}
```

（4）调用 DAO 方法。

DAO 封装完成后，其他各层可以通过 DAO 来访问 SQLite，实现具体的业务功能。在 Activity 中调用 DAO 查询数据并将数据加载到 ListView 中的程序代码如下。

```
public class MainActivity extends AppCompatActivity {
    private PorcelainDao dao;
    private ListView listView;

    @Override
    protected void onCreate(Bundle savedInstanceState) {
            super.onCreate(savedInstanceState);
            setContentView(R.layout.activity_main);
            //初始化 DAO
            PorcelainDao dao = new PorcelainDao(this);
            //获取 ListView
            listView = findViewById(R.id.listView);
            //调用 DAO 查询数据并将数据加载到 ListView 中
            List<Porcelain> porcelains =
dao.selectAll();
            PorcelainListAdapter listAdapter = new
PorcelainListAdapter(this, porcelains);
            listView.setAdapter(listAdapter);
        //省略其他代码
        }
    }
```

图 6-22　数据加载效果

此处省略了 ListView 适配器等界面代码。

运行程序，Activity 启动后显示的数据加载效果如图 6-22 所示。

有了 DAO 对 SQLite 操作的封装，表现层要实现数据的查询就变得非常简单了。同理，在项目的其他位置都可以通过 DAO 实现业务数据的增删改查。

本章小结

本章首先介绍了 Android 应用开发中几种常用的数据存储方式，分析了各种数据存储方式的应用场景；其次介绍了 SharedPreferences 数据存储与处理，重点讲解了如何通过使用 SharedPreferences 来实现键值对的读写；最后详细介绍了 SQLite 数据存储与处理，重点讲解了如何通过创建 SQLiteOpenHelper 的子类实现 Android 应用数据库的创建和更新，以及如何通过使用 SQLiteDatabase 来实现数据表的增删改查。

此外，在 SQLite 的开发中引入了如何使用单元测试验证程序代码的正确性，并介绍了如何使用分层结构与 DAO 模式进一步封装数据库操作，以提高程序的可维护性和可重用性。

拓展实践

创建一个 Android 应用，实现 tbl_user 表的维护功能。在主界面的 ListView 中显示所有用户信息，并提供插入、更新和删除用户信息的功能，完成效果如图 6-23 所示。

图 6-23 完成效果

本章习题

一、选择题

1. 通过使用（　　），一个应用可以将其数据共享给其他应用，同时可以访问其他应用共享的数据，进而可以实现应用之间的数据共享。

A．Files　B．SharedPreferences　C．ContentProvider　D．SQLite

2. 在 Android 应用开发中，以下不能用于数据存储的是（　　）。

A．SharedPreferences　B．ContentProvider　C．ArrayAdapter　D．SQLiteDatabase

3. SharedPreferences 数据存储中用于提交数据变更的方法是（　　）。

A．putString()　B．getString()　C．edit()　D．apply()

4. 以下不属于关系数据库存储技术的是（　　）。

A．SQLite　B．MySQL　C．Redis　D．Oracle

5. 以下属于 DDL 语句的是（　　）。

A．INSERT 语句　B．DROP 语句　C．SELECT 语句　D．COMMIT 语句

6. 以下不是关系数据库的优点的是（　　）。

A．适合存储结构化的数据　B．适合存储高并发的键值对形式的数据

C．提供数据完整性约束　D．支持事务管理

7. 以下不是 SQLite 的特点的是（　　）。

A．占用资源少　B．执行效率高

C．支持海量数据存储与高并发　D．免安装和零配置

8. 以下不是 SQLite 常用数据类型的是（　　）。

A．INTEGER　B．TEXT　C．BOOL　D．REAL

9. 在三层结构中，SQLiteOpenHelper 的子类属于（　　）。

A．数据访问层　B．数据模型层　C．业务逻辑层　D．表示层

10. 在 SQLite 的开发中，（　　）用于获取查询结果集中的数据。

A．SQLiteOpenHelper　B．SQLiteDatabase　C．ContentValues　D．Cursor

二、填空题

1. SharedPreferences 的数据实际上被保存在________中。
2. ________用于向 SharedPreferences 写入键值对形式的数据。
3. 在 SQLite 的开发中，________可以帮助创建和更新 SQLite。该类中的________方法用于创建数据库，________方法用于更新数据库。
4. 要获取可读写的 SQLiteDatabase 实例，需要调用 SQLiteOpenHelper 的________方法。
5. 在三层结构中，________主要负责用户界面，提供界面显示、界面跳转和用户交互功能。

三、简答题

1. 列举 Android 应用开发中几种常用的数据存储方式，以及它们的使用场景。
2. 简述 SQLiteOpenHelper 的作用。

ContentProvider

ContentProvider（内容提供者）是 Android 应用开发中的一个关键组件。本章将深入介绍 ContentProvider 的重要性、应用场景和基本概念，以帮助读者全面了解它在 Android 应用开发中的重要性；探讨 ContentProvider 的工作原理，以帮助读者了解它如何协调不同应用之间的数据共享，提供标准的数据访问接口；介绍如何使用 ContentProvider 共享数据，如何使用 ContentResolver 操作数据，以及如何使用 ContentObserver 监听数据。

7.1 ContentProvider 简介

7.1.1 ContentProvider 的重要性和应用场景

当谈到 Android 应用的数据共享和访问时，ContentProvider 是一个不可或缺的组件。用于管理和共享应用数据，以及实现跨应用的数据交换。

1. ContentProvider 的重要性

ContentProvider 在 Android 应用开发中扮演着十分重要的角色，主要表现在以下几个方面。

1）数据隔离和安全性

ContentProvider 提供了一种有效的方式来控制应用数据的访问权限。它允许应用通过严格定义的权限机制来控制哪些数据可以被其他应用访问，从而确保数据隔离和安全性。

2）跨应用数据交换

不同应用之间的数据共享是 Android 应用开发中的一个常见需求。ContentProvider 允许某个应用将数据暴露给其他应用，从而实现跨应用的数据交换。这对构建共享任务列表、联系人信息、媒体文件等应用特别有用。

3）支持数据访问接口

ContentProvider 支持一种标准化的数据访问接口，使得数据访问操作变得简单且一致。无论数据存储在何种类型的后端（如数据库、文件系统等），应用都可以通过 ContentProvider 提供的数据访问接口进行访问，而不需要关心底层数据存储的细节。

4）支持多线程操作

在 Android 应用开发中，多线程操作是很常见的。ContentProvider 内部实现了线程安全机制，可以确保多个线程在同时访问数据时不会出现数据访问冲突问题。这使得开发者可以更轻松地处理并发数据。

2．ContentProvider 的应用场景

ContentProvider 在许多应用场景中都可以发挥重要作用。以下是一些常见的应用场景。

1）访问设备联系人和日历数据

许多应用需要访问设备联系人和日历数据。通过使用 ContentProvider，应用可以很方便地读取和写入这些数据，从而构建功能丰富的日程管理、联系人同步等应用。

2）访问媒体文件

音频、视频和图片等媒体文件通常存储在设备的外存中。通过使用 ContentProvider，应用可以获得对这些媒体文件的访问权限，以创建媒体播放器、图库等应用。

3）共享设置和配置信息

应用可能需要共享一些配置信息，如用户首选项、应用程序状态等。ContentProvider 可以用于提供对这些数据的访问接口，从而实现跨应用的配置共享。

4）访问数据库

许多应用使用 SQLite 来存储和管理数据。通过使用 ContentProvider，某个应用可以将其数据库暴露给其他应用，以实现数据库访问。

5）搜索功能

在应用中实现搜索功能时，ContentProvider 可以用于提供数据源，从而支持全文搜索和筛选操作。

综上所述，ContentProvider 在 Android 应用开发中具有十分重要的作用。它不仅支持数据隔离和安全性，而且可以实现跨应用数据交换、支持一种标准化的数据访问接口，以及支持多线程操作。通过使用 ContentProvider，开发者可以构建出功能更加丰富和更加高效的 Android 应用。

7.1.2 ContentProvider 的基本概念和工作原理

1．ContentProvider 的基本概念

ContentProvider 用于管理和暴露某个应用的数据给其他应用。它允许其他应用通过 URI 来访问数据。

每个 ContentProvider 都可以管理一种或多种类型的数据，如数据库中的表、文件等。

ContentProvider 的功能逻辑如图 7-1 所示。应用可以通过 ContentResolver 来进行数据的增删改查，ContentResolver 会根据 URI 找到相应的 ContentProvider 并进行数据操作。

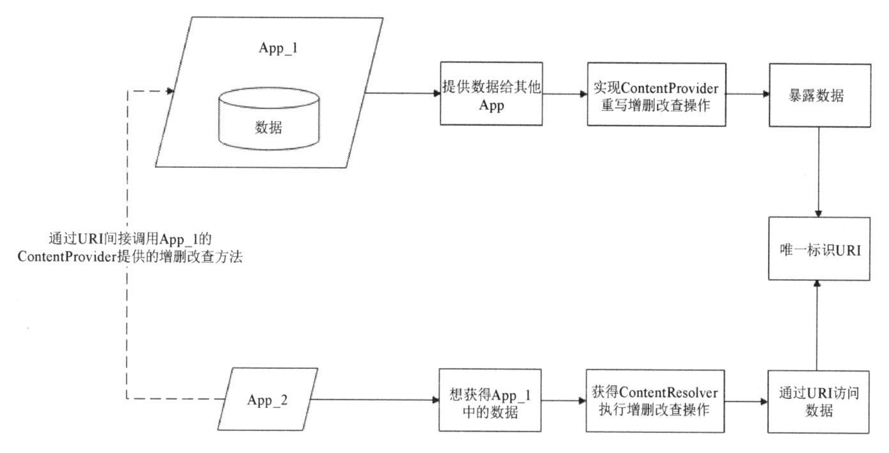

图 7-1　ContentProvider 的功能逻辑

2．ContentProvider 的工作原理

ContentProvider 的工作原理涉及以下几个方面。

1）注册和声明

在 AndroidManifest.xml 文件中，必须注册 ContentProvider 并声明它所能处理的类型及权限信息。这样其他应用才能找到并请求访问该 ContentProvider。

2）URI 匹配和权限验证

当其他应用需要访问一些数据时，这些数据通过 ContentResolver 构建一个 URI，并指定所需的操作。ContentResolver 将 URI 发送给系统的 ContentProvider 解析器。

ContentProvider 解析器会检查请求的 URI 是否与已注册的 ContentProvider 匹配，并验证应用是否具有访问权限。这种权限验证是非常重要的，可以确保数据的安全性，防止未经授权的应用访问敏感数据。

3）数据操作处理

如果权限验证通过，那么 ContentProvider 解析器会将操作传递给相应的 ContentProvider。ContentProvider 根据 URI 和操作类型执行相应的数据操作。

这里的数据操作可以是各种各样的，取决于 ContentProvider 的实现。通常，ContentProvider 会对数据源进行封装，如访问数据库、读取文件、访问网络等。ContentProvider 负责处理具体的数据操作，并将操作结果返回给调用者。

4）数据返回

先由 ContentProvider 将操作结果返回给 ContentResolver，再由 ContentResolver 将数据传递给请求数据的应用。数据返回通常是通过 Cursor 实现的。Cursor 是一个数据集游标，可以遍历查询结果并提供对数据的访问。

在查询操作中，ContentProvider 会返回一个包含查询结果的 Cursor。其他操作（插入、更新、删除）可能会返回操作的结果（插入成功的行 ID 或受影响的行数）。

通过上述过程，ContentProvider 实现了应用之间的数据共享和访问。其他应用可以通过 ContentResolver 发起请求，并通过 URI 获取数据。ContentProvider 在内部处理数据操作，以确保数据的安全性和一致性。这使得 Android 应用能够更好地协同工作，实现更多的功能。

7.2 使用 ContentProvider 共享数据

本节将介绍如何使用 ContentProvider 共享数据。通过定义标准化接口和 URI，可以让应用之间安全地共享数据。不过，在这之前，必须了解一个关键类，即 Uri。注意，本书中的 URI 是概念中的表达，而 Uri 是代码中类名的表达。

7.2.1 Uri 简介

ContentProvider 使用的 Uri 在 Android 应用开发中非常重要，Uri 用于标识和定位 ContentProvider 中的数据。Uri 提供了一种统一的方式来描述资源的位置，使得应用可以准确地访问和操作数据。下面详细阐述 Uri 的用途、组成结构，以及和它配套使用的工具类 UriMatcher。

1. Uri 的用途

Uri 有多种用途，其中在 ContentProvider 中的主要用途如下。

1）标识数据的位置

Uri 用于标识 ContentProvider 中数据的位置。通过指定合适的 Uri，应用可以唯一地定位到数据的位置，从而实现对数据的操作。

2）描述操作

Uri 包含用于描述操作的附加信息，如查询条件、排序方式等，这使得应用能够对数据进行更精细的控制和操作。

3）控制权限

Uri 包含权限信息，用于控制哪些应用有权访问 ContentProvider 中的数据，这有助于确保数据安全。

2. Uri 的组成结构

组成 Uri 的一般形式如下。

```
scheme://authority/path
```

1）scheme

scheme（协议）用于标识数据的类型或访问方式，如"content"、"http"、"file"等。通常使用"content"作为协议，表示访问 ContentProvider 中的数据。

2）authority

authority（权限）用于标识 ContentProvider 的唯一性。通常使用应用的包名，以确保不同应用的 ContentProvider 不会发生冲突。

3）path（路径）

path（路径）用于标识数据的位置和类型。它可以包含多个部分，用“/”分隔，表示数据的层次结构。在 ContentProvider 中，path 通常表示数据表或数据集的名称。

3．UriMatcher

UriMatcher（URI 匹配器）是一个类，用于帮助 ContentProvider 解析 URI 并匹配相应的操作。它允许开发者定义一组 URI 模式，并将这组模式与 ContentProvider 中的数据操作关联起来。通过 UriMatcher，ContentProvider 可以根据传入的 URI 快速地确定应该执行哪种数据操作，以便有效地处理数据请求。

UriMatcher 通过 addURI()方法添加 URI，并与相应的程序代码进行关联。当 ContentProvider 接收到来自 ContentResolver 的 URI 请求时，它会使用 UriMatcher 进行匹配，查找与请求 URI 相匹配的模式，并返回相关联的程序代码。这样 ContentProvider 即可根据不同的 URI 执行不同的数据操作。

以下程序代码展示了如何在 ContentProvider 中使用 UriMatcher。

```
public class DragonBoatProvider extends ContentProvider {
    private static final String AUTHORITY =
                                     "com.example.dragonboat.provider";
    private static final String RACES_PATH = "races";
    public static final Uri CONTENT_URI = Uri.parse("content://" +
                                                      AUTHORITY +
                                                      "/" +
                                                      RACES_PATH);

    private static final int RACES = 1;
    private static final int RACE_ID = 2;

    private static final UriMatcher uriMatcher =
                                    new UriMatcher(UriMatcher.NO_MATCH);

    static {
        uriMatcher.addURI(AUTHORITY, RACES_PATH, RACES);
        uriMatcher.addURI(AUTHORITY, RACES_PATH + "/#", RACE_ID);
    }

    // ContentProvider 的其他实现代码

    @Override
    public Cursor query(Uri uri,
```

```
                    String[] projection,
                    String selection,
                    String[] selectionArgs,
                    String sortOrder) {
        MatrixCursor matrixCursor =
            new MatrixCursor(new String[]{BaseColumns._ID, "name"});

        int match = uriMatcher.match(uri);
        switch (match) {
            case RACES:
                // 处理查询全部比赛的情况
                break;
            case RACE_ID:
                // 处理根据比赛 ID 查询单个比赛的情况
                long raceId = ContentUris.parseId(uri);
                // 查询并将比赛数据添加到 MatrixCursor 中
                break;
            default:
                throw new IllegalArgumentException("Unknown URI: " +
                                                   uri);
        }

        return matrixCursor;
    }

    // 其他方法
}
```

7.2.2 创建 ContentProvider

下面使用 ContentProvider 展示岭南地区龙舟比赛的特色信息，包括比赛日期、传统装饰、赛道位置等。

首先，定义一个数据模型，即 DragonBoatContract，包括 name 字段、date 字段、decor 字段、location 字段，程序代码如下。

```
public class DragonBoatContract {
    public static class RaceEntry implements BaseColumns {
        public static final String TABLE_NAME = "races";
        public static final String COLUMN_NAME = "name";
        public static final String COLUMN_DATE = "date";
        public static final String COLUMN_DECOR = "decor";
        public static final String COLUMN_LOCATION = "location";
    }
}
```

其次，创建自定义的 ContentProvider，并定义 URI 和 UriMatcher。在实际开发中，不需要手动创建类和在清单文件中添加标签，在 Android Studio 中可以使用快捷方式创建所有组件，ContentProvider 也不例外。把鼠标指针移动到包名处并右击，在弹出的快捷菜单中选择“New”→“Other”→“Content Provider”命令，弹出如图 7-2 所示的“New Android Component”对话框。

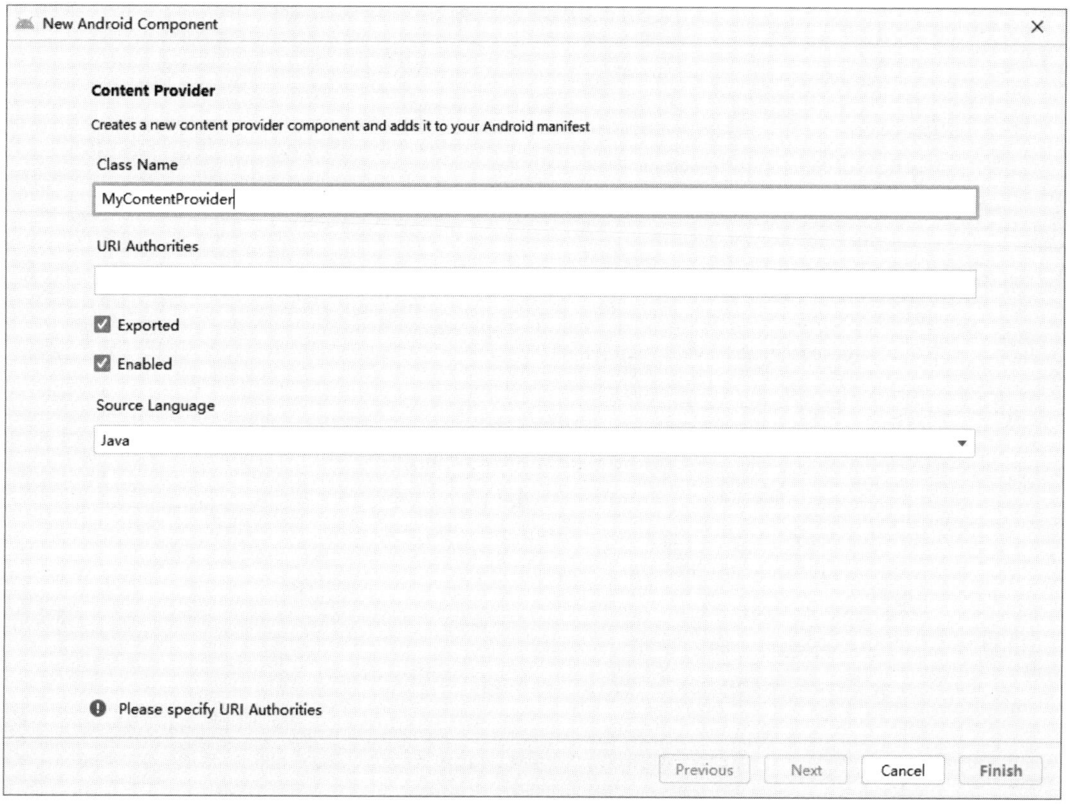

图 7-2 “New Android Component”对话框

只需要在“URI Authorities”文本框中输入相应的内容，点击“Finish”按钮，一个自定义的 ContentProvider 就创建好了，在清单文件中可以看到对应的标签，程序代码如下。

```
public class DragonBoatProvider extends ContentProvider {
    private static final String AUTHORITY =
                              "com.example.dragonboat.provider";
    private static final String RACES_PATH = "races";
    public static final Uri CONTENT_URI =
            Uri.parse("content://" + AUTHORITY + "/" + RACES_PATH);

    private static final int RACES = 1;
    private static final int RACE_DATE = 2;
    private static final int TRADITIONAL_DECOR = 3;

    private static final UriMatcher uriMatcher =
```

```
                        new UriMatcher(UriMatcher.NO_MATCH);

    static {
        uriMatcher.addURI(AUTHORITY, RACES_PATH, RACES);
        uriMatcher.addURI(AUTHORITY, RACES_PATH + "/date", RACE_DATE);
        uriMatcher.addURI(AUTHORITY, RACES_PATH + "/decor",
                          TRADITIONAL_DECOR);
    }

    @Override
    public boolean onCreate() {
        return true;
    }

    @Override
    public Cursor query(Uri uri,
                        String[] projection,
                        String selection,
                        String[] selectionArgs,
                        String sortOrder) {
        Cursor cursor = null;
        int match = uriMatcher.match(uri);
        switch (match) {
            case RACE_DATE:
                MatrixCursor matrixCursor =
                                 new MatrixCursor(new String[]{
                        DragonBoatContract.RaceEntry._ID,
                        DragonBoatContract.RaceEntry.COLUMN_NAME,
                        DragonBoatContract.RaceEntry.COLUMN_DATE,
                        DragonBoatContract.RaceEntry.COLUMN_DECOR,
                        DragonBoatContract.RaceEntry.COLUMN_LOCATION
                });

                // 添加假数据
                matrixCursor.addRow(new Object[]{1,
                                                 "岭南传统龙舟赛",
                                                 "2023-06-18",
                                                 "红、黄、绿色装饰",
                                                 "珠江"});

                cursor = matrixCursor;
                break;
            // 其他匹配模式
            default:
```

```
                throw new IllegalArgumentException("Unknown URI: " +
                                                           uri);
        }
        return cursor;
    }

    @Nullable
    @Override
    public String getType(@NonNull Uri uri) {
        return null;
    }

    @Nullable
    @Override
    public Uri insert(@NonNull Uri uri,
                      @Nullable ContentValues values) {
        return null;
    }

    @Override
    public int delete(@NonNull Uri uri,
                      @Nullable String selection,
                      @Nullable String[] selectionArgs) {
        return 0;
    }

    @Override
    public int update(@NonNull Uri uri,
                      @Nullable ContentValues values,
                      @Nullable String selection,
                      @Nullable String[] selectionArgs) {
        return 0;
    }
}
```

如果使用快捷方式创建 ContentProvider，那么可以在清单文件中看到声明。如果手动创建 ContentProvider，那么必须手动在清单文件添加声明，程序代码如下。

```
<provider
        android:name=".DragonBoatProvider"
        android:authorities="com.example.dragonboat.provider"
        android:enabled="true"
        android:exported="true" />
```

至此，一个简易的 ContentProvider 创建完毕。

7.2.3 设置权限

设置权限对应用中是非常重要的，可以帮助控制应用对系统和其他资源的访问权限，确保数据的安全性。在使用 ContentProvider 时，设置权限是一个关键的方面。

在 ContentProvider 中，设置权限可以通过以下方式实现。

1．在 AndroidManifest.xml 文件中设置权限

在注册 ContentProvider 时可以通过在<provider>元素中使用 permission 属性指定访问该 ContentProvider 所需的权限。只有获得相应权限的应用才能访问 ContentProvider 提供的数据，程序代码如下。

```
<provider
        android:name=".DragonBoatProvider"
        android:authorities="com.example.dragonboat.provider"
        android:enabled="true"
        android:exported="true"
        android:permission="android.permission.READ_WRITE" />
```

只有声明了 android.permission.READ_WRITE 权限的应用才能访问 DragonBoatProvider。

2．在 ContentProvider 内部检查权限

在 ContentProvider 内部可以使用 checkCallingOrSelfPermission()方法检查调用者是否拥有特定的权限。如果权限检查失败，那么可以通过抛出 SecurityException 来阻止未被授权的访问，程序代码如下。

```
@Override
public Cursor query(Uri uri,
                    String[] projection,
                    String selection,
                    String[] selectionArgs,
                    String sortOrder) {
    int permissionCheck = getContext().checkCallingOrSelfPermission(
                                "android.permission.READ_WRITE");
    if (permissionCheck != PackageManager.PERMISSION_GRANTED) {
        throw new SecurityException(
                            "Missing permission to access the data.");
    }
    // 处理数据查询操作
}
```

通过合理地设置权限，可以确保只有经过授权的应用才能访问 ContentProvider。这有助于保护敏感数据免受未被授权的访问，并提供更高的安全性。

需要注意的是，在设置权限时应该根据具体情况进行适当的规划。在为 ContentProvider 设置权限时，应该权衡数据的安全性和应用的功能需求，以避免过度限制或过度暴露数据。

7.3 使用 ContentResolver 操作数据

7.3.1 ContentResolver 简介

ContentResolver 是一个关键类，用于在应用之间进行数据通信。它充当了应用与 ContentProvider 之间的桥梁，使得某个应用能够访问和共享其他应用或系统中的数据。

ContentResolver 提供了一系列方法用于操作数据，常用的方法如下。

1. query()方法

query()方法用于执行数据查询操作，返回一个 Cursor，可以遍历查询结果，程序代码如下。

```
query(Uri uri,
    String[] projection,
    String selection,
    String[] selectionArgs,
    String sortOrder)
```

2. insert()方法

insert()方法用于执行数据插入操作，将指定的数据插入到 ContentProvider 中，并返回新插入数据的 URI，程序代码如下。

```
insert(Uri uri, ContentValues values)
```

3. update()方法

update()方法用于执行数据更新操作，更新满足条件的数据，并返回受影响的行数，程序代码如下。

```
update(Uri uri,
      ContentValues values,
      String selection,
      String[] selectionArgs)
```

4. delete()方法

delete()方法用于执行数据删除操作，删除满足条件的数据，并返回受影响的行数，程序代码如下。

```
delete(Uri uri, String selection, String[] selectionArgs)
```

ContentResolver 使用 URI 来标识和访问 ContentProvider 中的数据。可以根据 URI 访问不同的 ContentProvider，并执行相应的操作。

另外，为了确保数据安全，ContentResolver 引入了权限机制。某个应用只有获得适当的权限才能访问其他应用或系统中的数据。

在使用 ContentResolver 时，应该注意以下几点。

（1）在主线程之外执行操作：避免在主线程中执行耗时的操作，以免阻塞应用界面。

（2）及时关闭 Cursor：在使用完 Cursor 后，应及时关闭 Cursor。

（3）使用权限保护数据：合理设置 ContentProvider 的权限以确保数据安全。

7.3.2 使用 ContentResolver

下面继续使用之前创建的 DragonBoatProvider，通过 ContentResolver 访问其提供的数据。为了方便展示，这里新增一个 Button 和一个 TextView，点击按钮后会把获取的数据显示在 TextView 上，程序代码如下。

```
<?xml version="1.0" encoding="utf-8"?>
<LinearLayout
xmlns:android="http://schemas.android.com/apk/res/android"
    xmlns:app="http://schemas.android.com/apk/res-auto"
    xmlns:tools="http://schemas.android.com/tools"
    android:layout_width="match_parent"
    android:layout_height="match_parent"
    android:orientation="vertical"
    tools:context=".MainActivity">

    <Button
        android:id="@+id/bt1"
        android:layout_width="match_parent"
        android:layout_height="wrap_content"
        android:text="点击访问 ContentProvider 的数据" />

    <TextView
        android:id="@+id/specialFeatureTextView"
        android:layout_width="match_parent"
        android:layout_height="wrap_content"
        android:textSize="30sp" />

</LinearLayout>
```

在 Activity 中，使用 ContentResolver 查询并显示 DragonBoatProvider 提供的比赛日期，程序代码如下。

```
Uri uri =
    Uri.parse("content://com.example.dragonboat.provider/races/date");
Cursor cursor = getContentResolver().query(uri, null, null,
                                            null, null);

TextView specialFeatureTextView =
                                findViewById(R.id.specialFeatureTextView);
```

```
    if (cursor != null && cursor.moveToFirst()) {
            String raceDate =
cursor.getString(cursor.getColumnIndex(

DragonBoatContract.RaceEntry.COLUMN_DATE));
            specialFeatureTextView.setText("比赛日期：" +
raceDate);
            cursor.close();
    }
```

编译并运行应用，在 Activity 中将看到使用 ContentProvider 获取的比赛日期，完成效果如图 7-3 所示。

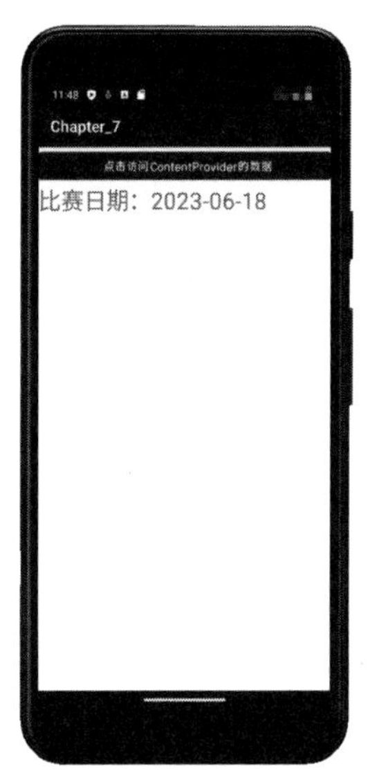

图 7-3　完成效果

上述程序代码演示了如何使用 ContentResolver 访问 ContentProvider 提供的特色数据，以及如何使用 Cursor 处理从 ContentProvider 返回的数据，展示了 ContentResolver 作为 Android 应用中数据通信的重要工具的使用方法。当然，也可以扩展这个示例，实现更多涉及增删改查的操作，以便更全面地了解 ContentResolver 的功能。

7.4 使用 ContentObserver 监听数据

7.4.1 ContentObserver 简介

ContentObserver（内容观察者）是用于监听数据变化的组件。它可以监听特定的 URI，当该 URI 对应的数据变化时，ContentObserver 会接收到相应的通知。ContentObserver 基于观察者设计模式，使应用能够实时获取数据的变化并采取相应的操作。ContentObserver 的主要作用有监听数据变化、实时更新 UI、执行后续操作、数据同步和自动化处理，以及管理数据依赖关系。

1. 监听数据变化

ContentObserver 主要用于监听特定数据的变化，如数据表、文件或 ContentProvider 中的数据。通过注册 ContentObserver，应用可以实时监测数据的变化。

2. 实时更新 UI

ContentObserver 通常与 UI 结合使用，可以实现实时更新 UI 的效果。当监听的数据变化时，ContentObserver 会收到通知，应用可以相应地更新 UI，显示最新的数据。

3．执行后续操作

ContentObserver 在接收到数据变化的通知后，可以执行后续操作，如刷新界面、发送通知、更新数据等。这使得应用能够根据数据的变化采取适当的行动。

4．数据同步和自动化处理

ContentObserver 主要用于数据同步和自动化处理。当数据变化时，ContentObserver 可以触发相应的逻辑，如同步数据到服务器上、更新本地缓存等。

5．管理数据依赖关系

ContentObserver 主要用于管理数据之间的依赖关系。当数据变化时，ContentObserver 可以通知依赖于该数据的其他组件进行相应的操作。

7.4.2 使用 ContentObserver

首先，创建一个继承 Android 提供的 ContentObserver 的子类，并在该子类中实现 onChange()方法，用于处理数据变化的通知，程序代码如下。

```
public class DragonBoatObserver extends ContentObserver {

    private final TextView specialFeatureTextView;
    private final Context context;

    public DragonBoatObserver(Handler handler,
                              Context context,
                              TextView textView) {
        super(handler);
        this.context = context;
        this.specialFeatureTextView = textView;
    }

    @Override
    public void onChange(boolean selfChange, Uri uri) {
        super.onChange(selfChange, uri);
        specialFeatureTextView.setText("最新比赛日期：2023-09-09");
    }
}
```

其次，在需要监听数据变化的位置创建 ContentObserver 的实例，并注册 ContentObserver 监听，程序代码如下。

```
Uri uri =
    Uri.parse("content://com.example.dragonboat.provider/races/date");
ContentResolver contentResolver = getContentResolver();
DragonBoatObserver observer = new DragonBoatObserver(
```

```
                    new Handler(),
                    MainActivity.this,
                    findViewById(R.id.specialFeatureTextView));
contentResolver.registerContentObserver(uri, true, observer);
Cursor cursor = contentResolver.query(uri, null, null, null, null);
if (cursor != null) {
    while (cursor.moveToNext()) {
    // 处理查询结果
    // 此处省略业务逻辑代码
}
cursor.close();
}
```

在上述代码中，使用 registerContentObserver()方法注册 ContentObserver。在注册 ContentObserver 时，需要指定要监听的 URI、是否包括子路径，以及 ContentObserver 的实例。当监听的数据变化时，onChange()方法会被调用，执行相应的操作。当不再需要监听数据时，应使用 unregisterContentObserver()方法取消注册 ContentObserver。

那么 ContentObserver 是如何知道数据变化了呢？是谁告诉它数据变化了呢？答案还是 ContentResolver，ContentResolver 提供了 notifyChange()方法，用于手动触发数据变化的通知。在进行数据变化的操作后，调用 notifyChange()方法，并传入相应的 URI，将通知注册的 ContentObserver 的数据变化了，程序代码如下。

```
Uri uri = Uri.parse(
         "content://com.example.dragonboat.provider/races/date");
ContentResolver resolver = getContentResolver();
DragonBoatObserver observer = new DragonBoatObserver(new Handler(),
    MainActivity.this, findViewById(R.id.specialFeatureTextView));
resolver.notifyChange(uri, observer);
```

通过对以上内容的学习，读者可以深入了解 ContentObserver 的作用，以及如何使用它来监听数据变化并做出响应，从而实现实时更新。

本章小结

本章深入研究了 Android 应用开发中的关键组件：ContentProvider、ContentResolver 和 ContentObserver。这些组件在 Android 应用开发中扮演着至关重要的角色，有助于实现数据共享、数据操作和数据监听，从而构建更强大、高效的应用。

通过学习 ContentProvider，读者可以了解它是数据共享的关键机制，允许应用安全地共享数据，并通过 Uri 进行定位和访问；掌握如何创建自定义的 ContentProvider，以及如何使用它与 SQLite 集成，从而实现数据持久化。

读者还可以了解 ContentObserver 的重要性，使用它可以使应用监听特定数据的变化，并在数据改变时做出实时响应；知道 ContentObserver 的注册和注销、onChange()方法回调的使用方法，以及如何结合 ContentObserver 来实现 UI 的更新和数据的同步。

同时，读者可以掌握 ContentResolver 的作用。作为应用与 ContentProvider 之间的桥梁，ContentResolver 提供了统一的数据访问接口，使数据的操作变得更加便捷。本章中的示例展示了如何使用 ContentProvider 共享数据，如何使用 ContentResolver 进行数据操作，以及如何使用 ContentObserver 监听数据。

这些知识为构建功能强大、用户友好的应用提供了坚实的基础。充分使用 ContentProvider、ContentResolver 和 ContentObserver，能够很好地满足用户的需求，提升应用的性能和改善用户体验。

拓展实践

创建一个 Android 应用，编写一个简单的 ContentProvider，该 ContentProvider 用于管理一个虚构的学生信息数据库。其中，学生信息包括学生的姓名、学号、所学课程和成绩。

本章习题

一、选择题

1．ContentProvider 的主要作用是（　　）。

A．实现 UI 视图的布局　　B．共享和管理应用的数据

C．控制应用的权限　　D．管理网络连接

2．（　　）用于监听 ContentProvider 中数据的变化。

A．Activity　　B．BroadcastReceiver

C．Service　　D．ContentObserver

3．（　　）提供了统一的数据访问接口，用于对 ContentProvider 进行操作。

A．ContentProvider　　B．ContentResolver

C．ContentObserver　　D．Uri

4．在 ContentProvider 中，（　　）方法用于执行数据的查询操作。

A．insert()　　B．update()

C．delete()　　D．query()

5．（　　）用于标识 ContentProvider 中数据的位置。

A．Intent　　B．Bundle

C．Uri　　D．Cursor

6．ContentObserver 的作用是（　　）。

A．执行数据库的查询操作　　B．监听 ContentProvider 中数据的变化

C．发送 Broadcast　　D．管理应用的权限

7．在使用 ContentResolver 操作数据时，（　　）方法用于插入数据。

A．query()　　B．insert()

C．update()　　D．delete()

8．在使用 ContentResolver 查询数据时，（　　）用于指定需要查询的数据的 URI。

A．Bundle　　B．Cursor

C．Uri　　D．Intent

9．以下适合使用 ContentProvider 的情况是（　　）。

A．存储应用的布局文件　　B．共享某个应用的数据给其他应用

C．执行后台任务　　D．控制应用的界面跳转

10．在使用 ContentObserver 时，（　　）方法在数据变化时被调用。

A．onChanged()　　B．onContentChanged()

C．onDataSetChanged()　　D．onChange()

二、填空题

1．ContentProvider 是 Android 应用开发中用于______和______数据的组件。

2．在使用 ContentObserver 时，需要通过重写______方法来监听数据的变化。

3．在使用 ContentResolver 操作数据时，可以通过______来定位需要操作的数据。

4．在使用 ContentProvider 查询数据时，可以通过______方法来执行查询操作。

5．ContentResolver 的作用之一是充当应用与______之间的桥梁。

三、简答题

1．简述 ContentProvider 的作用，以及它的具体应用场景。

2．简述 ContentObserver 的作用，以及它如何实现对 ContentProvider 中数据变化的监听。

3．简述 ContentResolver 的作用，以及它在应用中如何与 ContentProvider 进行数据交互。

Service 与 IntentService

Service 是一种可以在后台长时间运行而不提供界面的组件。Service 可以由其他组件启动，且即使用户切换到其他应用，Service 仍将在后台继续运行。此外，其他组件可以通过绑定到 Service 与之进行交互，甚至执行 IPC（进程间通信）。例如，Service 可以在后台处理网络事务、播放音乐，执行文件读取操作。

使用 Service 长时间执行运行操作可能会导致界面阻塞，进而触发 ANR。Android 框架还提供了 Service 的子类 IntentService，该子类使用工作器线程逐一处理所有启动请求。

8.1 Service

8.1.1 Service 的类型

Service 即服务，包括以下 3 种不同的类型。

1. 前台 Service

前台 Service 执行一些用户会直接注意到的操作。例如，音频应用会使用前台 Service 来播放音频曲目。前台 Service 必须显示通知。即使用户停止与应用交互，前台 Service 仍会继续运行。

2. 后台 Service

后台 Service 执行用户不会直接注意到的操作。例如，如果应用使用某个 Service 来压缩存储空间，那么该 Service 通常是后台 Service。

3. 绑定型 Service

当组件通过调用 bindService() 方法绑定到 Service 时，该 Service 处于绑定状态。绑定型 Service 会提供客户端/服务器接口，以便组件与 Service 进行交互、发送请求、接收结果，甚至使用 IPC 跨进程执行这些操作。仅当与另一个组件绑定时，绑定型 Service 才会运行。多个组件可以同时被绑定到该 Service，但全部取消绑定后，该 Service 会被销毁。

虽然后面分开介绍启动型 Service 和绑定型 Service，但是 Service 可以同时以这两种方式运行；换言之，Service 既可以是启动型 Service（无限期运行），又可以是绑定型 Service。唯一的问题在于是否实现一组回调方法，即 onStartCommand()方法（让组件启动服务）和 onBind()方法（实现服务绑定）。

无论 Service 是处于启动状态，还是处于绑定状态抑或同时处于这两种状态，任何组件都可以像使用 Activity 那样，通过调用 Intent 来使用 Service（即使 Service 来自另一个应用）。不过，也可以通过清单文件将 Service 声明为私有 Service，并阻止其他应用访问该 Service。

若要创建 Service，则必须创建 Service 的子类（或使用 Service 的一个现有子类）。在实现中，必须重写一些回调方法，从而处理服务生命周期的某些关键问题，并提供一种机制将组件与 Service 绑定。以下是应重写的一些重要的回调方法。

1）onStartCommand()方法

当另一个组件（如 Activity）请求启动 Service 时，系统会通过调用 startService() 方法来调用 onStartCommand()方法。在执行 onStartCommand()方法时，Service 会启动并可以在后台无限期运行。若要实现 onStartCommand()方法，则应在 Service 执行完成后，通过调用 stopSelf() 方法或 stopService() 方法来停止 Service。注意，如果只想提供绑定 Service，那么无须实现 onStartCommand()方法。

2）onBind()方法

当另一个组件想要与 Service 绑定（如执行 RPC）时，系统会通过调用 bindService() 方法来调用 onBind()方法。若要实现 onBind()方法，则必须通过返回 IBinder 提供一个接口，以供客户端与 Service 进行通信。如果不希望允许绑定，那么应返回 NULL。

3）onCreate()方法

在首次创建 Service 时，系统会通过在调用 onStartCommand() 方法或 onBind() 方法之前调用 onCreate()方法来执行一次性设置程序。如果 Service 已在运行，那么不会调用 onCreate()方法。

4）onDestroy()方法

当不再使用 Service 且准备将 Service 销毁时，系统会调用 onDestroy()方法。Service 应通过调用 onDestroy()方法来清理资源（如线程、注册的监听器、接收器等）。

如果组件通过调用 startService() 方法启动 Service（这会引起对 onStartCommand() 方法的调用），那么 Service 会一直运行，直到通过调用 stopSelf() 方法自行停止，或由其他组件通过调用 stopService() 方法停止为止。

如果组件通过调用 bindService() 方法来创建 Service，且未调用 onStartCommand()方法，那么 Service 只会在该组件与其绑定时运行。当该 Service 与其所有组件取消绑定后，系统会将其销毁。

只有在内存过小且必须回收系统资源以供拥有用户焦点的 Activity 使用时才会停止

Service。如果将 Service 绑定到拥有用户焦点的 Activity，那么不太可能会停止 Service；如果将 Service 声明为在前台运行，那么几乎永远不会停止 Service。如果 Service 已被启动并已被长时间运行，那么系统逐渐降低 Service 在后台任务列表中的位置，且 Service 被停止的概率也会大幅度提升。如果 Service 是启动型 Service，那么必须将其设计为能够妥善处理系统执行的重新启动。如果系统停止 Service，那么其会在资源可用时立即重新启动，但这取决于从 onStartCommand() 方法返回的值。

8.1.2 创建 Service

Android Studio 提供了快速创建 Service 的方法。

选择“File”→“New”→“Service”→“Service”命令，弹出如图 8-1 所示的“New Android Component”对话框。

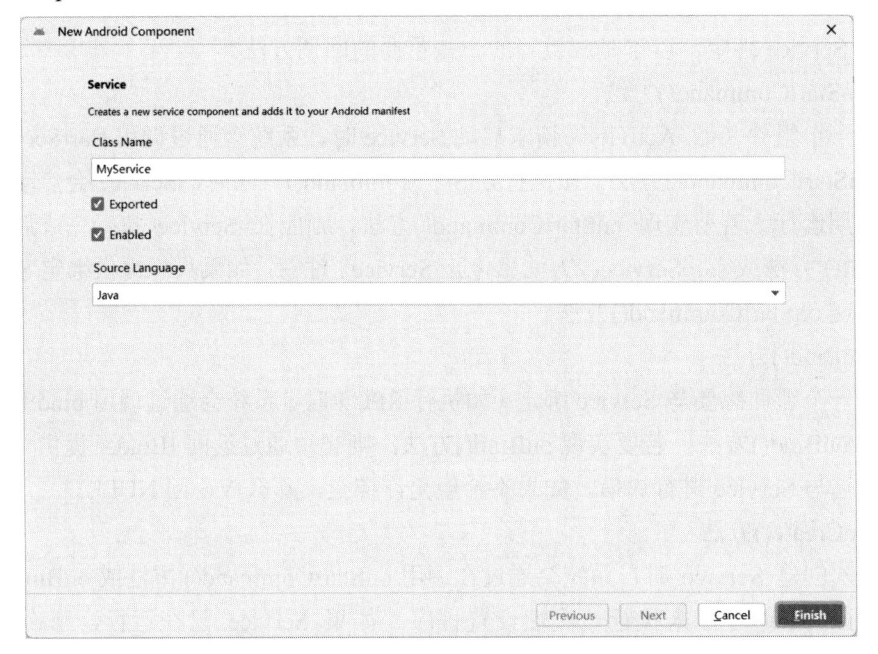

图 8-1 “New Android Component”对话框

该对话框中各选项的意义如下。

（1）Class Name：Service 的类名。

（2）Exported：相当于 Service 的 exported 属性。

（3）Enabled：相当于 Service 的 enabled 属性。

（4）Source Language：所使用的代码语言。

设置各选项以后，点击“Finish”按钮，就创建完成了 Service。

创建的 Service 的程序代码如下。

```
public class MyService extends Service {
    public MyService() {
    }
```

```
    @Override
    public IBinder onBind(Intent intent) {
        // TODO: Return the communication channel to the service.
        throw new UnsupportedOperationException("Not yet implemented");
    }
}
```

在清单文件中注册该 Service，注册信息如下。

```
<service
    android:name=".MyService"
    android:enabled="true"
    android:exported="true"></service>
```

8.1.3 Service 的属性

和对 Activity 及其他组件的操作一样，必须在清单文件中声明所有 Service。

要声明 Service，就需要添加 <service> 元素作为 <application> 元素的子元素。例如：

```
<manifest … >
    <application … >
        <service android:name=".MyService" />
        …
     </application>
    …
</manifest>
```

所有 Service 都必须在清单文件中使用 <service> 元素表示。系统不会识别任何未通过使用上述方式声明的 Service，也不会运行这类 Service。

以下是 Service 的属性。

```
description
```

描述 Service 的用户可读字符串。此属性应被设置为对字符串资源的引用，以便可以像界面中的其他字符串一样进行本地化。

```
directBootAware
```

确定 Service 是否可感知直接启动，也就是说，是否可以在用户解锁设备之前运行。默认值为 false。

```
enabled
```

确定系统是否可以实例化 Service。如果可以实例化 Service，那么设置值为 true；否则设置值为 false。默认值为 true。

<application> 元素具有自己的 enabled 属性，enabled 属性适用于所有组件，包括 Service。<application> 元素和 <service> 元素的属性都必须被设置为 true（这也是二者的默认设置），只有这样才会启动 Service。如果其中任一属性被设置为 false，那么表示不启动 Service，无法对其进行实例化。

`exported`

确定其他组件是否可以调用 Service 或与之交互。如果可以，那么设置值为 true；否则设置值为 false。当值为 false 时，只有同一个组件或具有相同用户 ID 的组件可以启动 Service 或与 Service 绑定。

默认值取决于 Service 是否包含 Intent 过滤器。若不包含 Intent 过滤器则意味着 Service 只能通过指定确切的类名进行调用，也就是说，Service 仅供应用内部使用。这是因为其他应用不知道类名。在这种情况下，默认值为 false。如果包含至少一个 Intent 过滤器，那么意味着 Service 会供外部使用，默认值为 true。

此属性并非唯一限制向其他应用披露 Service 的方式。还可以使用权限来限制可以与 Service 交互的外部实体。

`foregroundServiceType`

阐明 Service，是满足特定用例要求的前台 Service。例如，location 类型的前台 Service 表示应用正在获取设备的当前位置，目的是继续进行用户发起的操作，该操作与设备的位置相关。

可以将多个前台 Service 的类型分配给特定的 Service。

`icon`

Service 的图标。此属性应被设置为对包含图片定义的可绘制资源的引用。如果未设置此属性，那么使用为整个应用指定的图标。

`isolatedProcess`

如果设置值为 true，那么 Service 会在与系统其余部分隔离的特殊进程下运行。Service 自身没有权限，唯一与该 Service 通信的方式是通过 Service API 进行绑定和启动。

`label`

Service 的用户可读名称。如果未设置此属性，那么使用整个应用的标签集。

`name`

实现 Service 的类名。这是一个完全限定类名，如 "cn.edu.baiyunu.sample.RoomService"。作为一种简写形式，如果类名的第一个字符是句点（如 ".RoomService"），那么会将其附加到 <manifest> 元素中指定的软件包名上。发布应用后，除非已设置 android:exported="false"，否则不能更改此类名。必须指定此类名。

name 属性没有默认值。

`permission`

实体启动 Service 或绑定到 Service 所需的权限。如果没有向 startService()方法、bindService() 方法或 stopService() 方法的调用者授予此权限，那么这些方法将不起作用，且系统不会将 Intent 传递给 Service。

如果未设置此属性，那么对 Service 应用由 <application> 元素的 permission 属性设置的权限。如果此属性和<application> 元素的 permission 属性均未被设置，那么 Service 不受权限保护。

`process`

运行 Service 的进程名。通常，所有组件都会在为应用创建的默认进程中运行。运行

Service 的进程名与应用软件包名相同。<application> 元素的 process 属性可以为所有组件设置不同的默认值。不过，组件可以使用自己的 process 属性替换默认属性，从而允许跨多个进程分布应用。

如果为此属性分配的值以英文冒号开头，那么系统会在需要时创建应用专用的新进程，且 Service 会在该进程中运行。

如果进程名以小写字符开头，那么 Service 会在采用该进程名的全局进程中运行，前提是 Service 具有相应的权限。这样，不同的组件即可共享进程，从而减少资源的使用量。

8.1.4 创建启动型 Service

可以通过将 Intent 传递给 startService() 方法或 startForegroundService()方法，从 Activity 或其他组件中启动 Service。Android 会调用 Service 的 onStartCommand() 方法，并向其传递 Intent，从而指定要启动的 Service。

例如，Activity 可以结合使用显式 Intent 与 startService()方法启动 MyService，程序代码如下。

```
Intent intent = new Intent(this, MyService.class);
startService(intent);
```

startService() 方法会立即返回，且系统会调用 onStartCommand() 方法。如果 Service 尚未运行，那么系统会先调用 onCreate()方法，再调用 onStartCommand()方法。

如果亦未提供绑定 Service，那么组件与 Service 之间的唯一通信模式便是使用 startService() 方法传递的 Intent。但是，如果希望 Service 返回结果，那么启动 Service 的客户端可以为 Broadcast（通过 getBroadcast() 方法获得）创建一个 PendingIntent，并将其传递给启动 Service 的 Intent 中的 Service。这样，Service 即可使用 Broadcast 传递结果。

多个 Service 启动请求会导致多次对 onStartCommand() 方法进行相应的调用。要停止 Service，只需一个 Service 停止请求（使用 stopSelf() 方法或 stopService()方法）即可。

8.1.5 停止启动型 Service

启动型 Service 必须管理自己的生命周期。换言之，除非必须回收内存资源，否则系统不会停止或销毁 Service，且 Service 在 onStartCommand() 方法返回后仍会继续运行。Service 必须通过调用 stopSelf() 方法自行停止，或由其他组件通过调用 stopService() 方法停止。

一旦请求使用 stopSelf() 方法或 stopService() 方法停止 Service，系统便会尽快销毁 Service。

如果 Service 同时处理多个对 onStartCommand() 方法的请求，那么不应在处理完一个启动请求之后停止 Service，这是因为 Service 可能已接收到新的启动请求（在第一个请求结束时停止 Service 会终止第二个请求）。为避免出现这种问题，可以使用 stopSelf()方法确保停止 Service 始终基于最近的启动请求。换言之，在调用 stopSelf()方法时，需要传递与停止请求 ID 对应的启动请求 ID（传递给 onStartCommand() 方法的 startId）。此外，如果 Service

在能够调用 stopSelf()方法之前接收到新启动请求，那么 ID 不匹配，同时 Service 不会停止。

8.1.6 创建绑定型 Service

绑定型 Service 允许组件通过调用 bindService() 方法与其绑定，从而创建长期连接。绑定服务通常不允许组件通过调用 startService() 方法来启动它。

如果需要与 Activity 和其他组件中的 Service 进行交互，或需要通过 IPC 向其他应用公开某些功能，那么应创建绑定型 Service。

若要创建绑定型 Service，则需要通过调用 onBind() 方法返回 IBinder，从而定义与 Service 进行通信的接口，其他组件可以通过调用 bindService()方法来检索该接口，并开始调用与 Service 相关的方法。由于 Service 只用于与其绑定的组件，因此若没有组件与 Service 绑定，则系统会销毁 Service。不必像通过 onStartCommand() 方法启动的 Service 那样，以相同的方式停止 Service。

要创建绑定型 Service，必须定义指定客户端如何与 Service 进行通信的接口。服务器/客户端进行通信的接口必须通过 IBinder 实现，且 Service 必须调用 onBind() 方法返回该接口。收到 IBinder 后，客户端即可开始通过该接口与 Service 进行交互。

多个客户端可以同时绑定到 Service。完成与 Service 的交互后，客户端会通过调用 unbindService() 方法取消绑定。如果没有绑定到 Service 的客户端，那么系统会销毁 Service。

在创建绑定型 Service 时，必须提供 IBinder，用于提供接口，供客户端与 Service 进行交互。可以通过以下 3 种方式定义接口。

1. 扩展 Binder

如果 Service 供自有应用专用，且在与客户端相同的进程中运行，那么应通过扩展 Binder 并通过 onBind() 方法返回该类的实例来创建接口。客户端接收到 Binder 后，可以直接访问 Binder 或 Service 中提供的公共方法。

如果只是自有应用的后台工作器，那么应优先使用这种方式。不使用这种方式创建接口的唯一一种情况是，其他应用或不同进程占用了 Service。

2. 使用 Messenger

若需让接口跨不同进程工作，则可以使用 Messenger 为 Service 创建接口。在使用这种方式时，Service 会定义一个 Handler，用于响应不同类型的消息。Handler 是 Messenger 的基础，后者随后可以与客户端分享一个 IBinder，以便客户端能够使用消息向 Service 发送命令。此外，客户端还可以定义一个自有 Messenger，以便 Service 回传消息。

这是执行 IPC 比较简单的方式。因为 Messenger 会在单线程中创建包含所有请求的队列，所以不必对 Service 进行线程安全设计。

3．使用 AIDL

AIDL（Android 接口定义语言）会将对象分解成原语，Android 可以通过识别这些原语并将其编组到各进程中来执行 IPC。使用 Messenger 实际上是以 AIDL 作为其底层结构。正如上文所述，Messenger 会在单线程中创建包含所有客户端请求的队列，以便 Service 一次接收一个请求。不过，如果想让 Service 同时处理多个请求，那么可以直接使用 AIDL。在这种情况下，Service 必须达到线程安全的要求，且能够进行多线程操作。

若需直接使用 AIDL，则必须创建用于定义接口的 AIDL 文件。SDK 会使用该文件生成实现接口和处理 IPC 的抽象类，随后可以在 Service 中对该抽象类进行扩展。

8.1.7　扩展 Binder

如果 Service 仅供本地应用使用，无须跨进程工作，那么可以实现自有 Binder，让客户端通过该类直接访问 Service 中的公共方法。

只有当客户端和 Service 处于同一个应用（常见情况）中时，扩展 Binder 的方式才有效。例如，对于需要将 Activity 绑定到在后台播放音乐的自有 Service 的音乐应用，扩展 Binder 的方式非常有效。

以下为扩展 Binder 的设置方式。

（1）在 Service 中，创建可执行以下某种操作的 Binder 实例。

① 包含客户端可调用的公共方法。

② 返回当前 Service 实例，该实例中包含客户端可调用的公共方法。

③ 返回由 Service 承载的其他类实例，该实例包含客户端可调用的公共方法。

（2）使用 onBind()方法返回 Binder 实例。

（3）在客户端中，使用 onServiceConnected()方法接收 Binder，并使用提供的方法调用绑定型 Service。

以下示例可以让客户端通过 Binder 实现访问 Service 中的方法。

```
    public class LocalService extends Service {
        // Binder given to clients
        private final IBinder binder = new LocalBinder();
        // Random number generator
        private final Random mGenerator = new Random();

        /**
        * Class used for the client Binder.  Because we know this service always
        * runs in the same process as its clients, we don't need to deal with
IPC.
        */
        public class LocalBinder extends Binder {
            LocalService getService() {
```

```
            // Return this instance of LocalService so clients can call
public methods
            return LocalService.this;
        }
    }

    @Override
    public IBinder onBind(Intent intent) {
        return binder;
    }

    /** method for clients */
    public int getRandomNumber() {
        return mGenerator.nextInt(100);
    }
}
```

LocalBinder 为客户端提供了 getService() 方法，用于检索 LocalService 实例。这样，客户端即可调用 Service 中的公共方法。例如，客户端可以调用 Service 中的 getRandomNumber() 方法。

点击按钮后，Activity 会被绑定到 LocalService 并调用 getRandomNumber()方法，程序代码如下。

```
public class BindingActivity extends Activity {
    LocalService mService;
    boolean mBound = false;
    …
    @Override
    protected void onStart() {
        super.onStart();
        // Bind to LocalService
        Intent intent = new Intent(this, LocalService.class);
        bindService(intent, connection, Context.BIND_AUTO_CREATE);
    }


    @Override
    protected void onStop() {
        super.onStop();
        unbindService(connection);
        mBound = false;
    }

    public void onButtonClick(View v) {
```

```
        if (mBound) {
            // Call a method from the LocalService.
            // However, if this call were something that might hang, then
this request should
            // occur in a separate thread to avoid slowing down the activity
performance.
            int num = mService.getRandomNumber();
            Toast.makeText(this, "number: " + num, Toast.LENGTH_
SHORT).show();
        }
    }

    /** Defines callbacks for service binding, passed to bindService() */
    private ServiceConnection connection = new ServiceConnection() {

        @Override
        public void onServiceConnected(ComponentName className, IBinder
service) {
            // We've bound to LocalService, cast the IBinder and get
LocalService instance
            LocalBinder binder = (LocalBinder) service;
            mService = binder.getService();
            mBound = true;
        }

        @Override
        public void onServiceDisconnected(ComponentName arg0) {
            mBound = false;
        }
    };
}
```

上述示例说明了如何让客户端通过 Binder 实现访问 Service 中的方法。

8.1.8 使用 Messenger

如果需要让 Service 与远程进程通信，那么可以使用 Messenger 为 Service 提供接口。借助这种方式，无须使用 AIDL 即可执行 IPC。

使用 Messenger 比使用 AIDL 更简单，这是因为使用 Messenger 会将所有 Service 的调用加入队列。而使用 AIDL 会同时向 Service 发送多个请求，这时 Service 就必须进行多线程操作。

对于大多数应用，Service 无须进行多线程操作，使用 Messenger 可以让 Service 一次处理一个调用。如果 Service 必须进行多线程操作，那么使用 AIDL 来定义接口。

以下为使用 Messenger 的设置方式。

（1）Service 实现一个 Handler，由其接收来自客户端的每个调用的回调。

（2）Service 使用 Handler 来创建 Messenger（该对象是对 Handler 的引用）。

（3）使用 Messenger 创建一个 IBinder，Service 通过 onBind() 方法 IBinder 其返回到客户端。

（4）客户端先使用 IBinder 将 Messenger（引用 Handler）实例化，再使用 Messenger 将消息发送给 Service。

（5）Service 在 Handler 中（具体而言，是在 handleMessage() 方法中）接收每个消息。

这样，客户端便没有调用 Service 的方法了。客户端会传递 Service 在 Handler 中接收消息。

以下这个简单的示例展示了如何使用 Messenger。

```
public class MessengerService extends Service {
    /**
    * Command to the service to display a message
    */
    static final int MSG_SAY_HELLO = 1;

    /**
    * Handler of incoming messages from clients.
    */
    static class IncomingHandler extends Handler {
        private Context applicationContext;

        IncomingHandler(Context context) {
            applicationContext = context.getApplicationContext();
        }

        @Override
        public void handleMessage(Message msg) {
            switch (msg.what) {
                case MSG_SAY_HELLO:
                    Toast.makeText(applicationContext, "hello!", Toast. LENGTH_
SHORT).show();
                    break;
                default:
                    super.handleMessage(msg);
            }
        }
    }

    /**
```

```
        * Target we publish for clients to send messages to IncomingHandler.
        */
        Messenger mMessenger;
        /**
        * When binding to the service, we return an interface to our messenger
        * for sending messages to the service.
        */
        @Override
        public IBinder onBind(Intent intent) {
            Toast.makeText(getApplicationContext(), "binding", Toast.LENGTH_
SHORT).show();
            mMessenger = new Messenger(new IncomingHandler(this));
            return mMessenger.getBinder();
        }
    }
```

注意，Service 会在 handleMessage() 方法中接收传入的消息，并根据成员 what 决定下一步操作。

客户端只需根据 Service 返回的 IBinder 创建 Messenger，并使用 send()方法发送消息即可。例如，以下示例展示了一个绑定到 Service 并向 Service 传递 MSG_SAY_HELLO 消息的简单 Activity。

```
    public class ActivityMessenger extends Activity {
        /** Messenger for communicating with the service. */
        Messenger mService = null;

        /** Flag indicating whether we have called bind on the service. */
        boolean bound;

        /**
        * Class for interacting with the main interface of the service.
        */
        private ServiceConnection mConnection = new ServiceConnection() {
            public void onServiceConnected(ComponentName className, IBinder
service) {
                // This is called when the connection with the service has been
                // established, giving us the object we can use to
                // interact with the service.  We are communicating with the
                // service using a Messenger, so here we get a client-side
                // representation of that from the raw IBinder object.
                mService = new Messenger(service);
                bound = true;
            }

            public void onServiceDisconnected(ComponentName className) {
```

```
            // This is called when the connection with the service has been
            // unexpectedly disconnected -- that is, its process crashed.
            mService = null;
            bound = false;
        }
    };

    public void sayHello(View v) {
        if (!bound) return;
        // Create and send a message to the service, using a supported 'what'
value
        Message msg = Message.obtain(null, MessengerService.MSG_SAY_HELLO, 0,
0);
        try {
            mService.send(msg);
        } catch (RemoteException e) {
            e.printStackTrace();
        }
    }

    @Override
    protected void onCreate(Bundle savedInstanceState) {
        super.onCreate(savedInstanceState);
        setContentView(R.layout.main);
    }

    @Override
    protected void onStart() {
        super.onStart();
        // Bind to the service
        bindService(new Intent(this, MessengerService.class), mConnection,
        Context.BIND_AUTO_CREATE);
    }

    @Override
    protected void onStop() {
        super.onStop();
        // Unbind from the service
        if (bound) {
            unbindService(mConnection);
            bound = false;
        }
    }
}
```

上述示例只单向展示了客户端向 Service 发送消息，并未展示 Service 如何对客户端做出响应。如果想让 Service 对客户端做出响应，那么需要在客户端中创建一个 Messenger。当客户端中 Messenger 的 onServiceConnected() 方法被回调时，会向 Service 发送一个消息，并在 send() 方法的参数 replyTo 中加入 Messenger。

8.1.9 绑定到 Service

客户端可以通过调用 bindService() 方法绑定到 Service。系统会调用 Service 的 onBind() 方法，该方法会返回用于与 Service 交互的 IBinder。

绑定是异步操作，且 bindService() 方法可以立即返回，无须将 IBinder 返回到客户端。若要接收 IBinder，则客户端必须创建一个 ServiceConnection，并将其传递给 bindService() 方法。ServiceConnection 包含一个回调方法，系统通过调用该回调方法来传递 IBinder。

要实现绑定到 Service，需要按照以下步骤操作。

（1）要实现 ServiceConnection，必须替换两个回调方法。

（2）系统会调用 onServiceConnected()方法以传递 Service 的 onBind() 方法返回的 IBinder。

（3）当与 Service 的连接意外中断时，如 Service 崩溃或被终止，系统会调用 onServiceDisconnected()方法；当客户端取消绑定时，系统不会调用 onServiceDisconnected() 方法。

（4）调用 bindService()方法，从而传递 ServiceConnection 。

（5）当系统调用 onServiceConnected() 方法时，可以使用接口定义的方法开始调用 Service。

（6）若要断开与 Service 的连接，则应调用 unbindService()方法。

在以下示例中，通过扩展 Binder 将客户端绑定到上面创建的 Service。因此，只需将返回的 IBinder 转换为 LocalBinder 并请求 LocalService 即可。

```
LocalService mService;
private ServiceConnection mConnection = new ServiceConnection() {
    // Called when the connection with the service is established
    public void onServiceConnected(ComponentName className, IBinder service) {
        // Because we have bound to an explicit
        // service that is running in our own process, we can
        // cast its IBinder to a concrete class and directly access it.
        LocalBinder binder = (LocalBinder) service;
        mService = binder.getService();
        mBound = true;
    }
    // Called when the connection with the service disconnects unexpectedly
    public void onServiceDisconnected(ComponentName className) {
        Log.e(TAG, "onServiceDisconnected");
        mBound = false;
```

```
    }
};
```

在以下示例中，客户端将 ServiceConnection 传递到 bindService()方法中，从而实现绑定到 Service。

```
Intent intent = new Intent(this, LocalService.class);
bindService(intent, connection, Context.BIND_AUTO_CREATE);
```

8.2 IntentService

8.2.1 ANR

如果 Android 应用界面的进程处于阻塞状态的时间过长，那么会触发 ANR。如果应用位于前台，那么系统会向用户显示一个 ANR 提示框，如图 8-2 所示。ANR 提示框中会为用户提供强制退出应用的按钮。

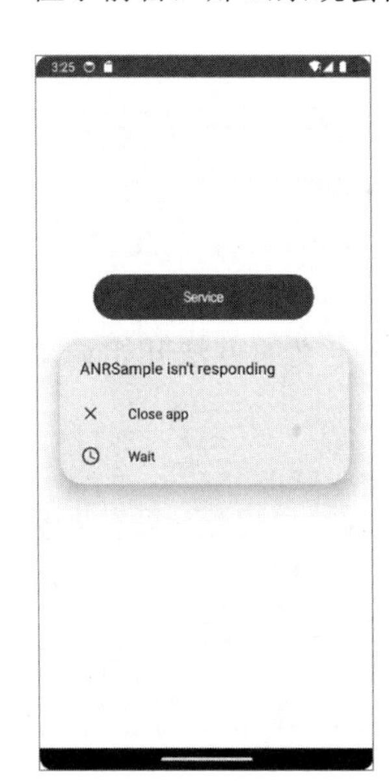

图 8-2 ANR 提示框

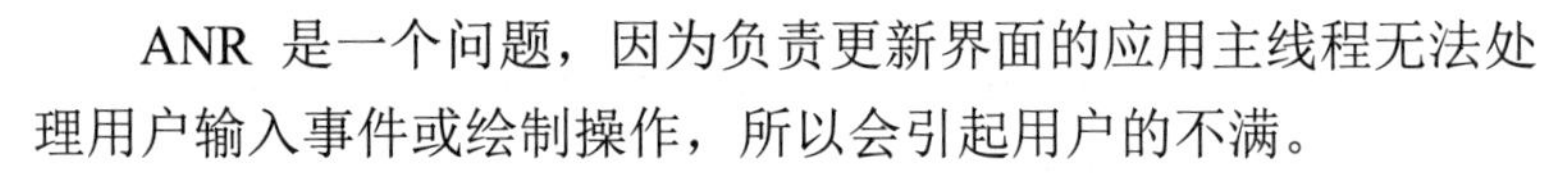

ANR 是一个问题，因为负责更新界面的应用主线程无法处理用户输入事件或绘制操作，所以会引起用户的不满。

在出现以下任何情况时，系统都会针对应用触发 ANR。

（1）输入调度超时：应用在 5 秒内未响应输入事件（加按键或屏幕触摸）。

（2）执行 Service：应用声明的 Service 无法在几秒内完成 onCreate()方法和 onStartCommand()/onBind()方法。

（3）未调用 startForeground()方法：应用使用 startForegroundService()方法在前台启动新 Service，但该 Service 在 5 秒内未调用 startForeground()方法。

（4）Intent 广播：BroadcastReceiver 在设定的一段时间内没有执行完毕。如果接收该广播的应用有任何前台 Activity，那么此超时期限为 5 秒，否则为 20 秒。

以下程序代码定义了一个 Service。如果在应用界面的进程中启动该 Service，那么会触发 ANR。

```
public class MyService extends Service {
    public MyService() {}

    @Override
    public IBinder onBind(Intent intent) {
        return null;
    }

    @Override
```

```
    public int onStartCommand(Intent intent, int flags, int startId) {
        try{
            Thread.sleep(20000);
        } catch (Exception e) {
            e.printStackTrace();
        }
        return super.onStartCommand(intent, flags, startId);
    }
}
```

这是由于 Service 默认运行于应用创建的进程中，在 Service 中执行超长耗时操作，会阻塞界面进程，使得界面无法响应用户操作，最终导致系统触发 ANR。

为了解决这个问题，Android 提供了 IntentService。

8.2.2 IntentService 简介

IntentService 是 Service 的一个子类。它与 Service 的显著区别是，它并不与界面进程处于同一个线程中，而是独立开启了一个工作线程。因此，在 IntentService 中执行超长耗时操作并不会阻塞界面进程。

要使用 IntentService 必须先继承 IntentService 并实现 onHandleIntent()方法，将耗时的任务放在这个方法中执行。在其他方面，IntentService 和 Service 一样。

Android Studio 提供了快速创建 IntentService 的方法。

选择“File”→“New”→“Service”→“Service（IntentService）”命令，弹出如图 8-3 所示的“New Android Component”对话框。

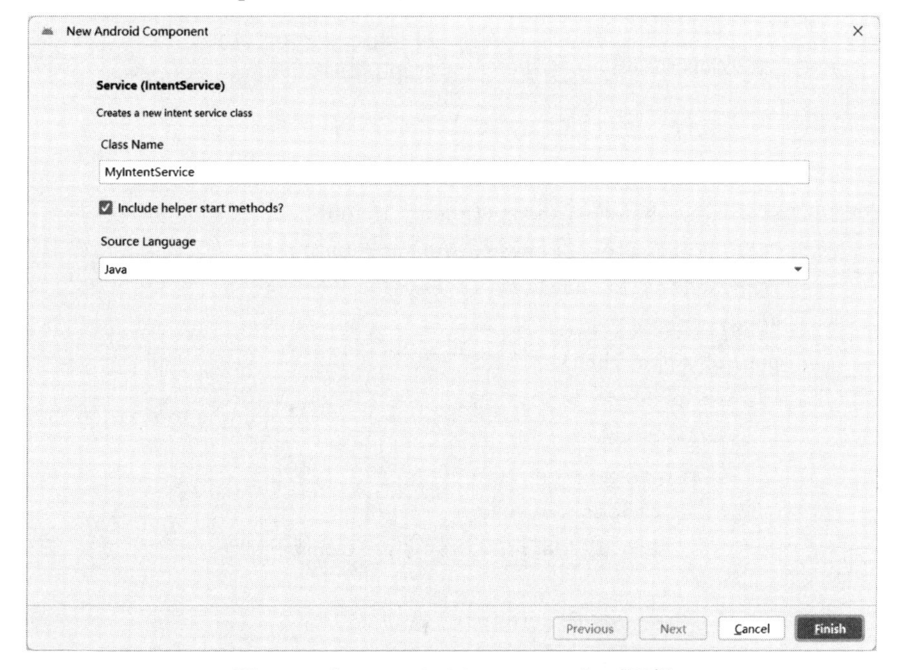

图 8-3 “New Android Component”对话框

创建好的 IntentService 包含了使用代码，可以清理这些使用代码。清理后的 MyIntentService 的程序代码如下。

```
public class MyIntentService extends IntentService {

    public MyIntentService() {
        super("MyIntentService");
    }

    @Override
    protected void onHandleIntent(Intent intent) {
    }
}
```

查看清单文件，可以发现 Android Studio 已经自动完成了 MyIntentService 的注册，注册信息如下。

```
<service
    android:name=".MyIntentService"
    android:exported="false" >
</service>
```

8.2.3 使用 IntentService

本节将通过模拟显示文件下载进度的流程展示如何使用 IntentService。

创建一个 IntentService 的子类 MyIntentService，程序代码如下。

```
public class MyIntentService extends IntentService {
    public MyIntentService() {
        super("MyIntentService");
    }

    @Override
    protected void onHandleIntent(Intent intent) {
        int ms = intent.getExtras().getInt("ms");
        new Thread(new Runnable() {
            @Override
            public void run() {
                int process = 0;
                while(true) {
                    if(process == 100) {
                        process = 101;
                        Log.i("MainActivity", "已完成下载");
                    }
                    if(process < 100) {
                        process++;
```

```
                    try{
                        Thread.sleep(ms);
                    } catch (Exception e) {
                        e.printStackTrace();
                    }

                    Log.i("MainActivity", "process : " + process);
                    Intent intent = new Intent();
                    intent.setAction(MainActivity.DOWNLOAD);
                    intent.putExtra("progress", process);
                    sendBroadcast(intent);

                }

            }

        }
    }
    ).start();
    }
}
```

更改 MainActivity，程序代码如下。

```
public class MainActivity extends AppCompatActivity implements
View.OnClickListener {
    public static final String DOWNLOAD = "com.baiyun.download";
    private Button btn_download_1, btn_download_2;
    private ProgressBar pb_progress;
    private MyReceiver receiver;

    @Override
    protected void onCreate(Bundle savedInstanceState) {
        super.onCreate(savedInstanceState);
        setContentView(R.layout.activity_main);

        btn_download_1 = (Button)findViewById(R.id.btn_download_100);
        btn_download_2 = (Button)findViewById(R.id.btn_download_500);
        btn_download_1.setOnClickListener(this);
        btn_download_2.setOnClickListener(this);

        pb_progress = (ProgressBar)findViewById(R.id.pb_progress);
        IntentFilter filter = new IntentFilter(DOWNLOAD);
        receiver = new MyReceiver();
        registerReceiver(receiver, filter);
    }
```

```
    @Override
    protected void onDestroy() {
        unregisterReceiver(receiver);
        super.onDestroy();
    }

    @Override
    public void onClick(View v) {
        switch (v.getId()) {
            case R.id.btn_download_100:
            {
                Intent intent = new Intent(getApplicationContext(), MyIntentService.
class);
                Bundle bundle = new Bundle();
                bundle.putInt("ms", 100);
                intent.putExtras(bundle);
                startService(intent);
                break;
            }
            case R.id.btn_download_500:
            {
                Intent intent = new Intent(getApplicationContext(), MyIntentService.
class);
                Bundle bundle = new Bundle();
                bundle.putInt("ms", 500);
                intent.putExtras(bundle);
                startService(intent);
                break;
            }
            default:
                break;
        }
    }

    class MyReceiver extends BroadcastReceiver {
        @Override
        public void onReceive(Context context, Intent intent) {
            int progress = intent.getIntExtra("progress", 0);
            pb_progress.setProgress(progress);
        }
    }
}
```

更改 activity_main.xml 文件，程序代码如下。

```
<?xml version="1.0" encoding="utf-8"?>
<androidx.constraintlayout.widget.ConstraintLayout
    xmlns:android=http://schemas.android.com/apk/res/android
    xmlns:app=http://schemas.android.com/apk/res-auto
    xmlns:tools=http://schemas.android.com/tools
    android:layout_width="match_parent"
    android:layout_height="match_parent"
    tools:context=".MainActivity">

    <ProgressBar
        android:id="@+id/pb_progress"
        style="?android:attr/progressBarStyleHorizontal"
        android:layout_width="200dp"
        android:layout_height="wrap_content"
        app:layout_constraintBottom_toBottomOf="parent"
        app:layout_constraintEnd_toEndOf="parent"
        app:layout_constraintHorizontal_bias="0.498"
        app:layout_constraintStart_toStartOf="parent"
        app:layout_constraintTop_toTopOf="parent"
        app:layout_constraintVertical_bias="0.237" />

    <Button
        android:id="@+id/btn_download_100"
        android:layout_width="wrap_content"
        android:layout_height="wrap_content"
        android:text="download(100)"
        app:layout_constraintBottom_toBottomOf="parent"
        app:layout_constraintEnd_toEndOf="parent"
        app:layout_constraintHorizontal_bias="0.498"
        app:layout_constraintStart_toStartOf="parent"
        app:layout_constraintTop_toTopOf="parent"
        app:layout_constraintVertical_bias="0.36" />

<Button
        android:id="@+id/btn_download_500"
        android:layout_width="wrap_content"
        android:layout_height="wrap_content"
        android:text="download(500)"
        app:layout_constraintBottom_toBottomOf="parent"
        app:layout_constraintEnd_toEndOf="parent"
        app:layout_constraintHorizontal_bias="0.498"
        app:layout_constraintStart_toStartOf="parent"
        app:layout_constraintTop_toTopOf="parent"
        app:layout_constraintVertical_bias="0.524" />
</androidx.constraintlayout.widget.ConstraintLayout>
```

本章小结

本章主要介绍了 Service 与 IntentService，相关技术虽然不能直接展现在应用的使用者面前，但使用相关技术可以显著地提升应用的流畅度，使得使用者获得更好的体验。

如果应用中涉及大量的计算或希望应用在后台时仍能继续运行，那么应该使用 Service，Service 分为启动型与绑定型两种，其中启动型需要调用者显式终止，而绑定型则由系统终止。Service 还和界面处于同一线程，长时间的计算是会导致线程阻塞，触发 ANR。在遇到这种情况时，应使用 IntentService，使计算单独处于一个线程。

拓展实践

1．Service 的生命周期

（1）创建项目 ServiceSample，包名为 cn.edu.baiyunu.servicesample，使用 Java 语言，模板为 Empty Activity。

（2）为项目添加 Service。其添加步骤为：右击，在弹出的快捷菜单中选择“new”→“Service”→“Service”命令，名称为 MyService。

（3）为 MyService 添加重载方法 onCreate()、onStartCommand()、onDestroy()，并给相关方法添加日志输出。

（4）在 MainActivity 中添加两个按钮，名称分别为 start 和 stop，ID 分别为 btn_start 和 btn_stop，并添加响应代码，分别用于调用 startService()方法与 stopService()方法。

（5）运行程序，多次点击“start”按钮或“stop”按钮，观察输出的日志。

2．IntentService 的应用

（1）创建项目 IntentServiceSample，包名为 cn.edu.baiyunu.intentservicesample，使用 Java 语言，模板为 Empty Activity。

（2）为项目添加 IntentService。其添加步骤为：右击，在弹出的快捷菜单中选择“new”→“Service”→“Service(IntentService)”命令，名称为 MyIntentService。

（3）在 MainActivity 中声明 String 类型的静态变量 DOWNLOAD。

（4）在 MainActivity 中添加 ProgressBar，并将其与私有变量 pb_progress 关联。

（5）声明 MainActivity 的内部类 MyReceiver，实现 MyReceiver 的 onReceive()方法，获取 process 属性的值，并将该值设置到私有变量 pb_progress 中。

（6）在 MainActivity 的 onCreate()方法中实例化并注册 MyReceiver。

（7）在 MainActivity 中添加两个按钮，分别以 100 毫秒和 500 毫秒作为参数调用 startService()方法。

（8）实现 MyIntentService 的 onHandleIntent()方法，获取 Intent 包含的启动参数，以相应的毫秒增加进度，并通过 sendBroadcast()方法向外部发送进度。

（9）运行程序，分别点击不同的按钮，观察在点击不同的按钮时进度条的加载速度有何区别。

本章习题

一、选择题

1．以下关于 Service 的说法不正确的是（　　）。

A．Service 必须在清单文件中注册才能使用

B．Service 不可以同时支持启动型 Service 和绑定型 Service

C．启动型 Service 需要主动停止 Service。

D．绑定型 Service 不需要主动停止 Service。

2．若希望 Service 在独立于界面进程之外运行，则应设置（　　）属性。

A．enabled　B．exported　C．isolatedProcess　D．process

3．应用在（　　）秒内未响应输入事件会触发 ANR。

A．3　B．5　C．8　D．10

4．（　　）不会导致 Service 被销毁。

A．Service 自身调用了 stopSelf()方法　B．Service 外部调用了 stopService()方法

C．系统内存过低导致资源回收时被销毁　D．某个组件取消了与 Service 的绑定

5．已知某个 Activity 通过 startService()方法启动 Service，（　　）方法会接收到 Intent。

A．onStartCommand()　B．onBind()　C．onCreate()　D．onDestroy()

6．已知某个 Activity 通过 bindService()方法启动 Service，（　　）方法会接收到 Intent。

A．onStartCommand()　B．onBind()　C．onCreate()　D．onDestroy()

7．（　　）方法被包含在 IntentService 的主要处理业务流程中。

A．onStartCommand()　B．onBind()　C．onCreate()　D．onHandleIntent()

二、填空题

1．在使用 Android Studio 创建 Service 时，exported 属性的默认值为____________，enabled 属性的默认值为____________。

2．Service 必须设置的属性为____________。

三、简答题

1．简述 Service 的 3 种类型。

2．简述 IntentService 与 Service 的联系与区别。

3．简述在什么情况下可以将 Service 的 exported 属性设置为 fa。

第 9 章 BroadcastReceiver

本章将深入探讨 Android 应用中的 Broadcast，介绍如何通过 Broadcast 来实现组件之间的通信，以及如何通过 EventBus 来更加灵活地管理应用中的事件流。此外，还将介绍如何使用 App Widget 创建各种实用的桌面应用，以为用户提供更为便捷的功能和展示信息。

9.1 发送与监听广播

9.1.1 BroadcastReceiver 简介

BroadcastReceiver（广播接收者）是一种常见的 Android 组件，用于接收和处理应用发出的 Broadcast，可以是系统事件（如设备启动或网络状态改变），也可以是应用内部定义的事件。

BroadcastReceiver 类似于一个监听器，可以在后台接收特定的 Broadcast，并执行相应的操作。使用 BroadcastReceiver 可以实现不同组件之间的通信。

BroadcastReceiver 是基于发布/订阅模式的。应用可以注册自己感兴趣的 BroadcastReceiver，当发出 Broadcast 时，BroadcastReceiver 就会被触发并执行。

9.1.2 创建 BroadcastReceiver

了解了 BroadcastReceiver 的基本概念后，下面以“南狮”为主题介绍如何创建 BroadcastReceiver。

首先，创建一个继承 BroadcastReceiver 的类，这将是“南狮 Broadcast”。这个接收器用于监听特定的动作，并在收到 Broadcast 时执行相应的操作。以下示例将在收到 Broadcast 时展示一个 Toast。

```
public class NanShiBroadcastReceiver extends BroadcastReceiver {
    @Override
    public void onReceive(Context context, Intent intent) {
        // 获取动作
        String action = intent.getAction();

        // 检查动作是否匹配
        if (action != null &&
                    action.equals("com.example.nanshi.ACTION")) {
            performNanShiShow(context);
        }
    }

    private void performNanShiShow(Context context) {
        // 在这里执行南狮表演的操作，如播放音乐、展示动画等
        // 展示一个 Toast
        Toast
            .makeText(context, "南狮正在表演！", Toast.LENGTH_SHORT)
            .show();
    }
}
```

其次，在 AndroidManifest.xml 文件中注册 BroadcastReceiver，以便系统能够识别并调用。使用<receiver>元素实现注册，并使用<intent-filter>元素指定自己感兴趣的动作。

```
<receiver
    android:name=".NanShiBroadcastReceiver"
    android:enabled="true"
    android:exported="true" />
```

使用<receiver>元素指定接收者的名称或一些属性，如 name 属性表示接收者的类名，enabled 属性表示接收者是否可用，exported 属性表示接收者是否允许其他应用发送 Broadcast 给它。此外，在<intent-filter>元素中可以使用<action>元素指定自己感兴趣的动作，如 android.net.conn.CONNECTIVITY_CHANGE，即网络连接状态发生变化的动作。

在使用 Android Studio 进行 Android 应用开发时，BroadcastReceiver 不需要手动创建，可以通过开发平台一键生成。把鼠标指针移动到包名处并右击，在弹出的快捷菜单中选择"New"→"Other"→"Broadcast Receiver"命令，弹出如图 9-1 所示的"New Android Component"对话框。

只需要按需配置类名和对应选项即可，点击"Finish"按钮后，会生成对应的类，以及在清单文件中注册<receiver>元素。

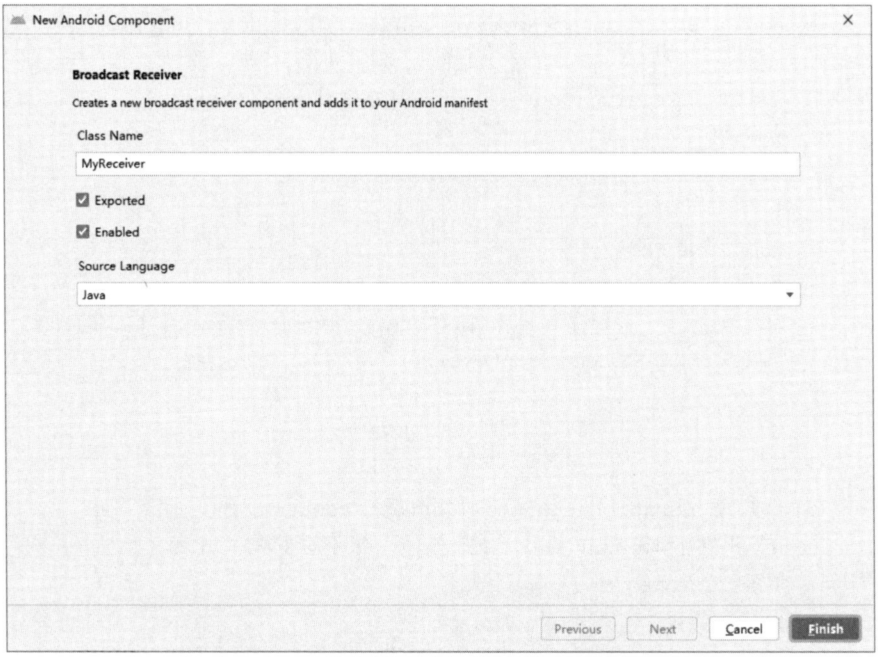

图 9-1 “New Android Component”对话框

9.1.3 注册 BroadcastReceiver

在上一节中使用 Android Studio 一键生成的 BroadcastReceiver，默认会在 AndroidManifest.xml 文件中注册，这种注册方式被称为静态注册。这种注册方式适用于应用全局范围的 BroadcastReceiver，无论应用是否运行，都可以接收 Broadcast。

除了静态注册，还有动态注册。动态注册 BroadcastReceiver 是在程序代码中动态实现的。这种方式适用于应用局部范围的 BroadcastReceiver，只有在特定的上下文中才会接收 Broadcast。以下示例演示了如何在程序代码中动态注册 BroadcastReceiver。

```
public class MainActivity extends AppCompatActivity {

    NanShiBroadcastReceiver receiver;

    @Override
    protected void onCreate(Bundle savedInstanceState) {
        super.onCreate(savedInstanceState);
        setContentView(R.layout.activity_main);

        // 创建 BroadcastReceiver
        receiver = new NanShiBroadcastReceiver();

        // 创建 Intent 过滤器并指定动作
        IntentFilter intentFilter = new IntentFilter();
        intentFilter.addAction("com.example.nanshi.ACTION");
```

```
        // 注册 BroadcastReceiver
        registerReceiver(receiver, intentFilter);
    }

    @Override
    protected void onDestroy() {
        super.onDestroy();

        // 在 Activity 销毁时取消注册 BroadcastReceiver
        unregisterReceiver(receiver);
    }
}
```

以上示例动态创建了 BroadcastReceiver，并创建了一个 Intent 过滤器，使用 addAction() 方法指定了感兴趣的动作。在 onCreate() 方法中，通过 registerReceiver() 方法将 BroadcastReceiver 注册到了活动中。在 onDestroy()方法中，取消了注册 BroadcastReceiver，确保在活动销毁时不再接收 Broadcast。

需要注意的是，为了增强程序的安全性和性能，在 Android 8.0 以后，静态注册 BroadcastReceiver 基本上不能使用了，官方推荐使用动态注册 BroadcastReceiver。

9.1.4 发送 Broadcast

BroadcastReceiver 用于接收 Broadcast，而发送 Broadcast 则指向系统或其他应用发送 Broadcast。通过发送 Broadcast 可以触发特定事件或通知其他组件进行相应的操作。在发送 Broadcast 时需要执行以下步骤。

首先，创建一个 Intent，用于描述动作和数据。其次，使用 setAction()方法设置动作。最后，调用 sendBroadcast()方法发送 Broadcast。以下示例演示了如何发送一个简单的 Broadcast。

```
// 创建 Intent
Intent broadcastIntent = new Intent();
broadcastIntent.setAction("com.example.nanshi.ACTION");

// 发送 Broadcast
sendBroadcast(broadcastIntent);
```

以上示例首先创建了一个名为 broadcastIntent 的 Intent，其次使用 setAction()方法设置动作为"com.example.nanshi.ACTION"，最后调用 sendBroadcast()方法发送 Broadcast。这将触发系统或其他应用中相应的 BroadcastReceiver，接收并处理这条 Broadcast。

需要注意的是，在发送 Broadcast 时，BroadcastReceiver 必须在 AndroidManifest.xml 文件中进行静态注册或在程序代码中进行动态注册。只有这样才能接收相应的 Broadcast。

9.2 管理事件

EventBus 是一个开源的 Android 事件总线库，允许不同组件之间解耦及通信。使用 EventBus 简化了在 Android 应用中的事件处理和消息传递的过程。EventBus 提供了一种发布/订阅模式，其中组件可以发布并订阅感兴趣的事件，从而实现它们之间的通信。

使用 EventBus 的其中一个目的是减少一些复杂的接口回调步骤，使不同组件之间解耦及通信，简单、高效地对一些组件的通信和 Broadcast 进行优化，从而更清晰地管理自己的项目需求；另一个目的是替代 Intent、Handler、Broadcast 在 Fragment、Activity、Service、线程之间传递消息。使用 EventBus 的优点是开销小，代码优雅，以及可以将发送者和接收者解耦。

EventBus 的发展史可以追溯到 2012 年，EventBus 是由 Greenrobot 开发的一款开源项目。图 9-2 所示为 EventBus 的主要发展历程。

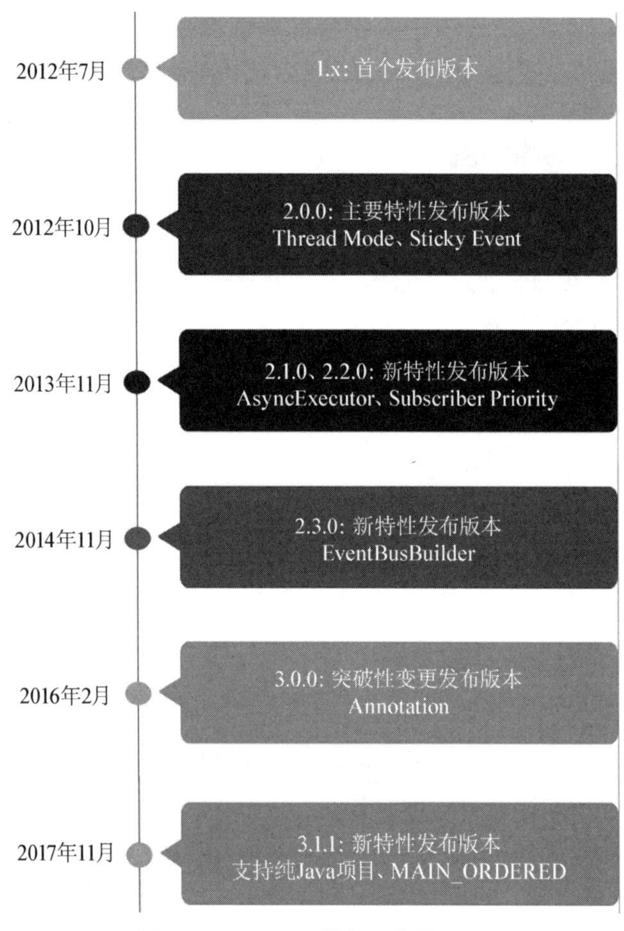

图 9-2　EventBus 的主要发展历程

EventBus 从最初的版本到如今的 3.x 系列，一直在为开发者提供便捷的事件通信解决方案。作为一个受欢迎且稳定的库，EventBus 在 Android 应用开发中有着十分广泛的应用。

9.2.1 EventBus 架构

EventBus 的相关概念如表 9-1 所示。

表 9-1 EventBus 的相关概念

概念	定义	作用	备注
发布者（Object）	事件发布对象（EventBus.post(事件)）	创建事件的对象	
订阅者（Object）	事件订阅方法的接收者（Method.invokde(订阅者, 事件)）	处理事件的对象	
发布线程（Thread）	创建并发布事件的线程	发布事件（执行 post()方法）	UI 线程和工作现场均可以作为发布线程或订阅线程
订阅线程（Thread）	接收并操作事件的线程	承载执行订阅方法	POSTING：发布线程 MAIN：主线程 MAIN_ORDERED：主线程（有序） BACKGROUND：后台线程 ASYNC：异步线程
订阅方法（Subscribe）	使用@Subscribe 注解修饰的方法	用于订阅者接收事件后的处理逻辑	使用@Subscribe 注解可以设置线程、黏性、优先级
事件（Class<?>）	组件/线程之间通信的数据单元	存储需要操作的通信信息	任何类型的对象都可以被当作事件发送出去
事件哈希表（HashMap）	一种数据结构（存储特点：快速插入和搜索）	Key：事件类型（Class<?>） Value：订阅者列表（CopyOnWriterArrayList）	在注册订阅者时，订阅关系会被存储到事件哈希表中

EventBus 架构是基于发布/订阅模式的，订阅者通过注册到 EventBus 上来订阅特定类型的事件。在发布事件时，EventBus 会根据事件类型找到对应的订阅者，并将事件传递给它们，从而实现组件之间的解耦及通信。EventBus 架构如图 9-3 所示。

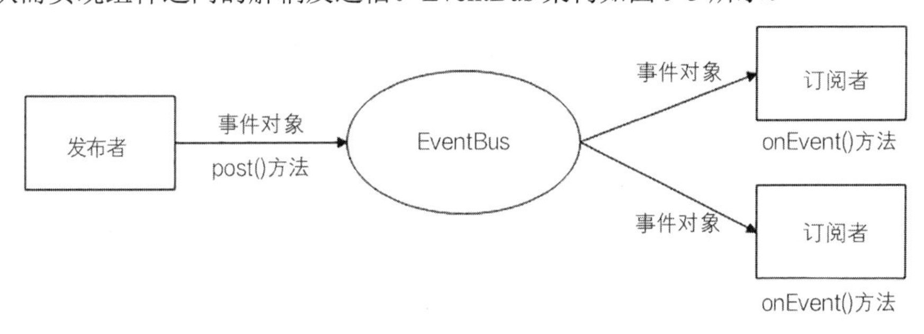

图 9-3 EventBus 架构

总体来说，EventBus 架构的设计简洁、灵活，这使得组件能够很方便地进行通信，提升了代码的可读性和可维护性。

9.2.2 使用 EventBus

下面介绍如何使用 EventBus。

首先，在项目的 build.gradle 文件中添加 EventBus 的依赖项，程序代码如下。

```
implementation 'org.greenrobot:eventbus:3.2.0'
```

其次，创建一个 Java 类来表示事件。该类可以包含任意数据和方法，作为消息的载体，程序代码如下。

```
public class MessageEvent {
    private final String message;

    public MessageEvent(String message) {
        this.message = message;
    }

    public String getMessage() {
        return message;
    }
}
```

最后，在希望接收事件的组件中注册订阅者。通常情况下在 Activity 或 Fragment 的生命周期方法中进行注册和注销，程序代码如下。

```
@Override
public void onStart() {
        super.onStart();
        // 注册定订阅者以接收事件
        EventBus.getDefault().register(this);
}

@Override
public void onStop() {
        super.onStop();
        EventBus.getDefault().unregister(this);
}
```

上述示例把 Activity 作为订阅者，需要在订阅者中定义用于处理事件的方法。这些方法使用@Subscribe 注解进行标记，并且接收相应的事件类型作为参数。例如：

```
EventBus.getDefault().post(new MessageEvent("Hello EventBus!"));
```

一般事件的处理方法是在发布事件的线程中执行的。如果需要在主线程中处理事件，那么可以在订阅方法中添加@Subscribe(threadMode=ThreadMode.MAIN)；如果需要在后台线程中处理事件，那么可以在订阅方法中添加@Subscribe(threadMode=ThreadMode.BACKGROUND)。

需要注意的是，EventBus 使用事件类型进行匹配和分发。因此，应确保事件类是唯一的。如果事件类是一个普通 Java 类，那么不要忘记在构造方法中添加无参构造函数，以防出现异常。此外，应避免在生命周期较长的组件中（如 Application）注册订阅者，以防内存泄漏。

通过以上步骤，就可以在 Android 应用中成功使用 EventBus 实现组件之间的解耦及通信了。注意，在使用 EventBus 时，应遵循相关的最佳实践和线程管理规则，以确保应用稳定和性能良好。

9.3 创建桌面应用

9.3.1 App Widget 简介

App Widget 是小型 Android 应用，用于在用户的主界面中显示有限的信息，为用户提供快捷访问应用功能的便捷方式。App Widget 允许用户在桌面上直接查看应用的部分内容，无须打开完整的应用，可以提供快速、高效的操作体验。

官方文档在表示概念时使用 App Widget，而在表示具体的类名时使用 AppWidget，本书参考官方文档，注意区分。

App Widget 通常用于展示静态或动态的内容，如天气、最新新闻、音乐播放器控制等。用户可以根据个人喜好，自由添加和删除 App Widget，并根据需要调整 App Widget 的位置和大小。

例如，长按 App 的图标，会弹出下拉列表，选择“Widgets”选项，将其拖动到主界面上即可。需要注意的是，在不同品牌的手机中，不同的厂家会对原生系统进行定制，定制系统为该品牌特有的基于 Android 的操作系统。在这些不同的定制系统中，不一定显示 Widgets 这个名称，如 iQOO 品牌的 OriginOS 就显示“原子组件”。

在 Android Studio 中可以快速创建 App Widget。把鼠标指针移动到包名处并右击，在弹出的快捷菜单中选择“New”→“Widget”→“App Widget”命令，弹出如图 9-4 所示的“New Android Component”对话框。

可以看到，有多个选项需要自定义。该对话框中各选项的意义如下。

（1）Class Name：一个继承 AppWidgetProvider 类的名称。

（2）Placement：指定 App Widget 在桌面上的默认位置。

① Homescreen：App Widget 将默认放置在主界面中。

② Keyguard：允许 App Widget 在用户已锁定的界面上显示。

③ Both：将 App Widget 同时放置在主界面和已锁定的界面上。

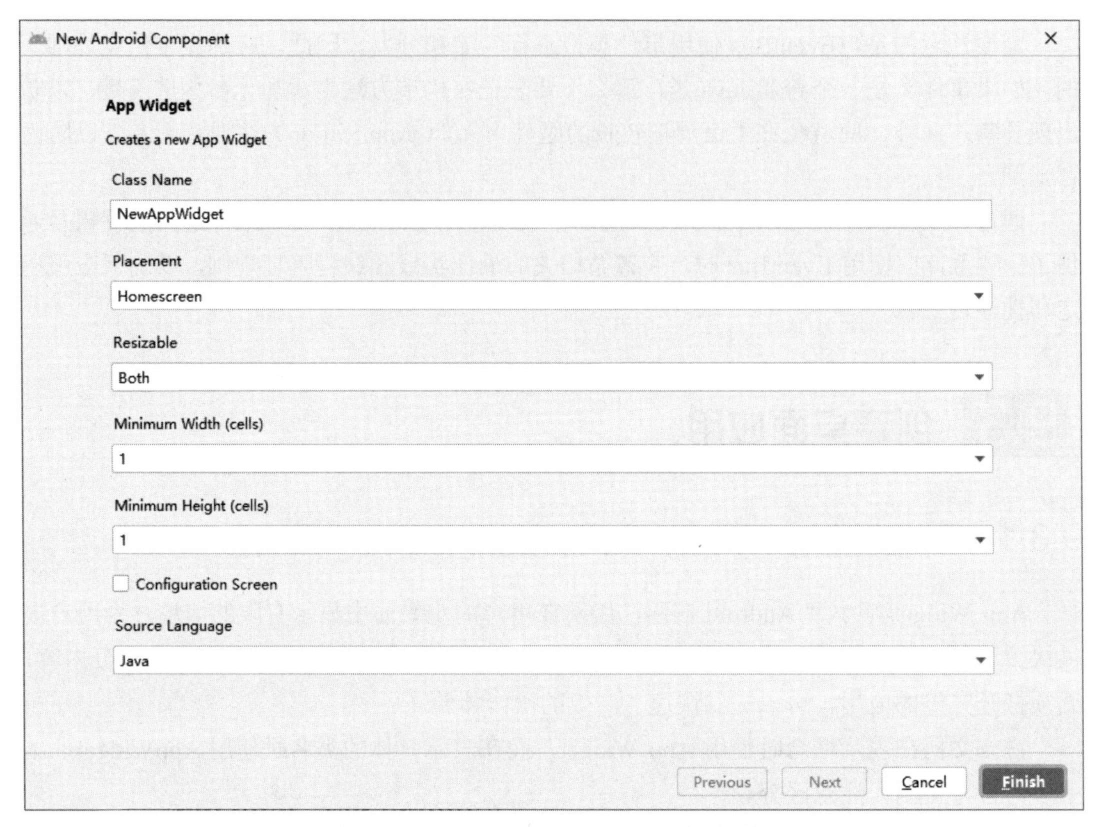

图 9-4 “New Android Component”对话框

（3）Resizable：设置是否可以调整 App Widget 的大小。

① Both：可以在水平方向和垂直方向上自由调整 App Widget 的大小。

② Horizontal：只能在水平方向上调整 App Widget 的大小，不能在垂直方向上调整 App Widget 的大小。

③ Vertical：只能在垂直方向上调整 App Widget 的大小，不能在水平方向上调整 App Widget 的大小。

④ None：App Widget 的大小是固定的，无法调整。

（4）Minimum Width（cells）：设置 App Widget 的最小宽度，以 dp（设备独立像素）为单位，当用户尝试调整 App Widget 的大小时，宽度不会小于此值。

（5）Minimum Height（cells）：设置 App Widget 的最小高度，以 dp 为单位。与最小宽度类似，高度不会小于此值。

（6）Configuration Screen：如果 App Widget 需要提供配置选项，那么可以选择 Configuration Activity，这将允许定义一个用于配置 App Widget 的 Activity。当用户添加 App Widget 到桌面上时，会跳转到此 Activity 处以供配置。

下面以岭南文化元素为主题创建一个 App Widget，在“Class Name”文本框中输入“LingnanAppWidget”，并勾选“Configuration Screen”复选框，其他选项保持默认设置。设置完成后，点击“Finish”按钮会看到新生成如下 5 个文件。

（1）LingnanAppWidget.java：一个继承 AppWidgetProvider 的类，这个类也直接继承 BroadcastReceiver 的类，负责管理 App Widget 的生命周期和处理事件。当用户将一个 App Widget 添加到桌面上时，系统会通过创建一个 AppWidgetProvider 实例，并调用其相关方法来更新和处理事件。从本质上来说，AppWidget 是 BroadcastReceiver。

（2）lingnan_app_widget.xml：定义 App Widget 在桌面上的外观和布局的 XML 文件。允许开发者自由地设计 App Widget 的样式，并添加交互元素。

（3）lingnan_app_widget_info.xml：描述 App Widget 的属性和行为，包括布局、大小、更新频率等。

（4）LingnanAppWidgetConfigureActivity.java：用于对 App Widget 进行配置的 Activity，当用户添加 App Widget 时，系统会自动打开这个 Activity，让用户进行个性化设置。

（5）lingnan_app_widget_configure.xml：和 LingnanAppWidgetConfigureActivity.java 文件对应的布局文件。

通过依次修改上述 5 个文件可以达到自定义的效果。

9.3.2 App Widget 布局设计

快速创建 App Widget 后，即可在 layout 目录中看到一个 new_app_widget.xml 文件，默认生成 RelativeLayout，且里面只有一个 TextView。这里把布局管理器修改为 LinearLayout，且里面有一个 TextView 和一个 ImageView，程序代码如下。

```
<?xml version="1.0" encoding="utf-8"?>
<LinearLayout
xmlns:android="http://schemas.android.com/apk/res/android"
    android:layout_width="match_parent"
    android:layout_height="match_parent"
    android:orientation="vertical">

    <TextView
        android:id="@+id/textView"
        android:layout_width="wrap_content"
        android:layout_height="wrap_content"
        android:layout_gravity="center_horizontal"
        android:textSize="30sp" />

    <ImageView
        android:id="@+id/imageView"
        android:layout_width="wrap_content"
        android:layout_height="wrap_content"
        android:layout_gravity="center_horizontal" />

</LinearLayout>
```

9.3.3 实现 AppWidgetProviderInfo

AppWidgetProviderInfo 用于描述已安装的 App Widget 提供程序的元数据。该类中的字段对应<appwidget-provider>元素中的属性，即对应 lingnan_app_widget_info.xml 文件。打开该文件可以发现，只有键值对形式的数据，程序代码如下。

```
<?xml version="1.0" encoding="utf-8"?>
<appwidget-provider
xmlns:android="http://schemas.android.com/apk/res/android"
    android:configure=
            "cn.edu.baiyunu.chapter_9.NewAppWidgetConfigureActivity"
    android:description="@string/app_widget_description"
    android:initialKeyguardLayout="@layout/new_app_widget"
    android:initialLayout="@layout/new_app_widget"
    android:minWidth="40dp"
    android:minHeight="40dp"
    android:previewImage="@drawable/example_appwidget_preview"
    android:previewLayout="@layout/new_app_widget"
    android:resizeMode="horizontal|vertical"
    android:targetCellWidth="1"
    android:targetCellHeight="1"
    android:updatePeriodMillis="86400000"
    android:widgetCategory="home_screen" />
```

上述程序代码用于告诉系统如何显示和处理 App Widget。AppWidgetProviderInfo 的常用属性如表 9-2 所示。

表 9-2　AppWidgetProviderInfo 的常用属性

属性	说明
configure	App Widget 的配置 Activity 的类名
description	简要描述，在添加 App Widget 时显示给用户
initialKeyguardLayout	已锁定的界面上的初始布局资源
initialLayout	初始布局资源
minWidth	App Widget 的最小宽度，以 dp 为单位
minHeight	App Widget 的最小高度，以 dp 为单位
previewImage	在选择 App Widget 时显示预览效果

9.3.4 拓展 AppWidgetProvider

NewAppWidget 继承了 AppWidgetProvider，并重写了 onUpdate()方法、onDeleted()方法、onEnabled()方法和 onDisabled()方法。在 onUpdate()方法中，Android Studio 默认遍历 appWidgetId（每个 AppWidget 都有独一无二的 ID），调用 updateAppWidget()方法。updateAppWidget()方法的程序代码如下。

```
    static void updateAppWidget(Context context,
```

```
                    AppWidgetManager appWidgetManager,
                    int appWidgetId) {

    CharSequence widgetText = NewAppWidgetConfigureActivity
                         .loadTitlePref(context, appWidgetId);
    // Construct the RemoteViews object
    RemoteViews views = new RemoteViews(context.getPackageName(),
                                   R.layout.new_app_widget);
    views.setTextViewText(R.id.appwidget_text, widgetText);

    // Instruct the widget manager to update the widget
    appWidgetManager.updateAppWidget(appWidgetId, views);
}
```

第一行通过一起生成的 LingnanAppWidgetConfigureActivity.java 文件的 loadTitlePref() 方法获取一个 CharSequence。

第二行用于获取 AppWidget 对应的布局视图。

第三行用于给布局管理器的控件设置值，因为初始的 AppWidget 的布局管理器中只有一个 TextView，所以这里只设置 TextView。

第四行用于执行更新操作。

理解了基本逻辑即可知道如何来修改。要在 AppWidget 的布局管理器中添加一个 ImageView，应在第一行后新增一行用于获取图片 ID，在第三行后新增一行用于设置 ImageView 的 src 属性。修改后的程序代码如下。

```
static void updateAppWidget(Context context,
                    AppWidgetManager appWidgetManager,
                    int appWidgetId) {
    CharSequence widgetText = NewAppWidgetConfigureActivity
                    .loadTitlePref(context, appWidgetId);
    int resId = NewAppWidgetConfigureActivity
                    .loadImageSrcId(context, appWidgetId);

    RemoteViews views = new RemoteViews(context.getPackageName(),
                                   R.layout.new_app_widget);

    views.setTextViewText(R.id.textView, widgetText);
    views.setImageViewResource(R.id.imageView, resId);

    appWidgetManager.updateAppWidget(appWidgetId, views);
}
```

9.3.5 声明 App Widget

因为 AppWidget 本质上也是 BroadcastReceiver，所以在 AndroidManifest.xml 文件中可以看到已经配置了<receiver>元素，将其与 App Widget 相关联。这样，用户在添加或删除 App Widget 时，系统将自动创建或销毁 AppWidgetProvider 实例。以下为 AndroidManifest.xml 文件中的部分程序代码。

```
<receiver
        android:name=".NewAppWidget"
        android:exported="false" >
        <intent-filter>
            <action android:name=
                "android.appwidget.action.APPWIDGET_UPDATE" />
        </intent-filter>

        <meta-data
            android:name="android.appwidget.provider"
            android:resource="@xml/new_app_widget_info" />
</receiver>
```

此处不做特殊处理，保持默认设置即可。

9.3.6 实现 Configuration Activity

由于在快速创建 App Widget 时勾选了“Configuration Screen”复选框，因此最终生成的文件多了 NewAppWidgetConfigureActivity.java 和 new_app_widget_configure.xml 两个。当用户添加一个 App Widget 到主界面上时，系统会自动打开 Activity，允许用户进行个性化设置。这个 Activity 通常包含一些 UI 控件，如 EditText、Spinner、CheckBox 等，用于让用户选择或输入配置信息。

默认生成的配置 Activity 的布局有 TextView、EditText 和 Button，用于供用户录入一个字符串，比较简单。下面重点分析 NewAppWidgetConfigureActivity.java 文件，生成的代码量看似比较多，其实并不复杂，程序代码如下。

```
public class NewAppWidgetConfigureActivity extends Activity {

    private static final String PREFS_NAME =
                        "cn.edu.baiyunu.chapter_9.NewAppWidget";
    private static final String PREF_PREFIX_KEY = "appwidget_";
    int mAppWidgetId = AppWidgetManager.INVALID_APPWIDGET_ID;
    EditText mAppWidgetText;
    View.OnClickListener mOnClickListener =
                        new View.OnClickListener() {
        public void onClick(View v) {
            final Context context = NewAppWidgetConfigureActivity.this;
```

```
            // When the button is clicked, store the string locally
            String widgetText = mAppWidgetText.getText().toString();
            saveTitlePref(context, mAppWidgetId, widgetText);

            // It is the responsibility of the configuration
            // activity to update the app widget
            AppWidgetManager appWidgetManager =
                          AppWidgetManager.getInstance(context);
            NewAppWidget.updateAppWidget(context,
                                  appWidgetManager,
                                  mAppWidgetId);

            // Make sure we pass back the original appWidgetId
            Intent resultValue = new Intent();
            resultValue.putExtra(AppWidgetManager.EXTRA_APPWIDGET_ID,
                           mAppWidgetId);
            setResult(RESULT_OK, resultValue);
            finish();
        }
    };
    private NewAppWidgetConfigureBinding binding;

    public NewAppWidgetConfigureActivity() {
        super();
    }

    // Write the prefix to the SharedPreferences
    // object for this widget
    static void saveTitlePref(Context context,
                          int appWidgetId, String text) {
        SharedPreferences.Editor prefs =
                context.getSharedPreferences(PREFS_NAME, 0).edit();
        prefs.putString(PREF_PREFIX_KEY + appWidgetId, text);
        prefs.apply();
    }

    // Read the prefix from the SharedPreferences
    // object for this widget.
    // If there is no preference saved,
    // get the default from a resource
    static String loadTitlePref(Context context, int appWidgetId) {
        SharedPreferences prefs =
```

```
                    context.getSharedPreferences(PREFS_NAME, 0);
        String titleValue = prefs.getString(PREF_PREFIX_KEY +
                                            appWidgetId, null);
        if (titleValue != null) {
            return titleValue;
        } else {
            return context.getString(R.string.appwidget_text);
        }
    }

    static void deleteTitlePref(Context context, int appWidgetId) {
        SharedPreferences.Editor prefs =
                context.getSharedPreferences(PREFS_NAME, 0).edit();
        prefs.remove(PREF_PREFIX_KEY + appWidgetId);
        prefs.apply();
    }

    @Override
    public void onCreate(Bundle icicle) {
        super.onCreate(icicle);

        // Set the result to CANCELED.
        // This will cause the widget host to cancel
        // out of the widget placement if the user
        // presses the back button.
        setResult(RESULT_CANCELED);

        binding =
            NewAppWidgetConfigureBinding.inflate(getLayoutInflater());
        setContentView(binding.getRoot());

        mAppWidgetText = binding.appwidgetText;
        binding.addButton.setOnClickListener(mOnClickListener);

        // Find the widget id from the intent.
        Intent intent = getIntent();
        Bundle extras = intent.getExtras();
        if (extras != null) {
            mAppWidgetId = extras.getInt(
                    AppWidgetManager.EXTRA_APPWIDGET_ID,
                            AppWidgetManager.INVALID_APPWIDGET_ID);
        }
```

```
        // If this activity was started with an
        // intent without an app widget ID, finish with an error.
        if (mAppWidgetId == AppWidgetManager.INVALID_APPWIDGET_ID) {
            finish();
            return;
        }

    mAppWidgetText.setText(
            loadTitlePref(NewAppWidgetConfigureActivity.this,
                    mAppWidgetId));
    }
}
```

Activity 使用了 SharedPreferences 来临时保存数据，其中 PREFS_NAME 是保存配置信息的 SharedPreferences 的名称，PREF_PREFIX_KEY 是保存在 SharedPreferences 中每个 App Widget 配置信息的键名前缀，mAppWidgetId 是一个整型变量，用于存储当前正在配置的 App Widget 的 ID。在 Activity 的 onCreate()方法中，通过 Intent 获取传递过来的 App Widget 的 ID，并将其赋给 mAppWidgetId。mAppWidgetText 是一个 EditText，用于接收用户输入的文本。用户可以在 mAppWidgetText 中输入配置信息。mOnClickListener 是一个点击事件监听器，用于监听“添加”按钮的点击事件。点击按钮后，会执行其中的 onClick()方法。

saveTitlePref()方法是一个静态方法，用于将配置信息保存到 SharedPreferences 中。它有 3 个参数，其中 context 表示上下文对象，appWidgetId 表示 App Widget 的 ID，text 表示要保存的配置信息。它将配置信息通过 SharedPreferences 保存，以 App Widget 的 ID 作为键值。

loadTitlePref()方法是一个静态方法，用于从 SharedPreferences 中读取配置信息。它有 2 参数，其中 context 表示上下文对象，appWidgetId 表示 App Widget 的 ID。它通过 App Widget 的 ID 从 SharedPreferences 中获取对应的配置信息，并返回配置文本。

deleteTitlePref()方法是一个静态方法，用于从 SharedPreferences 中删除指定 App Widget 的配置信息。它有 2 个参数，其中 context 表示上下文对象，appWidgetId 表示 App Widget 的 ID。它通过 App Widget 的 ID 从 SharedPreferences 中删除对应的配置信息。

Activity 的 onCreate()方法是 Activity 的入口点方法。当 Activity 被创建时，系统会调用 onCreate()方法。在 onCreate()方法中，进行了一些初始化操作，即设置 Activity 的布局结构，获取传递过来的 App Widget 的 ID，并将配置信息显示在 EditText 中。

setResult(RESULT_CANCELED);用于设置 Activity 的结果为 RESULT_CANCELED，意味着如果用户点击“返回”按钮，那么不放置 App Widget。

binding = NewAppWidgetConfigureBinding.inflate(getLayoutInflater());用于创建一个 NewAppWidgetConfigureBinding，访问配置屏幕的 UI 组件。它是根据 new_app_widget_configure.xml 文件自动生成的。

setContentView(binding.getRoot());用于将布局设置为当前 Activity 的视图。

mAppWidgetText = binding.appwidgetText;用于将 EditText 绑定到 mAppWidgetText 上，以便在后面使用。

binding.addButton.setOnClickListener(mOnClickListener);用于将“添加”按钮的点击事件监听器设置为 mOnClickListener，即点击后会执行其中的 onClick()方法。

在读取 App Widget 的 ID 和配置信息这部分程序代码中，通过 Intent 来获取传递过来的 App Widget 的 ID，并将该 ID 赋给 mAppWidgetId。使用 loadTitlePref()方法从 SharedPreferences 中读取之前保存的配置信息，并将其显示在 EditText 中，以便用户可以查看之前的配置信息。

总体来说，这个生成的 Activity 的配置逻辑比较容易理解。由于 AppWidget 新增了一个 ImageView，在 NewAppWidget 中新增了获取图片 ID 的程序代码，因此需要补充以下程序代码。

```
public static int loadImageSrcId(Context context, int appWidgetId) {
        return R.drawable.nanshi;
}
```

上述代码中引用了一张南狮图片。

完成上面的修改工作后，下面运行程序查看效果。安装成功后，需要长按程序的图标，在打开的下拉列表中选择“Widgets”选项，如图 9-5 所示。

将其拖动到桌面上，会弹出 Configuration Activity 提示框，输入字符串并点击按钮，会出现如图 9-6 所示的效果。

图 9-5　调出 App Widget 到桌面上

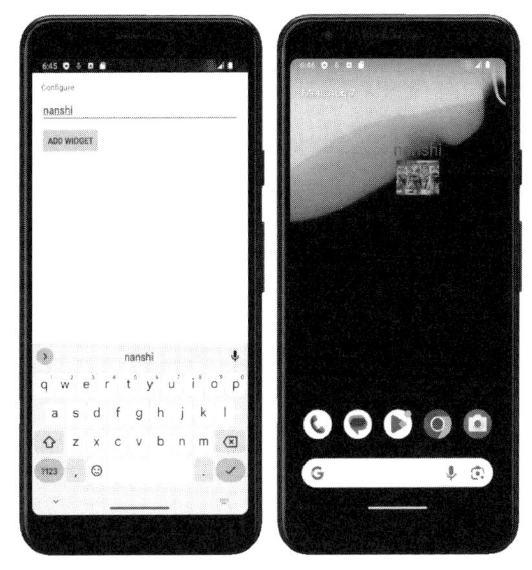

图 9-6 调整 App Widget

以上就是使用 App Widget 创建桌面应用的常用流程。学习完本节知识后，读者对如何创建和配置桌面 App Widget 应用有了一个全面的了解。App Widget 是 Android 平台上非常有用的功能，可以让应用在桌面上展示实时信息，为用户提供快捷的入口。

本章小结

本章介绍了在 Android 应用开发中常用的 3 个组件，即 BroadcastReceiver、EventBus 和 AppWidget。这 3 个组件在 Android 应用开发中起着不同的作用，使用它们有助于实现更好的用户体验和更高效的应用通信。

首先，介绍了 BroadcastReceiver，它是一种用于监听和响应系统 Broadcast 的机制。通过注册 BroadcastReceiver，可以在应用中捕获系统 Broadcast，如网络状态变化、电池电量变化等，这使得应用能够在合适的时机做出响应，如更新 UI 或执行一些操作。需要注意的是，滥用 BroadcastReceiver 可能会导致性能问题。因此，在使用 BroadcastReceiver 时需要谨慎。

其次，介绍了 EventBus，它是一种用于简化组件之间通信的库。EventBus 通过发布和订阅事件实现解耦及通信。通过使用 EventBus，开发者可以避免使用烦琐的回调机制，使得程序代码更加清晰、易懂。然而，需要确保适当使用 EventBus，避免事件泄漏和产生混乱的事件流。

最后，介绍了 App Widget，它允许开发者在主界面中放置小部件，以提供程序的特定功能或信息。使有 App Widget 可以改善用户体验，使用户能够在不打开应用的情况下获取有用的信息。开发者需要了解 App Widget 的生命周期和设计准则，以确保 App Widget 正确地运行并融入桌面。

拓展实践

创建一个 Android 应用，设计一个通知，要求当接收到通知时，BroadcastReceiver 能够在日志中打印通知的内容。

本章习题

一、选择题

1．BroadcastReceiver 用于（　　）。

A．实现应用之间的通信　　B．简化 UI 视图的设计

C．监听和响应系统 Broadcast　　D．处理数据库操作

2．EventBus 用于（　　）。

A．执行后台线程操作　　B．实现应用之间数据的同步

C．简化组件之间的通信　　D．进行图像处理操作

3．App Widget 的主要特点是（　　）。

A．可以在应用内部传递数据　　B．可以实现后台 Service 的通信

C．可以在主界面中放置小部件　　D．可以替代 BroadcastReceiver

4．注册 BroadcastReceiver 的方式是（　　）。

A．在 AndroidManifest.xml 文件中声明

B．在 Activity 中调用 registerReceiver()方法

C．在 Fragment 中调用 setReceiver()方法

D．在 Service 中调用 bindReceiver()方法

5．EventBus 的工作原理是（　　）。

A．使用回调方法实现组件通信　　B．通过发布和订阅事件实现组件通信

C．通过共享内存进行数据传递　　D．使用 Broadcast 进行组件通信

6．以下适合使用 BroadcastReceiver 的情况为（　　）。

A．需要简化组件之间的通信　　B．需要在主界面中放置小部件

C．需要在后台执行耗时操作　　D．需要在应用内部传递数据

7．AppWidget 的生命周期的状态有（　　）。

A．Created、Running、Stopped　　B．Active、Inactive、Paused

C．Enabled、Disabled、Paused　　D．Installed、Updated、Deleted

8．（　　）是 EventBus 中的订阅者。

A．发布事件的组件　　B．处理事件的方法

C．发送事件的线程　　D．接收事件的线程

9．通过 EventBus 实现的组件通信（　　）显式地在组件之间建立连接。

A．需要　　B．不需要

10．AppWidget（　　）直接与应用的数据库进行交互。

A．能通过 Broadcast　　B．能通过 ContentProvider

C．不能　　D．能通过 EventBus

二、填空题

1．_______ 用于监听和响应系统 Broadcast，帮助应用在适当的时机做出响应。

2．EventBus 通过发布和订阅 _______ 实现解耦及通信。

3．App Widget 允许开发者在主界面中放置小部件，以提供应用的特定功能或 _______。

4．要注册 BroadcastReceiver，除了可以在 AndroidManifest.xml 文件中声明，还可以通过 _________ 实现。

5．在创建 App Widget 时，需要在清单文件中配置一个_______元素。

三、简答题

1．简述 BroadcastReceiver 的作用。

2．简述 EventBus 是什么，以及简化 Android 应用中的组件通信流程。

3．简述 App Widget 的特点。

第10章

网络编程

网络通信是移动应用的基础功能。大部分 Android 应用在本质上是一个客户端程序，主要提供用户交互界面，在它们背后大多数由远程服务器提供数据和业务上的支持。因此，大多数 Android 应用需要通过网络通信来获取和传输数据，以实现应用的业务功能。例如，社交应用需要通过网络来传输文字、图片、视频等数据；购物应用需要通过服务器来获取商品信息并提交订单。没有网络通信的支持，这些应用就无法实现它们的核心价值。

网络通信十分重要，Android 平台提供了大量功能强大的网络通信组件供用户使用，这些组件中有官方的也有第三方的。使用这些组件，用户可以很轻松地实现网络编程，完成 Android 应用与后端服务器的通信。

在介绍网络编程之前，下面先介绍 HTTP 与网络连接。用户只有对 HTTP 与网络连接有足够的了解，才能根据自身的需求选择合适的网络通信组件，并通过调用这些组件来实现网络数据的传输。

10.1 HTTP 与网络连接

10.1.1 HTTP 简介

1. 网络通信协议

网络通信协议是网络中的不同实体（如计算机系统）之间进行通信和数据交换的格式或标准。网络通信协议的基本特征如下。

（1）网络通信协议定义了通信的语法、语义和同步方式，即通信的数据和控制信息的格式与传递规则。

（2）网络通信协议明确了通信方的角色，定义了通信的发起方和接受方需要遵循的规则。

（3）网络通信协议规定了错误处理的方法，以及通信中可能出现的异常情况的处理方法。

（4）网络通信协议需要对通信的性能（如速率、时延等）进行一定的保证。

（5）网络通信协议需要考虑实际网络的特征，具有良好的可扩展性。

实际上，在网络中通常使用协议栈进行通信，即不同层级使用不同的协议完成服务。TCP/IP 是网络中十分重要的协议栈，由 TCP、IP、HTTP、FTP 等协议组成，这些协议规定了计算机网络中不同节点之间通信的标准。

TCP/IP 的 4 层模型是一种对 TCP/IP 的分层抽象，用于描述网络通信中不同层次的功能。这个模型自下而上为四层，每层都有特定的功能。

（1）链路层（Link Layer）：管理节点之间的物理链路，进行帧的发送和接收，实现相邻节点之间位的传输，进行流量控制、差错检验和确认。

（2）网络层（Network Layer）：处理网络转发功能，为数据包选择路由路径，使用 IP 提供传输服务。

（3）传输层（Transport Layer）：解决数据传输过程中的通信问题，提供应用之间的通信服务，主要使用 TCP 提供可靠的连接服务，使用 UDP 提供不可靠但更快速的连接服务。

（4）应用层（Application Layer）：定义应用之间网络通信和资源访问的规则，对应各种网络应用协议，如 HTTP、FTP 等。

2. HTTP

大部分 Android 应用是客户端应用，需要基于互联网与后端服务器进行通信，这个通信过程在 TCP/IP 的 4 层模型中的应用层进行，通常采用 HTTP（Hypertext Transfer Protocol，超文本传输协议）进行通信。

HTTP 是互联网中应用十分广泛的网络通信协议，用于客户端和服务器之间的请求/响应通信。HTTP 的主要特点如下。

（1）基于 TCP/IP，通常使用端口 80。

（2）采用请求/响应模式，客户端发起请求，服务器做出响应。

（3）支持多种请求方法，如 GET、POST、PUT、PATCH、DELETE 等。

（4）请求和响应报文都由起始行、消息头和消息体组成。

（5）支持内容协商，如文本编码、语言协商。

（6）支持持久连接，允许多个请求复用一个 TCP 连接。

（7）支持缓存机制，利用缓存提升性能。

（8）支持身份认证、加密传输等安全机制。

人们日常使用浏览器打开网站，网页就是通过 HTTP 传输的。不仅是网站，HTTP 还被广泛应用于前后端分离架构的互联网应用中，在前端（客户端）和后端（服务器）之间传输数据。

HTTP 被广泛使用，究其原因，是由互联网的特点决定的。

对于大型互联网应用，高并发是其主要特点。高并发是指在互联网上，服务器需要面对数量极为庞大的用户群，不同用户可能在同一时间向服务器发起大量请求。HTTP 具有无状态和连接短暂的特点，可以在很大程度上应对高并发。首先，HTTP 无状态，即服务器不需要记录用户的任何状态信息。服务器在处理每个请求时，不需要知道用户之前做过什么，也不需要保存用户的任何信息，只需要针对用户的“请求”（也就是问题），给出“响应”（也就是回答）即可。使用这种方式大大降低了服务器在存储和计算上的消耗，可以轻松地面对更多的用户访问。此外，HTTP 连接短暂，即连接在一次请求/响应完成后就可以关闭，不需要长期保留。这意味着服务器可以快速地处理一个请求并关闭连接，及时为下一个请求提供服务。

大型互联网应用的另一个特点就是平台异构。平台异构是指互联网应用的前端和后端往往采用不同的平台来实现。例如，在一个电商系统中，后端可能是基于 Java EE 平台开发的，而前端则可能有多种平台，如 Web 网页、Android 应用、iOS 应用，以及各种小程序，它们使用的开发语言和技术各不相同。由于异构，因此无法使用单一平台内部的二进制形式进行通信，而因 HTTP 传输的是文本，使得 HTTP 既容易解析又容易扩展，更为灵活。HTTP 允许在请求和响应之间传递各种不同格式的数据，支持不同的技术平台和应用场景。

综上所述，HTTP 具有无状态、短连接、简单、灵活、可缓存等特点，这使得 HTTP 具有支持互联网应用开发的优势，这也是 HTTP 能成为互联网主流协议的重要原因。

为了能在 Android 应用开发中使用 HTTP 进行通信，需要深入了解 HTTP 的运行原理。HTTP 请求/响应，即客户端向服务器发出请求，服务器处理请求并返回响应，如图 10-1 所示。

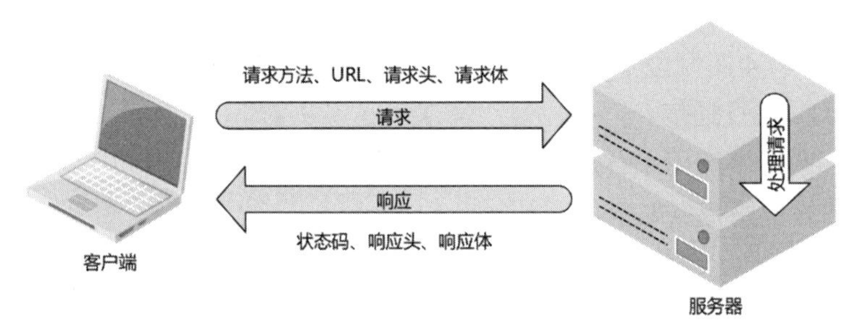

图 10-1　HTTP 请求/响应过程

（1）客户端初始化一个 TCP 连接，连接到服务器指定的端口（默认为端口 80）。

（2）客户端向服务器发送请求，包含请求方法、URL、HTTP 版本、请求头、请求体。

（3）服务器接收请求后，根据请求方法、URL、HTTP 版本、请求头、请求体解析请求，获取客户端所需的资源。

（4）服务器处理请求后，形成响应，包含 HTTP 版本、状态码、响应头、响应体。

（5）服务器将形成的响应返回给客户端。

（6）客户端接收到响应后，首先会解析状态码，判断请求是否成功，其次会解析响应头，最后会获取并处理响应体。

（7）获取响应后，客户端和服务器的请求/响应过程结束。断开连接或等待下一次请求。

在这整个过程中，客户端和服务器采用请求/响应模式，无状态地交互请求/响应，实现资源获取或提交等操作。服务器根据请求返回对应的响应，不保留客户端的任何状态。

下面分别详细介绍 HTTP 请求/HTTP 响应，以便在后续可以通过 Android 编程实现 HTTP 通信。

10.1.2 HTTP 请求

HTTP 请求是从客户端发送到服务器的报文，主要由三大部分组成，即请求行（Request Line）、请求头（Request Header）和请求体（Request Body）。

请求行：位于请求的第一行，主要包括：请求方法（Request Method）、URL 和 HTTP 版本。

请求头：从请求的第二行开始到第一个空行结束，请求头和请求体之间存在一个空行。请求头包含许多描述请求的键值对，如目标服务器、发出请求的客户端程序等。请求头允许扩展，可以添加自定义信息。

请求体：请求主体部分的内容，通常包含客户端向服务器发送的参数。有些请求可能没有请求体，不同类型的请求，请求体的格式也会有所不同，可以是表单键值对、JSON、XML 等格式的参数。这些参数会在请求体中以特定的格式发送给服务器。

图 10-2 展示了简化了的 HTTP 请求的组成。

图 10-2 HTTP 请求的组成

在上述组成中，需要特别注意请求方法。在后面介绍的网络编程中，客户端需要向服务器发起对某种数据的增删改查请求，在 HTTP 中，这些请求的 URL 可以是相同的，即指向同一个服务器资源，只要请求方法不同就可以对该资源执行不同的操作。

请求方法一共有 10 余种，后续用到的请求方法主要有 GET、POST、PUT、PATCH、DELETE 共 5 种，它们的具体含义分别如下。

（1）GET：从服务器中获取资源，不会修改服务器中的数据。此请求方法通常用于查询数据。

（2）POST：向服务器中提交数据，用于创建新资源。此请求方法通常用于添加数据。POST 请求是非幂等请求，请求一次，服务器状态就会发生一次变化。

（3）PUT：向服务器提交数据，完整更新现有资源。此请求方法通常用于完整更新数据。对于 PUT 请求，客户端需要向服务器发送需要修改的完整数据。

（4）PATCH：向服务器提交数据，更新现有资源的部分内容。此请求方法通常用于部分更新数据。对于 PATCH 请求，需要局部更新客户端向服务器发送的数据。

（5）DELETE：从服务器中删除现有资源。此请求方法通常用于删除数据。

在前后端分离架构中，服务器通常用一个 URL 代表一种数据资源。使用上述 5 种请求方法，客户端会向服务器发送请求，完成数据的增删改查。

10.1.3 HTTP 响应

HTTP 响应是从服务器发送到客户端的报文，主要由响应行（Response Line）、响应头（Response Header）和响应体（Response Body）组成。

响应行：位于响应的第一行，包含 HTTP 版本、状态码（Status Code）。

响应头：从响应的第二行开始到第一个空行结束。响应头和响应体之间存在一个空行，响应头包含描述响应状态的键值对，如内容类型（Content-Type）、内容长度（Content-Length）等。

响应体：响应的消息主体，包含完整的响应数据，如 HTML 网页内容、图片文件、JSON 数据、XML 数据等。

图 10-3 展示了简化了的 HTTP 响应的组成。

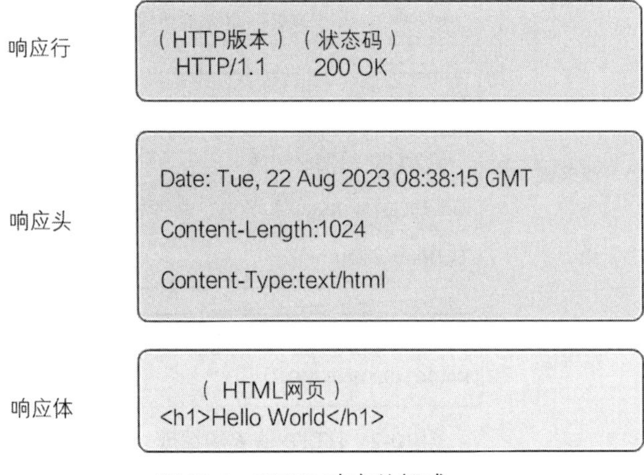

图 10-3 HTTP 响应的组成

在上述组成中，需要特别注意状态码。

状态码是服务器在响应请求时返回的一个 3 位数字代码，用来表示请求处理的结果，客户端可以根据状态码得知请求是否成功，以及若请求失败则发生了怎样的错误。常见的 HTTP 状态码如下。

（1）1xx：请求被接收并继续处理。

（2）2xx：请求成功，请求正常处理完成。例如，200 表示请求成功，201 表示已创建资源。

（3）3xx：需要进行附加操作以完成请求。例如，301 表示永久重定向，302 表示临时重定向。

（4）4xx：客户端错误，即客户端提交的请求有错误。例如，404 表示没找到资源。

（5）5xx：服务器错误，即服务器无法正常处理请求。例如，500 表示服务器内部错误。

在后面介绍的网络编程中，应用可以根据响应的状态码区分服务器是否正确处理了请求，以便请求失败时能及时处理错误。

10.1.4 使用 HttpURLConnection

了解了 HTTP，以及 HTTP 请求/响应的细节之后，下面可以通过 Android 内置的 API 来实现网络编程。

HttpURLConnection 是 Android 内置的用于 HTTP 请求/响应处理类。HttpURLConnection 是 URLConnection 的子类，封装了请求方法，提供了在 Android 应用中发起请求并处理响应的功能。

HttpURLConnection 的常用方法如表 10-1 所示。

表 10-1　HttpURLConnection 的常用方法

方法	说明
HttpURLConnection(URL url)	构造方法，通过 URL 创建连接对象
setRequestMethod(String method)	设置请求方法，如 GET、POST、PUT、DELETE 等
setRequestProperty(String name, String value)	设置请求头的键值对信息
getOutputStream()	获取请求的输出流，用于写入请求体
getResponseCode()	获取响应的状态码
getInputStream()	获取响应的输入流
getContentLength()	获取内容的长度
getContentType()	获取内容的 MIME 类型
getHeaderField(String)	获取指定名称的响应头的字段值
connect()	建立连接
disconnect()	断开连接

下面通过单元测试，尝试使用 HttpURLConnection 向网站发送请求，并获取网页信息。

使用 HttpURLConnection 的步骤大致如下。

（1）使用 URL 对象封装请求地址。

（2）通过 URL 的 openConnection()方法获取 HttpURLConnection。

（3）设置请求方法及超时时间。

（4）调用 connect()方法建立连接。

（5）判断响应的状态码是否为 200，即请求是否成功。

（6）若请求成功，则获取响应的输入流并读取响应体。

（7）关闭流，断开连接。

在单元测试的目录中添加名为 HttpURLConnectionTest 的测试类，并编写测试代码。需要注意的是，网络编程相关的接口方法可能会抛出 IOException，为了使代码连贯这里并没有做异常处理，但在实际开发中需要关注异常问题，程序代码如下。

```
@RunWith(AndroidJUnit4.class)
public class HttpURLConnectionTest {
    @Test
    public void testHttps() throws IOException {
        URL url = new URL("https://www.baidu.com/");                //创建 URL
        HttpURLConnection connection = (HttpURLConnection) url.
openConnection();                                                   //创建连接对象
        connection.setRequestMethod("GET");                         //设置请求方法
        connection.setConnectTimeout(5000);                         //设置请求超时时间
        connection.connect();                                       //发出请求
        if(connection.getResponseCode()==200) {                     //判断请求是否成功
            InputStream is = connection.getInputStream();           //获取响应的输入流
            BufferedReader br = new BufferedReader(new InputStreamReader
(is));                                                              //封装输入流
            StringBuilder response = new StringBuilder();           //保存响应体
            String line;
            while ((line = br.readLine())!=null) {                  //读取每一行
                response.append(line);                              //保存每一行
            }
            br.close();                                             //关闭流
            Log.d("HTTP", response.toString());                     //打印响应结果
        }else{
            Log.d("HTTP", "请求失败");
        }
        connection.disconnect();                                    //断开连接
    }
}
```

程序代码编写完成后，先不要急于运行，这是因为在运行时 Android 设备会抛出异常。缺少网络访问权限时抛出的异常如图 10-4 所示。

```
cn.edu.baiyunu.httpurlconnectiondemo.HttpURLConnectionTest.testHttps
java.lang.SecurityException: Permission denied (missing INTERNET permission?)
Failed on Pixel_3a_API_34_extension_level_7_x86_64
Logs    Device Info
java.lang.SecurityException Create breakpoint : Permission denied (missing INTERNET permission?)
at java.net.Inet6AddressImpl.lookupHostByName(Inet6AddressImpl.java:150)
at java.net.Inet6AddressImpl.lookupAllHostAddr(Inet6AddressImpl.java:103)
at java.net.InetAddress.getAllByName(InetAddress.java:1152)
```

图 10-4　缺少网络访问权限时抛出的异常

应用在访问网络资源时是需要授权的，开发者需要在 AndroidManifest.xml 文件中添加 <uses-permission>元素进行互联网访问权限声明，程序代码如下。

```
<?xml version="1.0" encoding="utf-8"?>
<manifest xmlns:android="http://schemas.android.com/apk/res/android"
```

```
    xmlns:tools="http://schemas.android.com/tools">
    <!--为应用声明互联网访问权限-->
    <uses-permission android:name="android.permission.INTERNET" />
    ...
</manifest>
```

进行互联网访问权限声明后再次运行程序，即可运行成功。这时，可以在日志中看到输出的响应返回的 HTML 文本，如图 10-5 所示。

```
tag: HTTP
D  <!DOCTYPE html><!--STATUS OK--><html> <head><meta http-equiv=content-type content=text/html;
```

图 10-5 输出的响应返回的 HTML 文本

需要注意的是，上述请求的 URL 使用的是 https，其是经 SSL 加密的 HTTP，这是 Android 推荐的。如果使用的是未经加密的 http，那么系统会抛出 IOException，系统默认禁止使用明文网络流量。如果一定要使用 http 发送请求，那么需要在清单文件中添加允许使用明文网络流量的设置，即 usesCleartextTraffic="true"，程序代码如下。

```
<?xml version="1.0" encoding="utf-8"?>
<manifest xmlns:android="http://schemas.android.com/apk/res/android"
    xmlns:tools="http://schemas.android.com/tools">
    <!--usesCleartextTraffic="true" 允许使用明文网络流量-->
    <application android:usesCleartextTraffic="true" ...>
        ...
    </application>
</manifest>
```

10.2 前后端分离架构与 JSON 协议

上一节中的示例只是简单地请求并输出了网页，在 HTTP 请求中既没有传递任何参数，又不涉及复杂业务接口的调用和对象的传输。在实际项目中，前端的 Android 应用需要调用后端服务器提供的复杂业务接口、传递参数并实现复杂数据的传输与解析。为了统一这些复杂的操作，开发者需要在 HTTP 上建立一套前端和后端程序需要的数据传输规范和接口描述规范。目前，被广泛采用的数据传输规范是 JSON 协议，而接口描述规范则是基于 JSON 协议的 RESTful API。

10.2.1 前后端分离架构

早期的互联网应用都是基于 B/S（Browser/Server，浏览器/服务器）架构的。用户通过计算机或手机上的浏览器访问网站，网站返回 HTML 网页与用户进行交互，实现购物、娱乐和社交等功能 B/S 架构如图 10-6 所示。

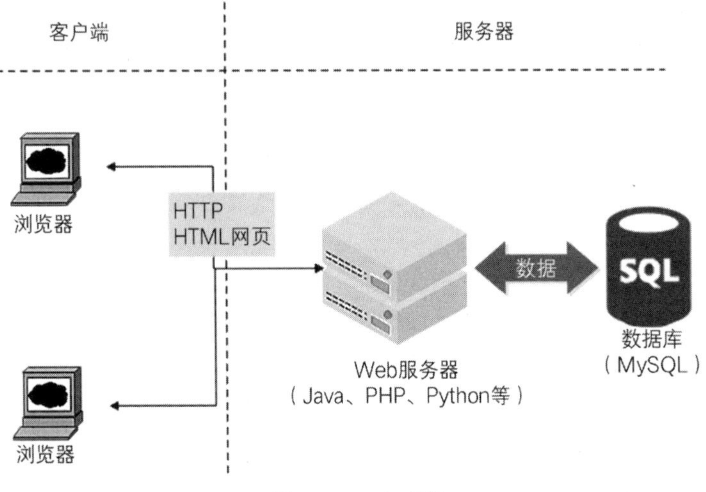

图 10-6　B/S 架构

随着智能手机的大范围普及，Android、iOS 等移动应用大量出现，人们不再满足于使用浏览器的网络体验。许多互联网厂商纷纷推出 Android、iOS 等移动平台上的客户端来替代浏览器。近年来，微信和支付宝等小程序平台也加入了该阵营，客户端变得复杂多样。

传统的 B/S 架构无法满足众多客户端的交互需求，于是前后端分离架构（见图 10-7）出现并逐渐成为互联网开发的主流架构。

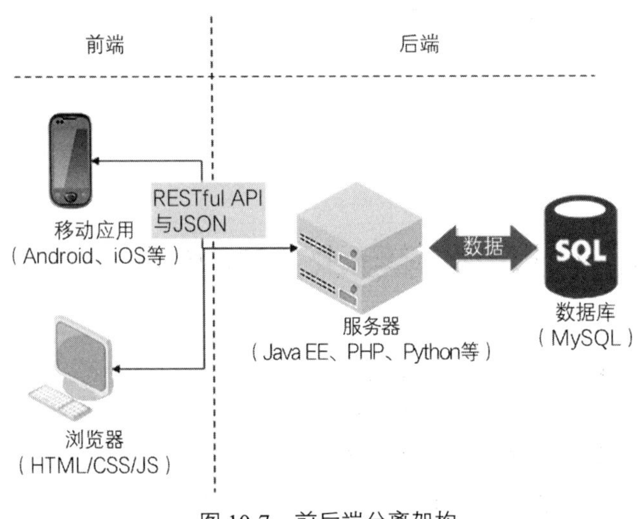

图 10-7　前后端分离架构

前后端分离架构是当前流行的软件架构，核心思想是把应用分离成前端和后端两个独立的项目。

后端仅提供服务器 API，不负责界面渲染和界面路由工作；前端通过调用后端提供的 API 获取数据，渲染界面并处理界面跳转等交互逻辑。也就是说，后端负责业务数据的存储和业务功能的实现，并以 API 的形式把功能提供给前端；前端则通过请求调用后端接口获取数据，渲染界面，并控制界面跳转。

对于大型互联网应用，前后端分离架构具有的优点如下。

（1）前端与后端职责清晰，且可以独立扩展和优化。

（2）加快开发迭代速度，且可以并行开发前端和后端。

（3）页面渲染和用户交互独立于后端服务，减轻服务器的计算压力。

（4）前端可以是浏览器、移动应用等不同的客户端，可以合适的技术框架实现。

在实际项目开发中，后端通常采用 Java EE、PHP、Python 等成熟的服务器来实现；前端则可以是 Android、iOS 的原生应用，也可以通过 HTML 网页中的 AJAX 技术实现。对于前端与后端程序之间的远程服务调用，往往使用 JSON 协议作为前端数据传输规范，使用 RESTful API 作为后端接口描述规范。

10.2.2 JSON 协议

在基于 HTTP 的前后端分离架构中，通常使用 JSON 协议作为前端数据传输规范，以实现客户端和服务器之间的网络数据传递。

1. JSON 的概念

JSON（JavaScript Object Notation，JavaScript 对象表示法），是一种轻量级数据交换格式，是 JavaScript 的一个子集，可以在多种编程语言之间进行数据传递和交互。JSON 的基本结构是键值对对象和值的有序列表。在键值对对象中，键是字符串，值可以是字符串、数字、布尔值、数组等。

JSON 协议并不是一个严格的协议，而是一种数据交换格式的约定，用于数据的序列化和传输。JSON 被广泛用于互联网应用中，在客户端和服务器之间传递数据。例如，前端在向后端发送请求或从后端接收响应时，常常会使用 JSON 作为中介传输数据。

JSON 出现之前，互联网中的数据传输主要通过二进制形式和 XML 格式来实现，JSON 协议出现以后迅速成为数据传输的主流规范。JSON 具有以下优点。

（1）轻量级。JSON 是一种非常简单的数据交换格式，相对于其他复杂的数据交换格式，如 XML，JSON 的数据量较小，传输速度较快。

（2）易于阅读和编写。JSON 使用键值对形式，类似于 JavaScript 对象，易于开发者阅读和编写。

（3）易于解析和生成。JSON 的数据可以轻松地由各种编程语言解析和生成，使其在不同环境中都能很好地工作。

（4）支持跨平台异构。由于几乎所有编程语言都支持 JSON，因此 JSON 成了跨平台数据交换的主流格式。

总之，JSON 是一种用于基于文本的数据交换的通用格式。客户端程序把数据序列化成 JSON 字符串后，就可以在 HTTP 请求中传递，服务器接收 JSON 字符串后经过反序列化会变成后端能识别的数据，反之亦然。

2. JSON 的语法

（1）JSON 中的对象。

JSON 中的对象表示法沿用了 JavaScript 中的对象字面量写法，由大括号括起来的一组键值对属性构成。键值对中的键是字符串，代表对象的属性名，必须使用双引号标识（即"属性名"）；键值对中的值可以是字符串、数字、布尔值、空值、数组或对象。键值对之间用冒号分隔，多个键值对属性之间用逗号分隔。

以下程序代码使用 JSON 描述了一个对象，由 name 和 age 两个属性构成。

```
{
  "name": "John",
  "age": 18
}
```

（2）JSON 中的有序列表。

JSON 中的有序列表实际上就是 JavaScript 中的数组字面量语法，由中括号括起来的一组值构成。值之间用逗号分隔，各个值的类型可以不同。

以下程序代码描述了一个 JSON 中的有序列表，由 4 种类型不同的值组成。

```
[100, true, "Android", null]
```

（3）JSON 中的基础类型数据。

JSON 中的基础类型数据有字符串、数字、布尔值和空值。

① 字符串：必须用双引号引起来。

② 数字：包括整数、浮点数。

③ 布尔值：true、false。

④ 空值：NULL。

（4）JSON 中的对象嵌套。

JSON 中的对象可以嵌套，也就是说，对象中可以嵌套子对象和子数组，数组中也可以嵌套子对象和子数组。

在以下程序代码中，一个对象中嵌套了一个子数组和一个子对象。

```
{
  "array": [ 1, 2, 3],
  "boolean": true,
  "object": {
    "foo": "bar"
  }
}
```

3. Java 对象与 JSON 字符串相互转换的实现

后面介绍的网络编程均基于前后端分离架构实现，使用 JSON 作为客户端和服务器的数据交换格式。如果需要向服务器发送对象，那么应先把对象转换为 JSON 字符串再传输，这个过程在 Java 中被称为序列化；反之，如果需要接收服务器返回的数据，那么应先把获取的 JSON 字符串转换为对象，这个过程在 Java 中被称为反序列化。Android 应用与服务器之间的 JSON 数据传输过程如图 10-8 所示。

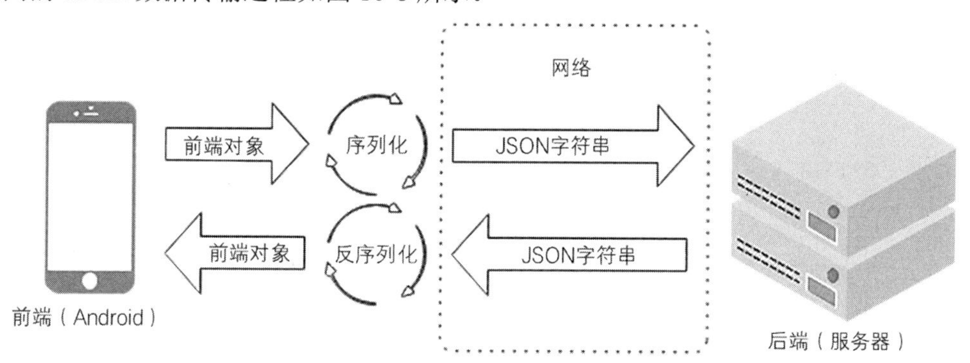

图 10-8　Android 应用与服务器之间的 JSON 数据传输过程

如何实现 JSON 序列化和反序列化呢？Java 开源项目中有不少 JSON 工具包，使用这些工具包可以轻松地实现 Java 对象与 JSON 字符串的相互转换。比较常用的 JSON 工具包有 Gson、Jackson 和 FastJson。下面介绍 Gson。

Gson 是 Google 提供的 JSON 序列化和反序列化工具包。使用 Gson 可以将 Java 对象转换为 JSON 字符串，也可以将 JSON 字符串转换为 Java 对象。Gson 提供了简洁的工具方法，允许将复杂的 Java 对象层次结构映射给 JSON，其中包括嵌套对象、集合和数组。

下面介绍如何在 Android 应用开发中使用 Gson。

（1）导入 Gson。

由于 Gson 不是 Android 的内置类，因此在使用前需要先在 build.gradle 文件中导入 Gson 依赖。在项目中找到 build.gradle 文件，在 dependencies 的配置节中添加 Gson 的依赖坐标，这里使用 com.google.code.gson:gson:2.8.6，程序代码如下。

```
dependencies {
    implementation 'com.google.code.gson:gson:2.8.6'    //导入 Gson 依赖
    //省略项目的原有依赖
}
```

（2）创建用于测试 JSON 序列化与反序列化的 Java 数据实体，程序代码如下。

```
/**
 * 数据实体 Person，用于测试 JSON 序列化与反序列化
 */
public class Person {
    //姓名（字符串型）
    private String name;
    //年龄（数字型）
    private int age;
    //是否已婚（布尔型）
    private boolean married;
    //默认构造方法
    public Person() { }
    //全参构造方法
```

```
    public Person(String name, int age, boolean married) {
        this.name = name;
        this.age = age;
        this.married = married;
    }
    //重写 toString()方法以便直接输出数据
    public String toString() {
        return "Person{" + "name='" + name + '\'' + ", age=" + age + ", married="
+ married +
                '}';
    }
    //省略属性 getter 方法和 setter 方法
}
```

（3）使用 Gson 实现 JSON 序列化。

使用 toJson()方法可以把传入的 Java 对象序列化为 JSON 字符串。toJson()方法的签名如下。

```
String toJson(Object object)
```

由于 Gson 只是一个 JSON 工具包，在使用时无须 Android 虚拟机环境，因此可以通过创建普通的 JUnit4 单元测试来演示 Gson 的使用方法。创建单元测试并添加单元测试方法，使用 Gson 实现 JSON 序列化，程序代码如下。

```
/**
 * 普通的 JUnit4 单元测试，用于演示 Gson 的使用方法
 */
public class GsonTest {
    @Test
    public void objectToJson(){
        //创建需要序列化的 Java 对象
        Person person = new Person("张三",30,true);
        //打印 Java 对象
        System.out.println("Java 对象："+person.toString());
        //创建 Gson
        Gson gson = new Gson();
        //把 Java 对象序列化为 JSON 字符串
        String json = gson.toJson(person);
        //输出序列化后的 JSON 字符串
        System.out.println("序列化后的 JSON 字符串：" +json);
    }
}
```

运行上述单元测试，可以看到原 Java 对象和 JSON 序列化后的程序代码如下。

```
Java 对象：Person{name='张三', age=30, married=true}
序列化后的 JSON 字符串：{"name":"张三","age":30,"married":true}
```

（4）使用 Gson 实现 JSON 反序列化。

要把 JSON 字符串反序列化为 Java 对象，可以使用 fromJson()方法，该方法需要传入两个参数，前者是 JSON 字符串，后者是需要反序列化的 Java 对象，返回值是反序列化后的 Java 对象。fromJson()方法的签名如下。

```
Object formJson(String json, Class clazz)
```

添加单元测试方法，验证反序列化功能，程序代码如下。

```
@Test
public void jsonToObject(){
    //创建 JSON 字符串
    String json = "{\"name\":\"张三\",\"age\":30,\"married\":true}";
    //打印 JSON 字符串
    System.out.println("JSON 字符串："+json);
    //创建 Gson
    Gson gson = new Gson();
    //把 JSON 字符串反序列化为 Java 对象
    Person person = (Person) gson.fromJson(json, Person.class);
    //打印反序列化后的 Java 对象
    System.out.println("反序列化后的 Java 对象："+person);
}
```

运行上述单元测试，可以看到 JSON 字符串和反序列化后的 Java 对象的结构如下。

```
JSON 字符串：{"name":"张三","age":30,"married":true}
反序列化后的 Java 对象：Person{name='张三', age=30, married=true}
```

（5）实现泛型集合的序列化和反序列化。

在实际 Android 应用开发中，由于前端和后端程序之间经常要传输对象集合，因此需要对集合进行序列化和反序列化。

在 Java 中，通常使用泛型集合来装载特定类型的一组对象。而在编译时，Java 的泛型会发生类型擦除（Type Erasure），也就是编译后泛型的信息会丢失。因此，泛型集合在序列化和反序列化的过程中，需要添加额外的类型，只有这样才能确保操作顺利完成。

Gson 提供了 TypeToken，用于保存泛型集合的类型，从而实现泛型集合的序列化和反序列化。

以下程序代码展示了如何使用 TypeToken 实现泛型集合的序列化。

```
@Test
public void listToJson(){
    //创建 List 集合
    List<Person> personList = new ArrayList<Person>(){{
        add(new Person("张三",30,true));
        add(new Person("李四",25,false));
    }};
    //创建 Gson
    Gson gson = new Gson();
    //使用 TypeToken 保存这些集合的类型
```

```
        Type type = new TypeToken<List<Person>>(){}.getType();
        //泛型集合的序列化
        String json = gson.toJson(personList, type);
        //打印序列化结果
        System.out.println(json);
    }
```

同理，以下程序代码展示了如何使用 TypeToken 实现泛型集合的反序列化。

```
    @Test
    public void jsonToList(){
        //创建 JSON 字符串
        String json = "[" +
                          "{\"name\":\"张三\",\"age\":30,\"married\":true}," +
                          "{\"name\":\"李四\",\"age\":25,\"married\":false}" +
                      "]";
        //创建 Gson
        Gson gson = new Gson();
        //使用 TypeToken 保存泛型集合的类型
        Type type = new TypeToken<List<Person>>(){}.getType();
        //泛型集合的反序列化
        List<Person> personList = gson.fromJson(json, type);
        //打印反序列化结果
        for(Person person: personList){
            System.out.println(person.toString());
        }
    }
```

10.2.3 RESTful API

1. RESTful API 的概念

在前后端分离架构中，除了需要统一数据传输规范（JSON 协议），还需要统一后端接口描述规范。只有这样，前端才能以正确的方式执行后端中的功能。RESTful API 是目前十分常见的后端接口描述规范。

RESTful（Representational State Transfer）是一种设计和构建网络应用的架构风格。RESTful API 基于 HTTP，用于在客户端和服务器之间实现功能的调用和数据的传输。RESTful API 通过统一的 URL 结构和 HTTP 方法来发布对服务器资源的操作。

以下是 RESTful API 的核心概念。

（1）资源（Resource）：在 RESTful API 中，一切数据都被视为资源，如文章、订单等。每种资源都可以通过唯一的 URL 来访问和操作。

（2）表现（Representation）：在不同的表示格式（如 JSON、XML 等）中呈现资源的方式。客户端和服务器之间通过表现来交换数据。

（3）状态转移（State Transfer）：客户端通过 HTTP 请求来发起对资源的操作，服务器通过响应这些 HTTP 请求来进行资源状态的转移。

（4）无状态（Statelessness）：每个 HTTP 请求都包含足够多的信息，服务器不需要维护客户端的状态，这使得 RESTful API 更加灵活和可扩展。

（5）统一接口（Uniform Interface）：RESTful API 应该遵循统一的接口设计规则，包括统一的 URL 结构和 HTTP 方法，以更易于理解和更容易使用。

（6）缓存（Caching）：RESTful API 支持缓存。通过使用缓存可以提高性能和减轻服务器的负载。

简而言之，RESTful API 实际上就是让用户充分使用 HTTP 的细节来描述与发布服务器的业务方法。在 RESTful API 中，每个 URL 都代表一种数据资源，相当于服务器的一种业务对象；GET、POST、PUT、DELETE 等不同的请求方法对应该数据资源的一种操作，相当于执行业务对象上对应的业务方法；请求体和响应体相当于业务方法的参数和返回值，可以用 JSON、XML 等格式进行传输。

表 10-2 展示了如何发布一个用户信息操作功能接口的 RESTful API 示例。

表 10-2　RESTful API 示例

操作	请求示例	说明
查询所有对象	方法：GET 地址：http://域名/users	查询并返回所有用户的集合
查询单个对象	方法：GET 地址：http://域名/users/1	根据地址中的 1 查询用户信息
新增	方法：POST 地址：http://域名/users 请求头（数据格式）： Content-Type: application/json 请求体（参数）： {"name":"John","age":30,"city":"New York"}	新增一个新用户
更新	方法：PUT 地址：http://域名/users/1 请求头（数据格式）： Content-Type: application/json 请求体（参数）： {"name":"John","age":31,"city":"New York"}	根据地址中的 1，更新用户信息
删除	方法：DELETE 地址：http://域名/users/1	根据地址中的 1，删除用户信息

综上所述，充分使用 RESTful API 后，前端通过 HTTP 就可以完成对服务器业务接口的调用，而无须使用额外的其他约定。

2．json-server 的主要功能

本书不涉及后端的开发，也不默认读者具备服务器开发基础，但是要进一步了解 Android 网络编程，还需要先了解后端的 RESTful API。为了解决这个问题，下面介绍 json-server。学会了 json-server，即使零基础也可以搭建 RESTful API。json-server 为 Android 应用开发提供了模拟的后端业务接口。

json-server 的主要功能如下。

1）快速搭建 RESTful API

在使用 json-server 时，只需要创建一个 JSON 文件作为数据源，json-server 就可以基于该文件快速搭建 RESTful API，避免了手工编程。

2）支持标准 RESTful AIP 方法

json-server 创建的 RESTful API 支持 GET、POST、PUT、PATCH、DELETE 等标准 RESTful 方法，能够对 JSON 数据进行操作。

3）模拟动态数据

通过 JSON 文件可以模拟多个不同的数据源并提供操作接口，通过这些操作接口可以反向动态更新 JSON 文件，修改文件后无须重新启动服务即可把变化重新同步到接口中。

4）在本地快速部署 RESTful API 服务

使用 JSON 文件和 json-server 提供的命令即可在本地快速部署 RESTful API 服务。

综上所述，json-server 是一个用于快速搭建 RESTful API 的模拟服务器，无须编程即可为前端程序的开发提供后端服务器的支持。

3. json-server 的安装与使用

下面介绍如何安装与使用 json-server。

1）安装 node.js 和 npm

在安装 json-server 前需要先安装 node.js 和 npm。

node.js 是基于 JavaScript 的服务器开发平台，npm 则是 node.js 上的包管理工具。在 node.js 官网下载安装包根据提示安装 node.js 即可，建议选择 LTS（长期支持）版本更为稳定。下载界面如图 10-9 所示。

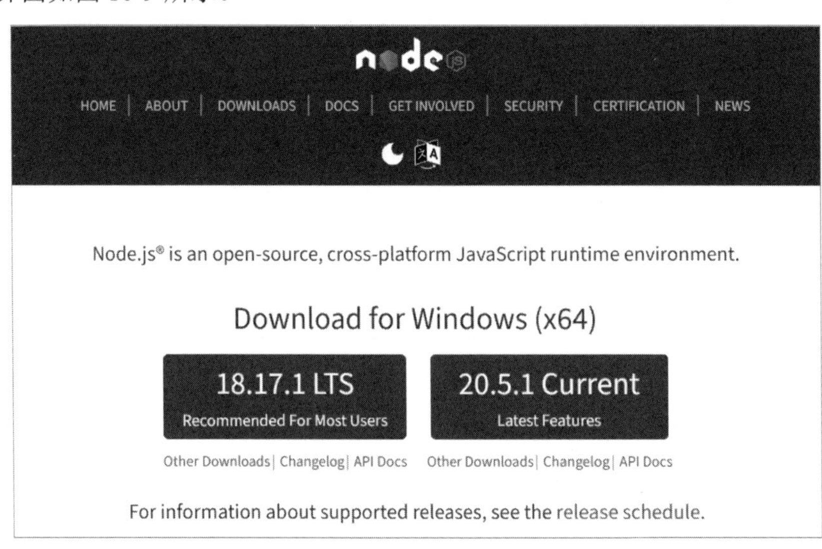

图 10-9　下载界面

node.js 的安装步骤非常简单，选择路径后直接根据向导安装即可。与此同时，npm 也会被安装到系统中。安装完成后，可以通过操作系统的命令行工具（在 Windows 下可以选择 CMD 或 PowerShell）查看已安装的 node.js 和 npm 的版本，确定是否安装正常，如图 10-10 所示。

图 10-10　查看已安装的 node.js 和 npm 的版本

查看 node.js 和 npm 的版本的命令如下。

```
node -v
npm -v
```

2）安装 json-server

建议以系统管理员身份运行操作系统的命令行工具，执行以下命令安装 json-server。

```
npm install -g json-server
```

由于 npm 是一个在线的包管理工具，需要连接中央服务器下载所需组件，因此在安装 json-server 的过程中应确保网络畅通并耐心等候，如图 10-11 所示。

```
管理员: 命令提示符
Microsoft Windows [版本 10.0.22000.376]
(c) Microsoft Corporation。保留所有权利。

C:\WINDOWS\system32>npm install -g json-server

changed 314 packages in 2m

92 packages are looking for funding
  run `npm fund` for details
npm notice
npm notice New minor version of npm available! 9.5.1 -> 9.6.7
npm notice Changelog: https://github.com/npm/cli/releases/tag/v9.6.7
npm notice Run npm install -g npm@9.6.7 to update!
npm notice
```

图 10-11　安装 json-server

3）使用 json-server

启动 json-server 前需要在运行目录中准备一个 JSON 文件。该文件的内容是一个 JSON 中的对象，对象以数组属性的形式公布出多个数据源，在后续发布的 RESTful API 中，每个数组代表一个数据集，客户端的调用者可以分别对这些数据集进行操作。

创建 data.json 文件，程序代码如下。

```
{
    "posts": [
```

```
      { "id": 1, "title": "一批广绣文物在穗展出。", "author": "张三" },
      { "id": 2, "title": "四大名绣——广绣进京首亮相。", "author": "李四" }
    ],
    "comments": [
      { "id": 1, "body": "要去看。", "postId": 1 },
      { "id": 2, "body": "展览什么时候开始。", "postId": 1 },
      { "id": 3, "body": "支持！", "postId": 2 }
    ]
}
```

进入 data.json 文件所在目录，执行以下命令启动 json-server。

```
json-server --watch data.json --host 0.0.0.0
```

在上述命令中，--watch 选项用于监视 data.json 文件中内容的变化。当文件中的内容发生变化时，变化后的内容会马上同步到服务器接口；--host 选项用于指定服务器发布的 IP 地址，指定为 0.0.0.0 后可以通过 IP 地址访问服务。启动 json-server 如图 10-12 所示。

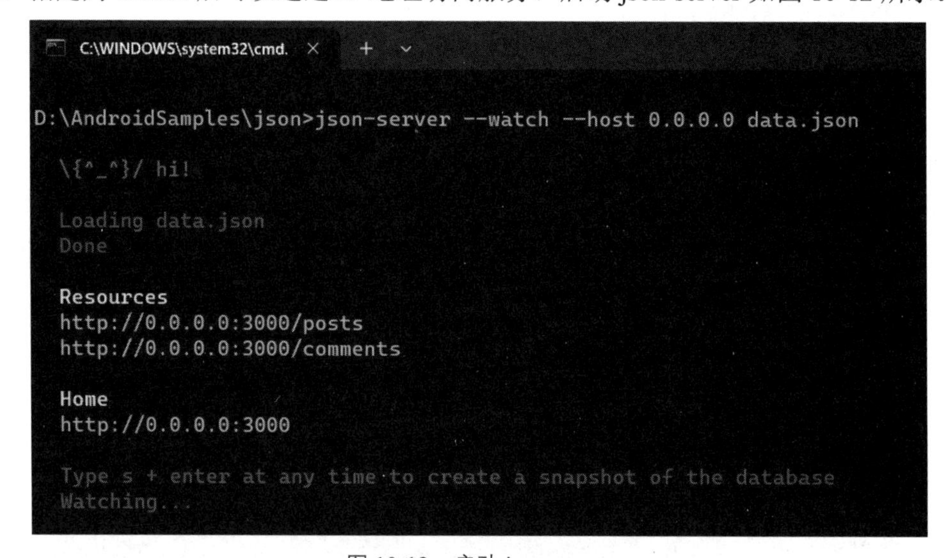

图 10-12 启动 json-server

启动 json-server 后就可以使用 RESTful API 了。可以通过浏览器发出 GET 请求来查看 json-server 的数据，本地计算机可以通过 IP 地址默认回送 127.0.0.1 访问，如图 10-13 所示。

```
127.0.0.1:3000/posts

1  [
2      {
3          "id": 1,
4          "title": "一批广绣文物在穗展出。",
5          "author": "张三"
6      },
7      {
8          "id": 2,
9          "title": "四大名绣——广绣进京首亮相。",
10         "author": "李四"
11     }
12 ]
```

图 10-13 使用浏览器访问 RESTful API

10.3 OkHttp 网络编程

熟悉了 JSON 协议和 RESTful API 后，读者可以进一步学习 OkHttp 网络编程。本节把 Android 应用作为前端，调用后端 json-server 提供的 RESTful API，以实现数据的操作功能。

前文使用过 Android 内置的 HttpURLConnection 发送 HTTP 请求，虽然可以实现操作功能，但整体代码较为烦琐，再加上对异常、多线程、JSON 序列化和 RESTful API 等问题的处理，网络编程就会变得更加复杂。为了减少 HTTP 请求的编码量，提高程序的可控性，本节选择使用第三方 HTTP 客户端框架 OkHttp 实现网络编程，以简化后端接口的调用。

OkHttp 是移动支付公司 Square 开发的一款基于 Android 的 HTTP 客户端框架，是目前流行的 Android 网络请求框架一。OkHttp 的特点是结构清晰、简单易用、性能优越，以及支协多个版本的 HTTP、同步与异步请求、文件下载、图片加载和文件上传等功能。

10.3.1 使用 OkHttp

与 HttpURLConnection 不同，OkHttp 的结构划分得更为合理。根据 HTTP 请求/响应过程，OkHttp 被细分为 OkHttpClient、Request、Request.Builder、RequestBody、Response、Call、MediaType、Interceptor 等类，在 HTTP 请求/响应过程中，它们各司其职。OkHttp 的常用类如表 10-3 所示。

表 10-3 OkHttp 的常用类

类	说明
OkHttpClient	OkHttp 的客户端类，用来配置和发起请求
Request	HTTP 请求包含请求行、请求头、请求体
Request.Builder	请求构造器对象，用于创建请求并为请求设置各种属性
RequestBody	请求体，用于封装请求参数，如表单或 JSON 的参数
Response	HTTP 响应，包含状态码、响应头、响应体
Call	发起请求的调用对象
MediaType	HTTP 内容的类
Interceptor	拦截器，监控或修改请求或响应

使用 OkHttp 开发 HTTP 请求的基本步骤如下。

（1）导入 OkHttp。

与 Gson 类似，OkHttp 是一个第三方框架，在使用前需要先在 build.gradle 文件中导入 OkHttp 依赖，程序代码如下。

```
dependencies {
    implementation 'com.squareup.okhttp3:okhttp:4.9.3'      //导入 OkHttp 依赖
    implementation 'com.google.code.gson:gson:2.8.6'        //导入 Gson 依赖
    // 省略项目的原有依赖
}
```

（2）创建 OkHttpClient，可以通过 Builder 对象自定义配置，如缓存、超时时间等，程序代码如下。

```
OkHttpClient client = new OkHttpClient.Builder()
        .cache(cache)
        .connectTimeout(10, TimeUnit.SECONDS)
        .build();
```

（3）构造 Request，可以通过 Builder 对象设置请求方法、请求体等，程序代码如下。

```
Request request = new Request.Builder()
        .url(url)
        .post(body)
        .header("Content-Type", "application/json")
        .build();
```

（4）调用 OkHttpClient 的 newCall()方法，创建 Call，程序代码如下。

```
Call call = client.newCall(request);
```

（5）通过 Call 发起请求，程序代码如下。

```
Response response = call.execute();
```

（6）获取 Response，读取状态码、响应头、响应体，程序代码如下。

```
int code = response.code();
String body = response.body().string();
```

1．使用 OkHttp 调用后端 RESTful API 的查询功能

下面基于前面通过 json-server 发布的后端服务，使用 OkHttp 调用后端 RESTful API 的查询功能。

需要注意的是，在 TCP/IP 中，127.0.0.1 被预留用于表示本地计算机回送地址。因此，在上一节的浏览器中可以通过 127.0.0.1 访问本地计算机发布的 RESTful API 服务。但是在 Android 应用开发中，虚拟机和开发机不能看作同一台机器，无法使用 127.0.0.1 这个 IP 地址。虚拟机为本地计算机预留了另一个 IP 地址，即 10.0.2.2，程序可以通过这个 IP 地址来访问之前发布的 RESTful API 服务。

创建单元测试，并添加单元测试方法，程序代码如下。

```
@RunWith(AndroidJUnit4.class)
public class OkHttpTest {
    @Test
    public void testGet() throws IOException {
        //创建 OkHttp 的客户端类
        OkHttpClient client = new OkHttpClient();
        //创建 RESTful，设置 URL、请求方法
        Request request = new Request.Builder().url("http://10.0.2.2:3000/
posts")
                .get().build();
        //创建 Call
        Call call = client.newCall(request);
```

```
        //执行请求并获取响应
        Response response = call.execute();
        int code = response.code();                          //读取状态码
        String json = response.body().string();              //获取响应
        Log.d("OkHttp", "状态码: "+code+"JSON: "+json);
    }
}
```

在运行上述程序代码之前同样需要先检查 Android 项目的清单文件，查看是否为应用声明了互联网访问权限和是否添加了允许使用明文网络流量的设置。AndroidManifest.xm 文件的程序代码如下。

```
<?xml version="1.0" encoding="utf-8"?>
<manifest xmlns:android="http://schemas.android.com/apk/res/android"
    xmlns:tools="http://schemas.android.com/tools">
    <!--为应用声明互联网访问权限-->
    <uses-permission android:name="android.permission.INTERNET" />
    <!--usesCleartextTraffic="true" 允许使用明文网络流量-->
    <application android:usesCleartextTraffic="true" ...>
        ...
    </application>
</manifest>
```

运行上述程序代码可以在使用 Logcat 输出的日志中看到，程序获取了后端 RESTful API 服务返回的 JSON 查询结果，如图 10-14 所示。

```
tor-5554) An▾   tag:OkHttp
W  ClassLoaderContext classpath size mismatch.
D  状态码：200JSON：[
     {
       "id": 1,
       "title": "一批广绣文物在穗展出。",
       "author": "张三"
     },
     {
       "id": 2,
       "title": "四大名绣——广绣进京首亮相。",
       "author": "李四"
     }
   ]
```

图 10-14　使用 Logcat 输出的日志

2. 使用 OkHttp 调用后端 RESTful API 的新增功能

下面尝试向服务器中发送新增请求，也就是使用 OkHttp 调用后端 RESTful API 的新增功能。

首先，创建一个数据实体，用于封装需要添加到服务器中的对象，程序代码如下。

```
/**
 * 数据实体
```

```
    */
    public class Post {
        private int id;                //ID
        private String title;          //标题
        private String author;         //作者
        //构造方法
        public Post() {
        }
        public Post(int id, String title, String author) {
            this.id = id;
            this.title = title;
            this.author = author;
        }
        //重写 toString()方法
        public String toString() {
            return "Post{" + "id=" + id + ", title='" + title + '\'' + ", author='"
+ author + '\'' +
                    '}';
        }
        //省略属性 getter 方法和 setter 方法
    }
```

其次，添加单元测试方法，使用 OkHttp 发出 POST 请求调用 RESTful API 的新增功能，程序代码如下。

```
        @Test
        public void doPost() throws IOException {
            //创建需要新增的 Post
            Post post = new Post(0,"帖子标题","作者");
            //把 Java 对象转换为 JSON 字符串
            Gson gson = new Gson();
            String json = gson.toJson(post);
            //创建 MediaType，用于向服务器声明请求体为 JSON
            MediaType jsonMediaType = MediaType.parse("application/json;charset=
utf-8");
            //创建 RequestBody，用于封装 JSON 字符串和内容类型
            RequestBody requestBody = RequestBody.create(json, jsonMediaType);
            //创建 OkHttpClient
            OkHttpClient client = new OkHttpClient();
            //创建 Request，用于设置 URL、请求方法并传入请求体
            Request request = new Request.Builder()
                    .url("http://10.0.2.2:3000/posts")
                    .post(requestBody)          //在创建请求时放入封装好的请求体
                    .build();
```

```
        //执行请求并获取响应
        int code = client.newCall(request).execute().code();
        //输出状态码，用于检查请求是否成功
        Log.d("OkHttp", "状态码: "+code);
    }
```

上述程序代码使用 Gson 把需要新增的 Java 对象转换为 JSON 字符串，并通过 RequestBody 把 JSON 字符串封装到请求体中。需要注意的是，应把 MediaType 设置为 JSON，以告诉服务器请求体参数的格式。此外，通过 OkHttpClient 发送请求并返回响应。

运行上述程序代码，在使用 Logcat 输出的日志中可以看到，响应的状态码是 201，表示服务器数据已被创建。

3. 使用 OkHttp 调用后端 RESTful API 的更新功能

下面尝试向服务器中发送更新请求，也就是使用 OkHttp 调用后端 RESTful API 的更新功能。添加单元测试方法，程序代码如下。

```
    @Test
    public void doPut() throws IOException {
        //创建需要更新的 Post
        Post post = new Post(3,"帖子标题（修改后）","作者（修改后）");
        //把 Post 转换为 JSON 字符串
        Gson gson = new Gson();
        String json = gson.toJson(post);
        //创建 MediaType，用于向服务器指出请求体为 JSON
        MediaType jsonMediaType = MediaType.parse("application/json;charset=
utf-8");
        //创建 RequestBody，用于封装 JSON 字符串和内容类型
        RequestBody requestBody = RequestBody.create(json, jsonMediaType);
        //创建 OkHttpClient
        OkHttpClient client = new OkHttpClient();
        //创建 Request，设置 URL、请求方法
        Request request = new Request.Builder()
                .url("http://10.0.2.2:3000/posts/3") //需要在 URL 中指定 ID
                .put(requestBody)                    //在创建请求时放入封装好的请求体
                .build();
        //执行请求并获取响应
        int code = client.newCall(request).execute().code();
        //输出状态码，用于检查请求是否成功
        Log.d("OkHttp", "状态码: "+code);
    }
```

更新请求的程序代码与新增请求的程序代码类似，都需要在请求体中封装需要修改的对象。二者的区别是，更新请求的请求方法为 PUT，URL 中需要附带要更新数据的 ID，如 http://10.0.2.2:3000/posts/3。

4．使用 OkHttp 调用后端 RESTful API 的删除功能

下面尝试向服务器中发送删除请求，也就是使用 OkHttp 调用后端 RESTful API 的删除功能。添加单元测试方法，程序代码如下。

```
@Test
public void testDelete() throws IOException {
    //创建 OkHttpClient
    OkHttpClient client = new OkHttpClient();
    //创建 Request，设置 URL、请求方法
    Request request = new Request.Builder().url("http://10.0.2.2:3000/
posts/3")
            .delete().build();
    //创建 Call
    Call call = client.newCall(request);
    //执行请求并获取响应
    Response response = call.execute();
    //读取状态码
    int code = response.code();
    String json = response.body().string();     //获取响应
    Log.d("OkHttp", "状态码: "+code+"JSON: "+json);
}
```

删除请求的程序代码与查询请求的程序代码类似，都无须使用请求体。二者的主要区别在于，删除请求的请求方法为 DELETE，URL 中需要附带要删除数据的 ID，如 http://10.0.2.2:3000/posts/3。

10.3.2 网络编程与多线程

前面介绍的网络编程示例都是在单元测试中实现的。在实际开发中，网络请求大多数是由 Activity 或 UI 通过事件回调发起的。例如，在创建 Activity 时，要从后端加载数据；在点击按钮时，要向服务器提交新数据等。

在 Android 应用中，Activity 等 UI 视图元素是由主线程创建的。主线程也称 UI 线程，负责与用户交互和更新界面元素。而网络操作，如 HTTP 请求，可能需要执行较长的时间，如果把这些网络操作放在主线程中执行，那么会造成主线程阻塞和界面冻结。如果主线程处理一个消息超过了 5 秒，那么系统会认为程序无法及时响应用户的交互，进而会触发 ANR。这不仅会给用户带来非常糟糕的体验，而且可能导致程序终止和数据丢失。因此，主线程中不应该执行网络操作，而应该使用多线程实现。

实际上，在 Android 3.0 之后，系统就不允许在主线程中进行网络操作了。如果在主线程中发起网络请求，那么系统会抛出 NetworkOnMainThreadException。因此，在实际 Android 应用开发中，网络请求必须使用多线程实现。

1．多线程

在使用多线程进行网络操作之前，下面简单回顾一下多线程的使用方法。

在 Android 应用开发中，可以通过 Thread 和 Runnable 接口直接创建线程对象，也可以通过 Executor 等封装好的方法间接使用线程。无论使用哪种方式，其本质上都是先把需要线程执行的任务实现在 Runnable 接口的 run()方法中，再委托给子线程运行。

以下程序代码实现了 Runnable 接口，使用 run()方法封装了一个循环任务（输出 100 行“#”），把通过 Runnable 接口创建的线程对象委托到创建的子线程中，并通过 start()方法启动子线程执行循环任务。同时，主线程并行执行另一个任务（输出 100 行“*”）。

```
/**
 * 单元测试：多线程的一个简单演示
 */
public class ThreadTest {
    @Test
    public void testThread(){
        //创建子线程
        Thread thread = new Thread(
                //使用 Runnable 接口的 run()方法封装线程需要执行的任务
                new Runnable() {
                    public void run() {
                        //封装需要子线程运行的程序代码
                        for (int i=1; i<=100; i++){
                            System.out.println("#");
                        }
                    }
                }
        );
        //启动子线程，子线程执行 run()方法中的任务
        thread.start();
        //在主线程中执行另一个任务，两个任务一起执行
        for (int i=1; i<=100; i++){
            System.out.println("*");
        }
    }
}
```

运行上述程序代码可以看到，交替输出了“#”和“*”。可见，两个任务同时执行。

2．网络编程的综合示例

下面结合 RESTful API、OkHttp 和多线程，实现一个前端的 Android 程序，请求加载后端数据并通过 ListView 把后端数据呈现到界面上。

（1）创建 RESTful API。

使用 json-server 发布如图 10-15 所示的 RESTful API 服务。后端服务公布了一个 JSON

数据源，数据源中的每个对象都描述了一件广绣工艺品信息。

（2）创建 OkHttp 工具类，进一步简化 RESTful API 请求。

在前端，需要频繁地使用 OkHttp 发出 GET、POST、PUT、DELETE 等 RESTful API 请求，这时进一步封装并简化 OkHttp 编程很有必要。

以下是 OkHttp 工具类的程序代码，对 4 种常用的请求方法进行了封装。OkHttp 工具类仅用于简化后续的网络编程示例，在实际开发时读者应根据实际需求自行进行封装。

JSON　原始数据　头

保存　复制　美化输出


```
[
  {
    "id": 1,
    "name": "广绣广州塔挂画",
    "image": "gx_gztgh"
  },
  {
    "id": 2,
    "name": "广绣花鸟摆件",
    "image": "gx_hnbj"
  },
  {
    "id": 3,
    "name": "广绣花鸟挂画",
    "image": "gx_hngh"
  },
  {
    "id": 4,
    "name": "广绣牡丹摆件",
    "image": "gx_mdbj"
  },
  {
    "id": 5,
    "name": "广绣水乡摆件",
    "image": "gx_sxbj"
  }
]
```


图 10-15　RESTful API 服务

```
/**
 * OkHttp 工具类，用于简化后续的网络编程示例
 */
public class HttpClient {
    //创建序列化的 JSON
    private static Gson gson = new Gson();
    //设置 MediaType 为 JSON
    private static MediaType jsonMediaType = MediaType.parse("application/
json;charset=utf-8");
    //执行 GET 请求并返回响应体（通常是 JSON 字符串）
    public static String getResonseText(String url) {
        OkHttpClient client = new OkHttpClient();
        //创建 Request
        Request.Builder builder = new Request.Builder();
        Request request = builder.url(url)
                .get()
```

```
            .build();
        Call call = client.newCall(request);
        try {
            Response response = call.execute();
            return response.body().string();
        } catch (IOException e) {
            throw new RuntimeException("Http GET 请求失败。", e);
        }
    }
    //执行 POST 请求，把 Java 对象转换为 JSON 字符串封装到请求体中，返回状态码
    public static int postJson(String url, Object arg) {
        //把 Java 对象转换为 JSON 字符串
        String json = gson.toJson(arg);
        //封装请求体
        RequestBody requestBody = RequestBody.create(json, jsonMediaType);
        OkHttpClient client = new OkHttpClient();
        Request request = new Request.Builder()
            .url(url)
            .post(requestBody)          //在创建请求时放入封装好的请求体
            .build();
        try {
            return client.newCall(request).execute().code();
        } catch (IOException e) {
            throw new RuntimeException("Http POST 请求失败。", e);
        }
    }
    //执行 PUT 请求，把 Java 对象转换为 JSON 字符串封装到请求体中，返回状态码。URL 中应包含
//被修改对象的 ID
    public static int putJson(String url, Object arg) {
        //把 Java 对象转换为 JSON 字符串
        String json = gson.toJson(arg);
        //封装请求体
        RequestBody requestBody = RequestBody.create(json, jsonMediaType);
        OkHttpClient client = new OkHttpClient();
        Request request = new Request.Builder()
            .url(url)
            .put(requestBody)          //在创建请求时放入封装好的请求体
            .build();
        try {
            return client.newCall(request).execute().code();
        } catch (IOException e) {
            throw new RuntimeException("Http PUT 请求失败。", e);
        }
```

```
    }
    //执行 DELETE 请求，URL 中应包含被删除对象的 ID
    public static int delete(String url)  {
        OkHttpClient client = new OkHttpClient();
        Request request = new Request.Builder()
                .url(url)
                .delete()
                .build();
        try {
            return client.newCall(request).execute().code();
        } catch (IOException e) {
            throw new RuntimeException("Http DELETE 请求失败。", e);
        }
    }
}
```

（3）创建数据实体，用于加载后端 JSON 数据，程序代码如下。

```
/**
 * 数据实体：广绣工艺品
 */
public class Embroidery {
    private int id; //ID
    private String name;   //广绣工艺品名称
    private String image;  //工艺品图片名称
    //构造方法
    public Embroidery() {
    }
    public Embroidery(int id, String name, String image) {
        this.id = id;
        this.name = name;
        this.image = image;
    }
    // 重写 toString()方法
    public String toString() {
        return "Embroidery{" +
                "id=" + id +
                ", name='" + name + '\'' +
                ", image='" + image + '\'' +
                '}';
    }
    //省略属性 getter 方法和 setter 方法
}
```

（4）创建 Activity，通过多线程发出 HTTP 请求加载数据。

下面尝试在启动 Activity 时，如何通过多线程发出 HTTP 请求加载数据，并将其最终显示在 ListView 中。

首先，在 onCreate()方法中获取 ListView，其次创建子线程，执行网络操作，加载后端数据，封装网络请求，获取 JSON 字符串，最后把 JSON 字符串反序列化为 List 集合，并把 List 集合填充到 ListView 中，程序代码如下。

```
public class MainActivity extends AppCompatActivity {
    @Override
    protected void onCreate(Bundle savedInstanceState) {
        super.onCreate(savedInstanceState);
        setContentView(R.layout.activity_main);
        //获取 ListView
        ListView listView = findViewById(R.id.listView );
        //创建子线程，执行网络操作，加载后端数据
        new Thread(new Runnable() {
            //封装网络请求
            public void run() {
                //获取 JSON 字符串
                String json = HttpClient.getResonseText("http://10.0.2.2:3000/
embroideries");
                //把 JSON 返序列化为 List 集合
                Gson gson = new Gson();
                Type type = new TypeToken<List<Embroidery>>(){}.getType();
                List<Embroidery> list = gson.fromJson(json, type);
                //把 List 集合填充到 ListView 中
                BaseAdapter adapter = new EmbroideryListAdapter(MainActivity.
this, list);;
                lvPosts.setAdapter(adapter);
            }
        }).start(); //马上执行该线程
    }
}
```

上述程序代码看似没有问题，但在运行时，程序闪退了，使用 Logcat 输出的日志也出错了。在子线程中更新 UI 视图时发生的异常如图 10-16 所示。

图 10-16　在子线程中更新 UI 视图时发生的异常

上述异常消息是“Only the original thread that created a view hierarchy can touch its views”。在 Android 应用中，因为 UI 视图是在主线程（也就是 UI 线程）中创建的，所以只能通过主线程去修改。究其原因，UI 视图的线程并不安全，如果在非主线程中直接更新 UI 视图，那么会导致线程安全问题。

如果需要在子线程中更新 UI 视图，那么为了避免程序崩溃，应该使用 Handler 等在线程之间通信，将更新 UI 视图的任务切换回主线程中执行。Handler 是线程之间通信的机制，可以将任务从一个线程中切换到另一个线程中执行，并且在线程之间传递消息。因为 Handler 的使用较为烦琐，所以 Android 平台在 Handler 的基础上为 Activity 重新封装了一个 runOnUiThread()方法。只要实现 Runnable 接口，就可以把更新 UI 视图的任务返回到主线程中执行。

使用 runOnUiThread()方法修改上述程序代码，把针对 ListView 更新的数据填充程序代码封装到通过 Runnable 接口创建的线程中，并作为参数传入 runOnUiThread()方法返回到主线程中执行。修改后的程序代码如下。

```
    public class MainActivity extends AppCompatActivity {
        @Override
        protected void onCreate(Bundle savedInstanceState) {
            super.onCreate(savedInstanceState);
            setContentView(R.layout.activity_main);
            //获取 ListView
            ListView listView = findViewById(R.id.listView);
                   //创建子线程，执行网络操作，加载后端数据
            new Thread(new Runnable() {
                //封装网络请求
                public void run() {
                    //获取 JSON 字符串
                    String json = HttpClient.getResonseText("http://10.0.2.2:3000/
embroideries");
                    //把 JSON 字符串返序列化为 List 集合
                    Gson gson = new Gson();
                    Type type = new TypeToken<List<Embroidery>>(){}.getType();
                    List<Embroidery> list = gson.fromJson(json, type);
                    //把 List 集合填充到 ListView 中
                    //使用 runOnUiThread()方法，把针对 ListView 更新的数据返回到主线程中执行
                    runOnUiThread(new Runnable() {
                        @Override
                        public void run() {
                            BaseAdapter adapter = new EmbroideryListAdapter
(MainActivity.this, list);
                            listView.setAdapter(adapter);
                        }
                    });
```

```
            }
        }).start(); //马上执行该线程
    }
}
```

运行上述程序代码，程序正常运行，在启动时 Activity 从服务器中加载数据并将数据显示在 ListView 中，完成效果如图 10-17 所示。

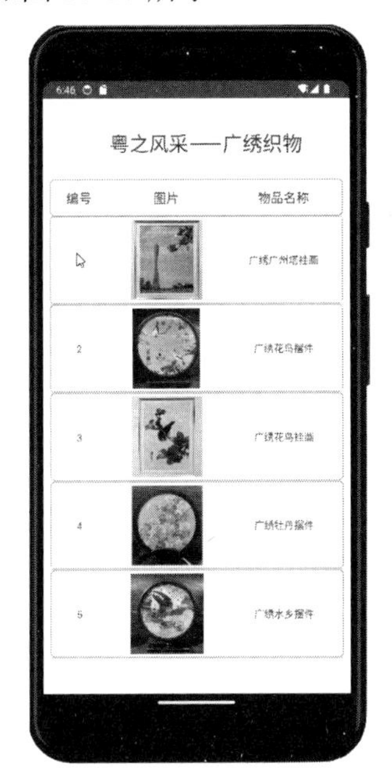

图 10-17 完成效果

本章小结

本章介绍了 Android 应用开发中的网络编程，主要探究了 Android 作为前端应用如何与后端之间实现网络通信。

首先，介绍了 Android 开发中使用十分广泛的 HTTP，主要内容为 HTTP 请求/响应过程、HTTP 请求的组成、HTTP 响应的组成，以及 HttpURLConnection 的使用。

其次，进一步介绍了前后端分离架构，并介绍了数据传输规范（JSON 协议）和服务器接口描述规范（RESTful API），以及如何使用 json-server 搭建后端 RESTful API 服务。

最后，介绍了第三方网络编程框架 OkHttp，主要内容为如何使用它实现前端与后端之间的数据通信。

拓展实践

基于后端 RESTful API 服务，制作一个 Android 应用，作为前端，以实现讨论帖子的操作功能。完成效果如图 10-18 所示。

图 10-18　完成效果

本章习题

一、选择题

1．HTTP 是（　　）。

A．传输控制协议　　B．请求/响应模式的协议

C．用户数据报协议　　D．网络互联协议

2．在各种 HTTP 请求方法中，（　　）方法用于更新现有资源的部分内容。

A．POST　　B．PUT　　C．PATCH　　D．DELETE

3．以下（　　）状态码代表请求提交的资源已创建成功。

A．200　　B．201　　C．404　　D．500

4．以下（　　）不属于 HTTP 请求的主要组成部分。

A．请求行　　B．请求头　　C．请求参数　　D．请求体

5．以下正确使用 JSON 语法表示一个对象的是（　　）。

A．{name : "Tom"}　　B．{"name" , "Tom"}　　C．{"name" : "Tom"}　　D．["name" : "Tom"]

6．以下 RESTful 风格的请求行用于提交数据更新功能的是（　　）。

A．POST，/todos　　B．PUT，/todos　　C．PUT，/todos/1　　D．DELETE，/todos/1

7．以下（　　）属于后端服务器开发技术。

A．node.js　　B．HTML　　C．Android　　D．iOS

8．在 Android 4.0 及更高的版本中，若使用主线程进行网络访问，则会抛出（　　）。

A．NullPointerException　　B．NetworkOnMainThreadException

C．IOException　　D．ClassNotFoundException

9．Android 虚拟机连接开发机服务器的地址是（　　）。

A．127.0.0.1　　B．localhost　　C．0.0.0.0　　D．10.0.2.2

二、填空题

1. 在 HTTP 请求方法中，________用于查询请求， ________用于删除请求。

2. 在 HTTP 响应的状态码中，________表示请求成功，________表示没有找到资源，________表示服务器错误，________表示临时重定向。

3. Gson 的________方法可以把 Java 对象序列化为 JSON 字符串，________方法可以把 JSON 字符串反序列化为 Java 对象。

4. 在向 RESTful API 发出请求用于实现数据更新时，Java 对象应该被序列化为________________通过________________传递给后端。

5. OkHttp 中的________用于创建 Request 并为 Request 初始化各种属性。

三、简答题

1. 简述如何使用 HttpURLConnection 实现 HTTP 请求。

2. 简述使用 OkHttp 发起网络请求的基本步骤。

参考文献

[1] 张思民. Android Studio 应用程序设计（微课视频版）[M]. 3 版. 北京：清华大学出版社，2023.

[2] 赵克玲，吕怀莲. Android Studio 程序设计案例教程（微课版）[M]. 2 版. 北京：清华大学出版社，2023.

[3] 王培刚，黄轲. Android 项目式开发初级教程[M]. 北京：电子工业出版社，2023.

[4] 艾迪，陈惠明，吕海洋. Android 移动开发与项目实战（微课视频版）[M]. 北京：清华大学出版社，2022.

[5] 陈轶，等. Android 移动应用开发（微课版）[M]. 北京：清华大学出版社，2022.

[6] 卢向华，郭玉珂，郑卫东. Android 应用开发案例教程[M]. 北京：电子工业出版社，2021.

[7] 宋三华. 基于 Android Studio 的案例教程[M]. 2 版. 北京：电子工业出版社，2021.

[8] 李钦. 基于工作项目的 Android 高级开发实战[M]. 2 版. 北京：电子工业出版社，2020.

[9] 钟元生，高成珍，朱文强，等. Android 编程[M]. 2 版. 北京：清华大学出版社，2020.

[10] 彭艳. Android Studio 项目开发教程——从基础入门到乐享开发[M]. 北京：电子工业出版社，2020.

[11] 赖红. Android 应用开发基础[M]. 北京：电子工业出版社，2020.

[12] 张传雷. Android 移动开发详解——从基础入门到乐享开发[M]. 北京：电子工业出版社，2018.

[13] 卓国锋，赵其国. Android 项目开发教程[M]. 北京：清华大学出版社，2018.

[14] 杨谊，喻德旷. Android 移动应用开发[M]. 北京：人民邮电出版社，2017.

[15] 黑马程序员. Android 移动开发基础案例教程[M]. 2 版. 北京：人民邮电出版社，2022.